刮板输送机多永磁电机
串联驱动控制理论

张　强　著

华中科技大学出版社

中国·武汉

内 容 简 介

本书系统阐述了刮板输送机多永磁电机串联驱动控制理论及关键技术。全书共分六章,主要内容包括:刮板输送机控制技术研究现状与多永磁驱动理论框架、多点驱动动力学建模与永磁同步电机矢量控制策略、多电机协同控制优化方法、链传动系统多工况动态特性分析、非均匀负载自适应调控技术,以及故障工况下的健康监测与容错控制方法。本书融入了离散单元法、滑模控制、自抗扰控制等先进理论,通过 MATLAB/Simulink 仿真模型与典型案例,揭示了复杂工况下的机电耦合规律,为刮板输送机多永磁电机串联驱动系统的高效、稳定、智能化运行提供了系统性解决方案。

本书突出理论创新与工程应用的结合,涵盖负载时空分布预测、多智能体协同调控等学术热点,涉及节能降耗设计、故障自愈实现等工程实践,研究成果可推广至矿山、隧道工程等多个场景。本书可为煤矿装备智能化领域的科研人员、工程技术人员提供理论指导,也可作为高校机械工程、自动化、矿山机电等专业的研究生教材或参考用书。

另外,本书以二维码形式提供了部分彩图,读者可通过微信端扫描右侧二维码获取。

本书部分彩图

图书在版编目(CIP)数据

刮板输送机多永磁电机串联驱动控制理论 / 张强著. -- 武汉 : 华中科技大学出版社,2025. 3. -- ISBN 978-7-5772-1711-6

Ⅰ. TH227

中国国家版本馆 CIP 数据核字第 2025ER9182 号

刮板输送机多永磁电机串联驱动控制理论

张强 著

Guaban Shusongji Duo Yongci Dianji Chuanlian Qudong Kongzhi Lilun

策划编辑:王　勇

责任编辑:姚同梅

封面设计:廖亚萍

责任监印:朱　玢

出版发行:华中科技大学出版社(中国·武汉)　　　电话:(027)81321913
　　　　　武汉市东湖新技术开发区华工科技园　　　邮编:430223

录　　排:武汉三月禾文化传播有限公司

印　　刷:武汉市洪林印务有限公司

开　　本:710mm×1000mm　1/16

印　　张:14.5

字　　数:230 千字

版　　次:2025 年 3 月第 1 版第 1 次印刷

定　　价:79.80 元

华中出版

前言
PREFACE

在全国工业智能化浪潮下,煤炭行业作为我国重要的能源行业,积极进行智能化建设是大势所趋,也是煤矿企业实施创新驱动、价值创造战略的自身要求,而智能易控、可靠性高的装备又是煤矿智能化建设的关键和基础。其中,煤矿智能化装备高效输送、故障诊断及自愈实现、自主协调控制成为当前的研究热点问题和重点任务,创新煤矿高可靠性驱动与传动的原理和构型也成为我国高端输送系统发展的迫切需求。刮板输送机作为煤炭生产中的重要运输设备,担负了采煤工作面运、装、卸煤的重要任务,但其由于工作环境恶劣、工况条件苛刻、运行时间长、润滑条件差,存在链条张力波动大、磨损严重、断链事故频发,以及停产更换周期长,可造成巨大经济损失等问题。因此,开展新型智能高可靠性输送机理及装备的研究,具有极为重要的理论意义和工程实践价值。

本书提出了刮板输送机多永磁电机串联驱动输送及协同控制技术,其目的是揭示永磁电机多点驱动链条动张力平衡机理,寻求多永磁电机驱动同步控制与创新设计方法,完成煤矿刮板输送机智能化开采的基础性理论研究工作。多永磁电机串联驱动刮板输送机工作模式类似于现有高速铁路动车组的多动力段驱动模式,输送效率和可靠性高,并且其基于多电机驱动协同一体化调控,可降低无负载段的功率输出和实现节能,智能化程度更高。近些年,针对刮板输送机的研究多侧重于链条张力动态测试、输送机理、结构强度分析等方面,但以上测试方法和模型仅解决了一定条件下刮板输送机的初步强度问题,而在智能截割三角煤、设备高可靠性运行、自适应调控等方面,均无法达到理想效果,进而造成诸多难题,例如:刮板输送机驱动部分外形尺寸大,导致截割三角煤区域困难,通风有效断面积减小;任一台驱动电机出现故障,都会导致刮板输送机无法正常运转,严重影响煤炭生产;刮板输送机功率增加,链轮直径加大,材料成本增加,空载能耗高;在运行中刮卡、冲击现象严重,极易导致传动元件如链条、链轮轮齿等过载断裂;刮板输送机启动困难,对电网造成的影响大,无法实现驱动功率与煤量的精准平衡;等等。为实现多永磁电机串联驱动刮板输送机在极端工况下的高可靠性输送及智能调控,急需对其驱动系统和传动系统耦合作用的多体动力学输送机理、非线性强时变系统耦合动力学模型、多智能体的容错分配控制、多电机驱动与输送特性协同一体化调控方法等进行深入研究。

在编写过程中,作者对本书的结构和内容进行了多次优化调整,以更好地服务于不同读者群体。本书围绕多永磁电机串联驱动刮板输送机系统的控制与动态特性展开,系统性地介绍了该领域的关键技术与研究成果。具体内容安排如下:

第 1 章对刮板输送机控制技术的国内外研究现状进行综述,阐明多永磁电机串联驱动刮板输送机的基本概念,明确研究背景与技术发展趋势,为全书奠定理论基础。

第 2 章介绍负载动力学建模的基本理论和永磁同步电机的矢量控制原理,通过阐释建模方法与电机控制策略,为刮板输送机系统的精确控制提供技术支撑。

第 3 章探讨多永磁电机串联驱动刮板输送系统的转速协同与功率平衡控制策略,针对多永磁电机串联驱动中的协同控制问题,提出优化策略,以提升系统运行的稳定性和协调性。

第 4 章聚焦链传动系统的动力学建模,详细分析系统在多工况下的动态特性,揭示链传动系统的振动与耦合特性,为提升系统动态响应性能提供理论依据。

第 5 章针对截割落煤过程中刮板输送机的非均匀负载特性,提出多电机非等强结构设计方案,阐述设计方法并进行性能分析,以增强系统在复杂负载条件下的适应性与能效。

第 6 章探索多永磁电机串联驱动刮板输送机的健康状态监测与容错控制方法,研究故障检测、诊断及容错策略,确保系统在出现电机故障时依然能稳定运行,提高系统的可靠性与安全性。

　　本书所阐述的刮板输送机多永磁电机串联驱动输送机理及自主协同调控机制的理论研究成果,不仅可以应用于煤矿生产,还可以用于指导金属矿山、化工矿山、铁路与公路隧道、水利水电隧洞及硐室、城市地下空间等地下工程的开展,同时,对理解多电机分布控制及同步性控制具有重要理论意义和工程实践价值。此外,从煤矿长远利益来看,该项研究成果对于智能化输送和故障自愈实现具有推进作用,也符合我国的长远发展战略目标。

　　本书融入了作者长期在矿山采掘装备及智能化领域的研究工作成果。在此,特别感谢国家自然科学基金重点项目"刮板输送机永磁串联驱动输送机理及多智能体系统自主调控机制"(5223000784)、"刮板输送机多永磁电机协同驱动的张力脉动特性与主动控制"(52374158)、"应力与腐蚀耦合作用下链传动系统剩余寿命预测研究"(52404172),国家自然科学基金面上项目"坚硬煤层高压注水预裂与截割协同开采及过程调控研究(52174120)、"低照度环境下多路卷积神经网络的煤岩界面多光谱识别"(52174144),国家自然科学基金青年科学基金项目以及山东省泰山学者培养资助项目(tsq201909113)对本书相关研究的支持。

　　本书由张强主笔,苏金鹏和刘峻铭负责统稿和定稿。另外,郭星言参与了第 1 章的编写,贾安昊、于吉洋参与了第 2 章的编写,王阳参与了第 3 章的编写,刘伟参与了第 4 章的编写,裴政焜参与了第 5 章的编写,白静茹参与了第 6 章的编写,在此对他们表示感谢! 在本书的编写过程中作者参考了国内外大量文献资料,在此向本书所引用的参考文献的作者表示感谢。

　　由于作者水平有限,书中难免存在不足之处,恳请各位读者批评指正!

作者

2024 年 12 月

目录
CONTENTS

第 1 章
绪论

1.1 引言

　　煤炭是我国主要的一次性能源,预计未来 20 年其消费量仍将占我国能源消费总量的 50％以上[1]。刮板输送机(见图 1.1)作为煤矿工作面生产中的核心运输设备[2],是保障煤炭稳定供给的关键,但煤矿复杂恶劣的工作环境,造成刮板输送机跳链、断链、电路涌动、双驱电机①功率失衡等故障频发[3,4],导致我国综采工作面年平均开机率仅 25％。对此,我国立足于煤矿的高等学校、企业以及科研机构等进行了大量的基础理论研究工作,研究重点涵盖了链条动张力测试、输送机理、结构强度以及驱动电机的智能控制等方面[5-9],在一定程度上解决了刮板输送机动态输送和状态监测的难题。然而,随着超长综采工作面的快速发展,煤矿开采对输送设备提出了更高的要求。传统刮板输送机在输送距离、承载能力及可靠性等方面逐渐显现出局限性,难以满足长距离、高负荷、高强度的连续运输需求,其在实际运行中面临诸多难题,主要包括:

　　1)驱动动力不均衡

　　工作面长度增加后,传统双电机驱动方式难以维持整个输送链条的均匀运行,导致不同位置的刮板链张力不均匀,容易引发链条松弛、跳链、断链等问题。此外,驱动端的过载现象会加速电机和机械部件的磨损。

　　2)链条磨损与疲劳破坏

　　刮板链在长时间、高强度的运行条件下,易反复受到拉伸、冲击和摩擦作用,从而频频产生链条磨损、疲劳裂纹和断裂现象。尤其在长距离输送和重载

---

　　①　本书中"电机"均指电动机。

1

条件下,链条的动态张力波动加剧了其疲劳损伤。

图 1.1　刮板输送机

3) 卡链与断链故障

由于煤块、岩块等物料形状的不规则性及运输过程中的冲击载荷,刮板输送机经常面临过载和卡链的风险,甚至会产生断链故障,这样不仅会导致系统停机,还可能引发驱动系统损坏,从而降低生产效率并缩短设备寿命。

4) 机械磨损加剧

长距离输送使得链条、刮板、物料和中部槽之间的摩擦时间和频次大大增加,导致部件磨损加剧。尤其是在同步控制不佳的情况下,不均匀的拉力和冲击载荷会进一步加速机械磨损,导致设备使用寿命缩短。

5) 三角煤区域回收率低

由于采煤机在工作面两端的端头区域无法实现完全切割,端头区域会残留未采煤柱,形成三角煤区域。刮板输送机的刚性固定方式和有限的调节能力,使得其在端头区域无法有效配合采煤机作业,三角煤无法被顺利运送。三角煤区域回收率低是煤矿综采工作面常见的难题之一,尤其是在长壁工作面中,采煤机与刮板输送机在端头交接处(见图 1.2)难以协同作业,容易形成三角煤区域,导致煤炭资源浪费严重,造成较大经济损失。

为了满足现代化煤矿长距离、高负荷运输的需求,急需开发具备高可靠性、高效能及智能化控制特性的煤炭运输装备,以适应长距离工作面煤炭开采的严苛条件[10]。

图 1.2 综采三机设备图

1.2 刮板输送机控制理论的研究背景

1.2.1 刮板输送机驱动技术发展现状

驱动装置是刮板输送机的心脏,它直接影响刮板输送机的输送能力及工作可靠性。早期的小功率刮板输送机采用直接启动方式,导致启动电流和启动加速度很大,存在启动时电机冲击力大影响电网中其他设备运行、发热等问题。所幸软启动控制技术近年来得到快速发展,已逐步取代传统"异步电机+减速器"的驱动方式,成为刮板输送机的新型驱动方式。

刮板输送机驱动方式已经历双速电机驱动、液力耦合器调速、行星差动调速、大功率电机变频调速、永磁同步电机(PMSM)调速等多个发展阶段。目前"异步电机+软启动器+减速器"的驱动方式使用最为广泛,其中软启动器是在大功率重载驱动装置中常用的保护装置,可以有效减小启动过程中过大的瞬时功率,避免电网瞬时电流过大,同时可以减小对传动零件的冲击损耗。常用的软启动装置包括液黏调速器(CST)、液力耦合器以及变频器。

以下介绍几种常见的刮板输送机软启动方案。

1. 异步电机+液黏调速器+减速器

液黏调速器是一种常见的液力传动装置,用于实现机械设备的调速和启动[11]。它由外壳、驱动轴和被驱动轴组成,其中驱动轴和被驱动轴通过液体介质连接。液黏调速器是基于液体的黏性和转子的相对运动而工作的,其内部液体填充在外壳中,形成密封的工作腔。当驱动轴开始旋转时,液体作为动力源,将产生旋转的涡流。这个旋转涡流通过黏性作用,将动力传递给被驱动轴,使其开始旋转。在这个过程中,液黏调速器将异步电机的高转速、低转矩输出转变为低转速、高转矩输出,且可进行PLC(可编程逻辑控制器)控制,实现对大功率传动装置的平滑、可控软启动。

在刮板输送机驱动系统中,液黏调速器布置在链轮与异步电机之间,如图1.3所示,利用液体在转子间的黏性阻尼作用来实现调速。当驱动轴的转速发生变化时,黏性液体会对转子产生阻尼,并调整传递的动力,从而使被驱动轴的转速发生相应的变化。这样就可以通过调整液黏调速器内部的黏性阻尼特性,实现链轮的调速和启动[12]。液黏调速器具有承载能力强、启动平稳、传递功率高等特点。它广泛应用于各种需要调速和启动的设备,如输送机、风机、压缩机等。然而,液黏调速器的效率相对较低,会有一定的能量损失,因此在一些对能效要求较高的应用中,可能会选择其他调速装置来替代液黏调速器。

异步电机　　　　　　液黏调速器　　　　　　链轮

图1.3　液黏调速器布置示意图

2. 异步电机＋液力耦合器＋减速器

液力耦合器是以液体为介质,依靠其流动所具有的动能来传递能量的,通过使液压油在泵轮、涡轮和导轮之间循环流动,实现电机与减速器的动力传输。具体传动过程即电机带动泵轮旋转,将机械能转化为液压油的动能,液压油冲击涡轮,将动能转化为涡轮的机械能,进而向外输出动力[13]。

液力耦合器可以看作一种基于液体的弹性联轴器。与电机直接连接减速器的方式相比,采用液力耦合器连接电机和减速器能减缓冲击和振动,减小负载的剧烈变化对电机运行状态的影响;可以改善电机启动性能,使其带载或空载启动时能均衡负载,在启动过程中逐步改变转矩;在超载时,液力耦合器还能够起到过载保护的作用,避免机械设备因负载过大而损坏;在多电机传动系统中,液力耦合器能均衡各电机的负载,减小电网的冲击电流,延长电机使用寿命。

重型刮板输送机的驱动系统通常包括三相异步电机、液力耦合器、减速器和刮板输送机链轮等组件,如图 1.4 所示。在刮板输送机驱动系统中,电机通过输入轴带动泵轮旋转,泵轮将机械能转化为液体动能,然后通过涡轮将液体动能转化为机械能,并通过减速器将转速降低,最终通过刮板输送机链轮将机械能传递给刮板输送机,驱动其工作。

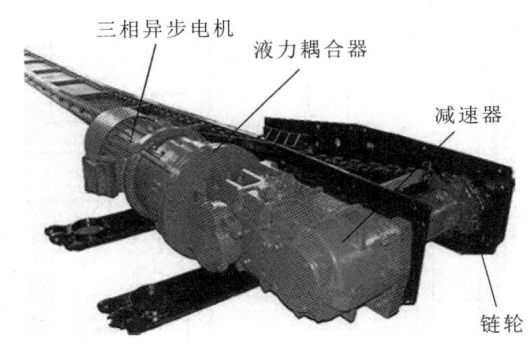

图 1.4　重型刮板输送机的驱动系统结构

3. 异步电机＋变频器＋减速器

变频器通过改变输入电源的频率和电压,可以实现对电机转速的精确控制。变频器通常由整流器、滤波器、逆变器和控制电路组成。通过调整逆变器输出的频率和电压,变频器可以实现异步电机的平滑启动、可调速运行、定速运行、逆转以及对转矩的精确控制[14]。

达到驱动刮板输送机的基本要求后,随着电力电子技术以及计算机技术的发展,国内外进行了许多理论以及工程研究以进一步提升其驱动性能。Ginart等人[15]提出将交流可控硅控制器作为逆变器使用,通过离散步骤逐渐增加频率,实现高转矩低速运行,并使用 EMTP 软件进行仿真验证,结果表明该方式在大负载工况下有更好的表现。王波等人[16]以采煤机牵引部、截割部工作参数以及刮板输送机电流等参数的耦合为变频调速的依据,形成综合评判指标,最终根据综合评判指标的大小进行相应速度调整。同时,其对比了不同调速方案的实际运行效果以及能耗,选择出最佳的调速方案。葛世荣[17]提出用永磁电机半直驱方式取代传统驱动方式,如图 1.5 所示,使刮板输送机在综采工作面端头占用的空间大幅度缩减,提升了刮板输送机的驱动智能性、设备运行的可靠性、井下空间的通畅性和端头顶板的支护性。

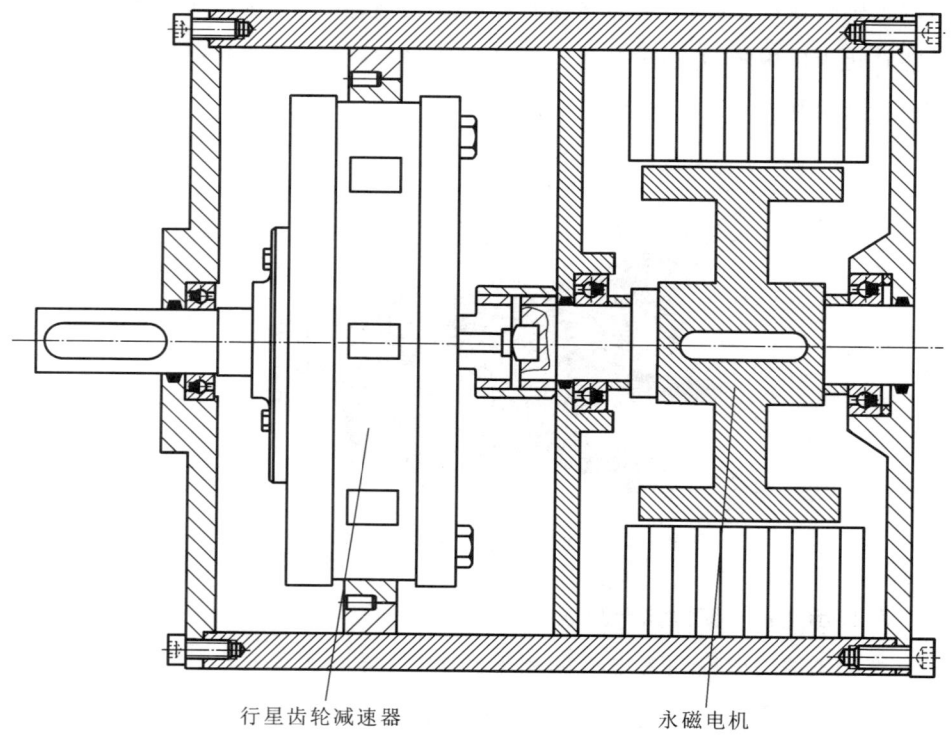

行星齿轮减速器　　　　　　　　永磁电机

图 1.5　刮板输送机用永磁半直驱电机

进一步,赵俊杰[18]首次将永磁直驱方式应用在采煤机滚筒的驱动系统中,并通过工程实际验证了永磁直驱方式的优势。

刮板输送机驱动技术一直是机械工程研究领域的热点之一,其发展主要涉及电机驱动技术、液压驱动技术、变频技术等多种技术。对于刮板输送机驱动技术,未来研究人员将会更加注重在绿色环保、高效节能、智能化、数字化等方面的创新,以适应工业生产的需求。

1.2.2　永磁同步电机驱动系统研究现状

随着我国新能源事业的持续发展,我国的稀土资源得到了更大力度的开发以及利用,采用稀土材料的永磁同步电机性能也不断提高,且成本逐渐降低。不同于传统的异步电机,永磁同步电机采用永磁材料制作转子,不需励磁绕组即可产生转子磁场,在减小电机尺寸以及重量的同时,也具有良好的控制性能。除此之外,相较于异步电机,永磁同步电机具有响应快、传动效率高、功率密度高等优点,使得采用永磁稀土材料的同步电机直驱技术成为学术研究以及工程技术领域的研究热点。

赵国平等人[19]对国内外直线电动舵机的应用背景和永磁同步直线电机的发展现状进行了综述,阐述了永磁同步直线电机推力波动产生的原因,并分析了直线电机直接驱动中控制策略的特点。王春民等人[20]基于 MATLAB/Simulink 环境,采用模块式的结构,分别对比例积分(proportional-integral,PI)调节、速度环调节、d-q/α-β 变换、空间矢量脉宽调制(space vector pulse width module,SVPWM)波的产生进行了仿真研究。其采用 Scope 空间对定子电流、转子转角和转子转速,以及转矩进行观察,及时调整系统模型参数,使系统性能达到最佳,实现了永磁同步电机矢量控制和正反转调速。张庚云[21]从刮板输送机的启动及运行控制需求出发,对永磁传动技术的应用进行了研究,并指出了其中存在的主要问题,如在启动力矩、散热性、冷却性等方面的问题。何志辉[22]对永磁变频驱动结构组成、技术优势以及现场应用效果等进行了分析,以期促进综采工作面煤炭运输工作。张俊飞[23]通过对传统电机和永磁直驱电机的比较发现,在煤矿开采的过程中,永磁直驱系统可以以最小的作用功率达到生产目的,在很大程度上保证生产的经济效益,大大提高我国资源开采体系的稳定性。Lu等人[24]研究发现永磁直驱系统可以实现刮板输送机的平稳启动。与传统的电机相比,永磁驱动技术能使能耗降低 81.25%[25]。

从上述研究现状可以看到,国内外学者在永磁直驱电机的设计、控制和应用等方面做了大量的研究,永磁直驱电机在各个领域都有广泛的应用前景。随着技术的不断升级和完善,其应用范围也将不断扩大,同时应用效果也将不断提升。将永磁驱动技术应用于刮板输送机上可以带来更节能、更高效、更可靠的效果。

1.2.3 刮板输送机动力学分析

1. 刮板输送机动力学建模

随着各行业对煤炭需求的日益增长,继续研究刮板输送机新型的驱动系统、提升煤炭开采工作的效率成为相关领域研究人员的一项迫切任务。刮板输送机的负载随着截割落煤的变化呈现出明显的变化,刮板输送机经常处于空载、带载甚至过载运行状态。负载的复杂变化影响着驱动系统的稳定运行,为了提出适应刮板输送机负载特性的驱动系统,国内外学者对刮板输送机的负载特性开展了深入研究。

在刮板输送机动力学建模方法方面,相关研究主要集中在利用子结构模态分析法、混合坐标法、有限段法和非线性有限元法对链传动系统进行动力学建模上。Li 等人[26]基于切向和径向微动磨损模式建立刮板链的磨损数学模型,分析了多边形效应下的刮板链动态张力,研究了链条磨损与动态张力之间的相关性,并尝试利用三阶矩鞍点近似(TMSA)理论进行了模型的可靠性优化。Ren 等人[27]基于离散元法和多体动力学理论,建立了刮板输送机耦合分析模型,分析了正常载荷和偏心载荷下的煤流特性,研究了煤流对链条的振动响应。Ju 等人[28]基于 Lagrange-Maxwell(拉格朗日-麦克斯韦)原理,建立了刮板输送机链传动系统的机电耦合动态模型,考虑运煤质量时变性引起的非线性摩擦力矩的影响,研究了刮板输送机链传动系统的扭转振动特性及相应的控制措施。Wang 等人[29]利用离散元法建立煤体输送的虚拟样机模型,分析了刮板输送机输送效率的影响因素,与有限元法耦合研究了在煤流冲击下中部槽的变形特性。Dolipski 等人[30]针对卡链工况,利用二阶非线性常微分方程建立刮板输送机的传动系统运动模型,分析链轮-链条的接触函数和驱动电机的力学特性,提出了一种刮板输送机非均匀载荷动力学的建模方法,研究驱动单元在不均匀负载下的动态响应。

利用有限段法分析链传动系统柔性多体动力学问题,其本质是基于混合坐标法将柔性链条离散为图 1.6 所示有限的 Kelvin-Voigt(开尔文-沃伊特)弹簧阻尼模型(以下简称 Kelvin-Voigt 模型),结合质量块的时变性表达圆环链的力学特性。将有限个 Kelvin-Voigt 模型与驱动系统联系起来,可构造出刮板输送机的动力有限元模型。此方法可以表现出几何非线性对链传动系统动力学性质的影响,但不能反映纵向冲击对链条动力学行为的影响。

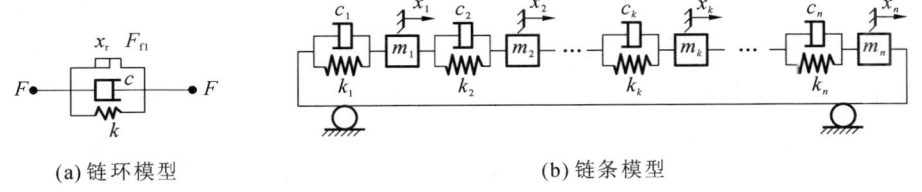

(a) 链环模型　　　　　　　　　　　　(b) 链条模型

图 1.6　刮板输送机链环及链条的 Kelvin-Voigt 模型

毛君[31]利用有限段法将柔性链条离散成有限个刚体段,用弹簧和阻尼器表现链环的物理特性,基于 Kelvin-Voigt 模型建立了图 1.7 所示的刮板输送机有限元模型,分析链条在脉冲激励载荷、阶跃激励载荷以及斜坡激励载荷作用下的动力响应特性及链环间的动力传递特性,研究了链条-刮板体系的扭摆振动机制。

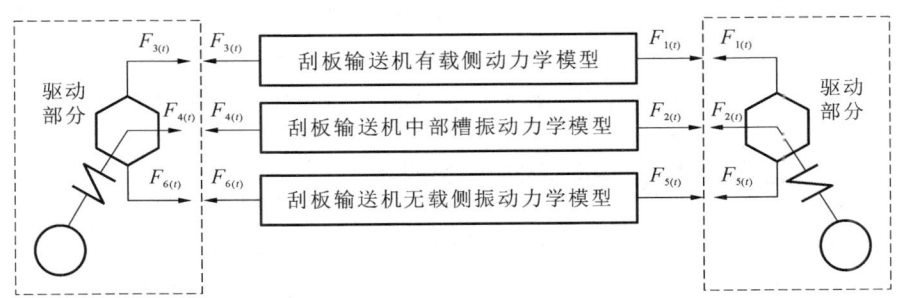

图 1.7　刮板输送机动力学仿真有限元模型

2. 动力学特性研究

刮板输送机能否高效稳定运行,直接关系到煤矿企业生产效率的高低。郭洁等人[32]利用 ADAMS 虚拟样机软件分析了刮板输送机链传动系统在卡链和断链工况下的动力学特性,得到了链传动系统异常工况下各部件接触力的变化规律。张瑞峰等人[33]基于有限元法构建刮板输送机的动力学模型,利用 MAT-LAB 分析了不同位置断链及链条节距变化工况下链条的张力及速度变化规律,研究了异常载荷对刮板输送机动力学特性的影响。张春芝等人[34]基于相对节点变形法构建链环传动系统的刚柔耦合动力学方程,利用 RecurDyn/FFlex 模块建立链传动系统的刚柔耦合虚拟样机模型,分析了在额定功率输出、常功率输出和最大功率输出三种工况下立环的应力响应特性,得到了链环间接触应力变化规律。刘广鹏[35]基于 ADAMS 建立了刮板输送机机头、机尾部位的虚拟样机模型,模拟真实的工作环境对机头、机尾部位样机模型进行加载,利用虚拟样机技术对机头、机尾部位进行运动学、动力学仿真分析,研究了其在带载启动、卡链等特殊工况下的运动学和动力学特性。Likins[36]基于运动-弹性动力学方法处理柔性多体系统,考虑构件大范围运动与弹性变形的相互影响,分析了多体系统的动力学响应规律。洪嘉振等人[37]分析了低频大范围运动刚体和高频柔性体变形运动之间的耦合关系,提出了刚柔耦合的动力学建模方法评价标准。李树仁等人[38]采用刚柔耦合模型对刮板输送机进行运动学与动力学分析,并结合 UG、ANSYS、ADAMS 等多种软件,对刮板输送机的刚柔耦合模型执行联合仿真,以获取虚拟样机模型的应力应变分析云图。姚文莉等人[39]通过研究多刚体碰撞时间同碰撞力不在同一个量级上导致计算步长选择十分困难的问题,提出以能量系数为桥梁,利用代数方法得到碰撞前后系统状态,避免了能量的不协调性。张强等人[40]通过有限元方法对不同工况下的链轮力学特性进行仿真分析,得到了具有良好力学性能的链轮型号,并对链轮寿命进行了预测。

1.2.4 刮板输送机多电机协同控制技术

传统的多电机协同控制系统多采用单电机驱动,以机械轴传动的方式实现对系统中电机转速、位移的控制,但该方式存在传动效率低、精度差等问题,难以应用于高精度要求的场景。在控制理论以及电子信息技术快速发展的同时,人们开始使用运动控制器对系统中各电机的输出进行调节,实现响应快、精度高的协同控制,从而大大提升了多电机协同驱动系统的工作性能[41,42]。在多电机协同控制系统中,运动控制器根据电机运动参数反馈,对系统中电机各闭环控制器(如转速环、电流环控制器)给定值进行实时调整,以满足生产要求[43,44]。随着工业向智能化、无人化方向发展,工业自动化机床、机器人的应用越来越广泛,对多电机协同控制技术的精度、可靠性提出了更高的要求[45,46]。国内外学者对多电机协同控制技术进行了深入研究。

Wen 等人[47]根据带式输送机采用双滚筒、三电机驱动系统的特点,基于主动干扰抑制(ADRC)方法,提出了模糊 ADRC 功率平衡策略,以有效抑制干扰。与传统的 PID(比例-积分-微分)控制策略相比,该策略可提高系统稳定性,且对于实现刚性、柔性连接的电机之间的功率平衡具有一定效果,可提升多电机协同驱动性能。Świder 等人[48]通过调节电机电源电压频率的方法来控制刮板输送机运行参数,并通过调节频率使机头、机尾处两台驱动电机协调运行,以有效减少刮板输送机的摩擦损耗并降低故障频率。郅富标等人[49]采用主从回路控制方法,基于驱动电机电流差值反馈调节实现双电机转速/转矩双闭环控制,保障电机稳定运行。呼成林等人[50]提出了基于电流识别负载模式+变频调速的方法,通过设定传动电机功率初始阈值来保证功率的平衡分配。王超[51]提出了以双电机电流均值为基准的功率平衡控制方法,开展了关于负载大小、位置变化的试验,试验结果表明该方法可以将电机输出误差控制在±5%以内。樊辉[52]针对 SGZ764/630 型刮板输送机驱动功率不平衡现象,研究了双机驱动时刮板输送机的负载特性曲线,基于模糊 PID 控制系统,有效改善了双电机驱动的功率不平衡现象。贺虎成等人[53]提出了融合主从控制与模型预测的双电机控制策略,基于 MATLAB 仿真模型证明该方法在保持矢量控制和直接转矩控制优势的同时还可以发挥模型预测控制的优点。

总之,目前针对刮板输送机动力学特性、永磁直驱系统,国内外学者通过理论推导、物理试验等手段开展了大量的研究工作,基于多软件联合仿真分析的方法也趋于成熟,为刮板输送机多永磁电机串联驱动控制理论研究提供了理论推导的依据和借鉴。

1.3 多永磁电机串联驱动刮板输送机理论的提出

1.3.1 多永磁电机串联驱动刮板输送机基本概念

多永磁电机串联驱动刮板输送机(见图 1.8)是通过在刮板输送系统中引入多个永磁同步电机,以串联分布的方式驱动输送链条,利用多电机动力协同控制与同步调控技术,实现刮板链的高效、稳定和智能化物料输送的新型驱动系统。这种系统通过将多个电机单元看作分布式驱动智能体,构建驱动、传动、控制一体化的多级串联结构,旨在解决传统刮板输送机在长距离、大功率运输中所面临的动力分配不均衡、链条张力波动、故障停机等难题。

该刮板输送机主要由以下部分组成:永磁同步电机、链轮与链条、多智能体驱动单元、同步控制与故障诊断系统、人机交互与监控系统。

同步控制与故障诊断系统采用智能化控制技术,包括同步控制算法、故障诊断与自愈系统,可确保多个电机在不同工况下保持动力输出的协调性和系统的高可靠性。

人机交互与监控系统通过传感器网络、数据采集模块和实时监控平台,实现对电机、链条、负载等的状态监测,提升系统的智能化水平和安全性。

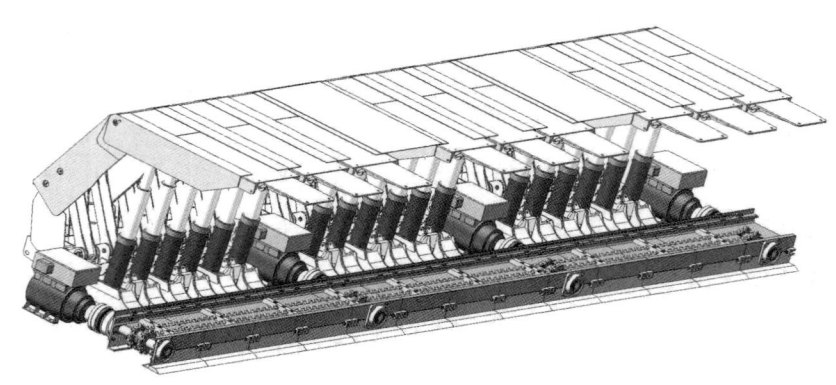

图 1.8　多永磁电机串联驱动刮板输送机模型图

1.3.2　理论意义和工程价值

众所周知,我国是煤矿开采大国,但煤炭开采设备尤其是矿用输送设备存在运行不稳定和设备损耗大的问题。在矿用输送设备中,刮板输送机担负采煤工作面运、装、卸煤的重要任务,有些还需要运送井下工作人员和其他装备。由于其工作环境恶劣、工况条件苛刻、运行时间长、润滑条件差,刮板输送机存在运输不稳定、机身连接处磨损严重、连接承载装置损坏事故频发、停产更换周期长、停产造成的经济损失巨大等问题。

我们针对传统刮板输送机的以下缺点进行了优化:无法截割三角煤区域,开采时会造成 10% ~ 25% 的资源浪费;运距越长,机头、机尾电机速度差越大,链条弹性变形越大,大负载下容易造成断链,损耗严重;传统刮板输送机仅有机头、机尾两个驱动部,任意驱动部发生故障都需要整机停机维修,停机停产将影响生产效率。多永磁电机串联驱动刮板输送机研究的创新点如下。

(1)多级驱动的刮板输送机结构:针对传统刮板输送机上采煤机无法截割三角煤区域的问题,我们研发了多电机驱动技术。机身整体平直,采煤机可活动范围增加,能够一次性截割三角煤区域,避免煤资源浪费。据统计,刮板输送机采用该结构可使煤炭产能增加 10%~25%。多驱运输方案能提高输送的稳定性和可靠性,使故障检修时间减少 8%。图 1.9 所示为传统双驱刮板输送机与多驱动刮板输送机的三角煤截割区域对比。

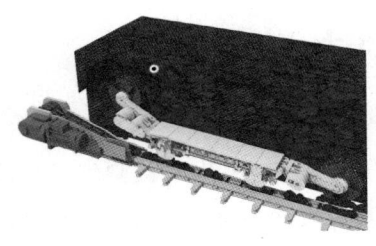

(a) 传统双驱刮板输送机　　　　　　　(b) 多驱刮板输送机

图 1.9　三角煤截割区域对比

(2) 协同控制与功率分配技术:针对刮板输送机带载启动困难、电机运行速度不同步等问题,研发了同步控制与分级启停技术,该技术能使冲击负载下速度同步误差减小,实现负载与电机功率的精准控制及电机功率和转矩的按需控制,减小启动电流,降低能耗。基于 SGZ 1200/2 型刮板输送机的技术参数,将该刮板输送机改造为多电机驱动结构,可使整套设备的能耗减少约 37.5%,材耗减少约 16%。同时,将整机负载分配给多个电机,可降低刮板链承受的张力;根据实际采煤过程中煤流负载时空分布特征,控制各电机负载区段的转矩,可降低能耗,提高系统工作的可靠性。

(3) 在线监测与容错控制技术:针对单驱情况下刮板输送机易停机停产、生产效率低、检修困难等问题,我们研发了容错控制技术。运行中及时切除故障电机,采用相邻电机及时补偿转矩,可实现停机不停产,保证生产效率。

刮板输送机作为煤矿井下综采工作面的主要运输设备,在煤矿开采中起着运煤、为采煤机导向以及推移、支承液压支架等重要作用。随着时代发展与煤炭综采技术水平的不断提高,国内的刮板输送机不断地升级换代,综合性能不断提升,多种国产新型设备投产使用。未来煤矿井下开采工作面将继续朝着更安全、更智能、更高效、更绿色的方向发展。随着应用于煤矿的信息化技术的不断升级以及信息化技术在煤矿上的应用的持续深入,未来煤矿井下开采将实现高智能化自适应无人开采技术应用[54-57]。

第2章
刮板输送机多点驱动动力学特性

在进行综采工作时,刮板输送机负责运载落煤,采煤机截割的煤块落下时会给传动零件带来巨大的负载冲击,且刮板输送机经常会在空载、满载或过载的情况下启动,负载波动直接作用于永磁驱动电机,使电机转速出现波动,电机转速波动反过来又会影响刮板链张力。可见,刮板输送机链传动系统(机械系统)与多电机驱动系统(电气系统)之间具有复杂的机电耦合关系。

为研究刮板输送机多永磁电机串联驱动系统在不同工况下的响应规律,并进行控制策略研究,需建立多永磁电机串联驱动刮板输送机链传动系统的负载动力学模型,模拟刮板输送机的负载特性。本章使用离散质量单元法和Kelvin-Voigt 模型对多永磁电机串联驱动刮板输送机链传动系统进行离散化,进行动力学分析并推导其在预紧后的动力学方程,并根据其动力学方程组的矩阵形式,利用 MATLAB/Simulink 工具建立链传动系统动力学模型,为后续多永磁电机串联驱动刮板输送机整机的动态特性研究奠定基础。

2.1 多永磁电机串联驱动刮板输送机动力学建模方法

2.1.1 基本假设

相较于传统的机头、机尾双驱刮板输送机,多永磁电机串联驱动刮板输送机结构更为复杂,且随着铺设距离加长,长距离运输落煤带来的干扰因素增多,在建模过程中综合考虑各种因素十分困难。为了方便对多永磁电机串联驱动刮板输送机进行动力学分析,简化分析过程,做出如下假设:

(1)链条、刮板以及煤料作为整体,其质量在中部槽内均匀分布;

（2）刮板链以及煤料在中部槽内运动时，运行阻力均匀分布；

同时，由于主要研究的是刮板链运动方向上的动力学特性，忽略链轮多边形效应及横向振动的干扰。

根据离散单元法，将多永磁电机串联驱动刮板输送机链传动系统分成若干个一定长度的离散单元区域，如图2.1所示。链传动系统具有弹性体性质以及黏性体特质，因此应选择合适的黏弹性模型简化刮板链传动系统并体现其传动特性。

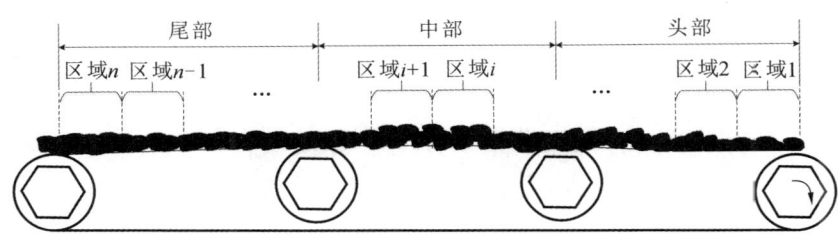

图 2.1　多永磁电机串联驱动刮板输送机链传动系统区域划分

2.1.2　离散化黏弹性模型选择

多永磁电机串联驱动刮板输送机在运输截割落煤时，圆环链、刮板、煤料之间的相互作用极为复杂，具有明显的黏弹性特征。在对链传动系统进行简化时，常用的黏弹性模型主要有两种，即 Maxwell 模型和 Kelvin-Voigt 模型，其简化模型以及动力学特性如表2.1所示。

表 2.1　黏弹性模型对比

黏弹性模型	简化模型	动力学特性
Maxwell	y_2 ☐〜 y_1	Maxwell 模型受到拉力时弹簧第一时间变形，阻尼器在一定时间内保持原状，可解释黏性体的松弛现象
Kelvin-Voigt	y_2 〜☐ y_1	Kelvin-Voigt 模型受到拉力时，由于并联的作用，弹簧以及阻尼器的变形过程被拉长，可解释黏性体的蠕变现象

Kelvin-Voigt 模型可以反映多永磁电机串联驱动刮板输送机链传动系统因负载变化而产生的应力应变过程,因此采用该模型对刮板输送机的链传动系统进行简化。刮板链实体模型以及 Kelvin-Voigt 简化模型如图 2.2 所示。

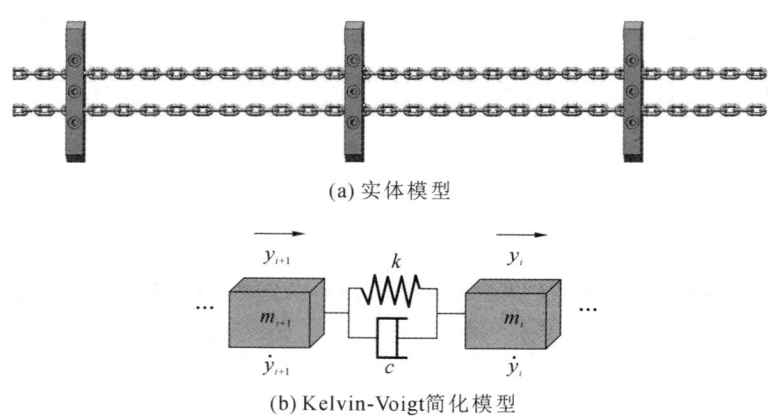

(a) 实体模型

(b) Kelvin-Voigt简化模型

图 2.2 刮板链模型的简化

根据弹性元件、阻尼元件作用力与离散质量单元位移及速度之间的关系,Kelvin-Voigt 模型的数学表达式为[58]:

$$F_{\mathrm{KV}} = k(y_{i+1} - y_i) + c(\dot{y}_{i+1} - \dot{y}_i) \qquad (2.1)$$

式中:F_{KV} 为链条张力,N;y_i、y_{i+1} 为质量单元 i 和 $i+1$ 的位移,m;$\dot{y}_i$、$\dot{y}_{i+1}$ 为质量单元 i 和 $i+1$ 的速度,m/s;k、c 分别为刮板链的接触刚度和阻尼系数。

2.1.3 多永磁电机串联驱动刮板输送机动力学方程

刮板输送机多永磁电机串联驱动系统采用了多台相同的永磁电机且将其均匀布置。为保证中部的电机可以提供驱动力,将中部电机布置在较机头、机尾电机稍高的位置,而在对链传动系统进行动力学分析时,忽略这样做带来的影响,将负载侧链条看作处于水平状态。通过分析多永磁电机串联驱动刮板输送机的结构特性和动力学特性,将其链传动系统离散为 $2n$ 个质量单元,具体包括落煤、链条以及刮板。机身负载侧以及无载侧分别有 $n-1$ 个离散质量单元,其中负载侧包括与中部传动链轮啮合的离散质量单元;机头、机尾链轮处各有一个离散质量单元。构建多永磁电机串联驱动刮板输送机的离散等效模型,如图 2.3 所示。

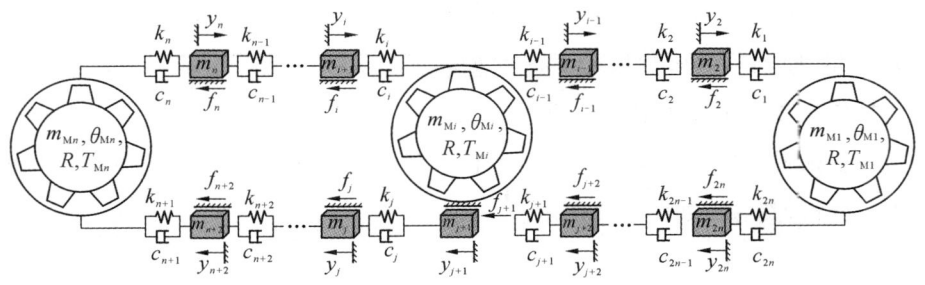

图 2.3 多永磁电机串联驱动刮板输送机离散等效模型

通过分析图 2.3 所示的等效模型,对多永磁电机串联驱动刮板输送机链传动系统中的离散质量单元进行受力分析。根据系统中离散质量单元的受力特性,将其分为非啮合处的离散质量单元、机头和机尾处的离散质量单元,以及中间驱动处的离散质量单元三类,对不同的质量单元进行受力分析。

1. 非啮合处离散质量单元

对多永磁电机串联驱动刮板输送机链传动系统中非啮合处的离散质量单元 n 进行受力分析,其受力如图 2.4 所示。

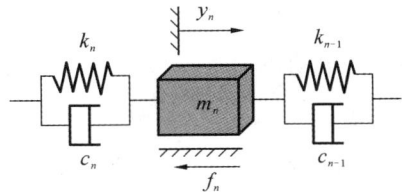

图 2.4 非啮合处离散质量单元受力分析

图 2.4 中:f_n 为离散质量单元 n 受到的摩擦力,m_n 为质量单元 n 的质量,y_n 为质量单元 n 的位移;k_n、k_{n-1} 分别为质量单元 n、$n-1$ 中链环的接触刚度,c_n、c_{n-1} 分别为质量单元 n、$n-1$ 中链环的阻尼系数。非啮合处离散质量单元的力学方程如下:

$$\begin{cases} F_{n-1} - F_n - f_n = m_n \ddot{y}_n \\ F_n = k_n(y_n - y_{n+1}) + c_n(\dot{y}_n - \dot{y}_{n+1}) \\ F_{n-1} = k_{n-1}(y_{n-1} - y_n) + c_{n-1}(\dot{y}_{n-1} - \dot{y}_n) \end{cases} \tag{2.2}$$

式中:F_n、F_{n-1} 分别为质量单元 n、$n-1$ 的相邻质量单元对其施加的外力;y_{n+1}、

y_{n-1} 分别为质量单元 $n+1$、$n-1$ 的位移；$\dot{y}_n$、$\dot{y}_{n+1}$、$\dot{y}_{n-1}$ 分别为质量单元 n、$n+1$、$n-1$ 的速度；$\ddot{y}_n$ 为质量单元 n 的加速度。

2. 机头和机尾处的离散质量单元

对多永磁电机串联驱动刮板输送机链传动系统中机头处离散质量单元进行受力分析，其受力如图 2.5 所示。

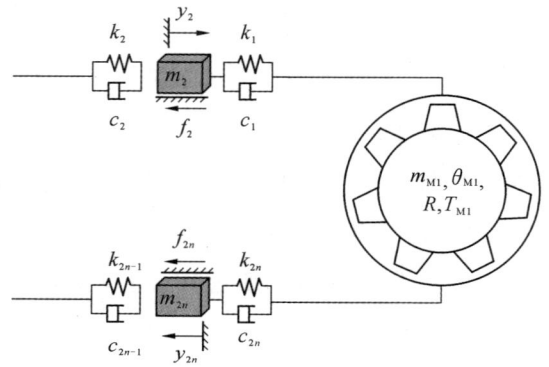

图 2.5　机头离散质量单元受力分析

图 2.5 中：m_{M1} 为机头链轮的质量，R 为机头链轮的半径；θ_{M1} 为机头链轮转动的角度；T_{M1} 为机头链轮的电动机力矩；k_1、k_2、k_{2n-1}、k_{2n} 分别为质量单元 1、2、$2n-1$、$2n$ 中链环的接触刚度；c_1、c_2、c_{2n-1}、c_{2n} 分别为质量单元 1、2、$2n-1$、$2n$ 中链环的阻尼系数；y_2、y_{2n} 分别为质量单元 2、$2n$ 的位移；f_2、f_{2n} 分别为质量单元 2、$2n$ 所受的摩擦力。机头离散质量单元的力学方程如下：

$$\begin{cases} T_f = f_{M1}R \\ T_F = (F_1 - F_{2n})R \\ T_{M1} - T_F - T_f = (1/2)m_{M1}R^2\ddot{\theta}_{M1} \end{cases} \quad (2.3)$$

式中：T_f 为摩擦力矩；f_{M1} 为机头链轮与该处刮板链之间的摩擦力；T_F 为相邻两个质量单元形成的张力差力矩；$\ddot{\theta}_{M1}$ 为机头链轮的角加速度；F_1、F_{2n} 分别为质量单元 1、$2n$ 的相邻质量单元对其施加的外力，有

$$\begin{cases} F_1 = k_1(\theta_{M1}R - y_2) + c_1(\dot{\theta}_{M1}R - \dot{y}_2) \\ F_{2n} = k_{2n}(y_{2n} - \theta_{M1}R) + c_{2n}(\dot{y}_{2n} - \dot{\theta}_{M1}R) \end{cases} \quad (2.4)$$

其中 $\dot{y}_2$、$\dot{y}_{2n}$ 分别为质量单元 n、$2n$ 的速度，$\dot{\theta}_{M1}$ 为机头链轮的角速度。

同理，对机尾处离散质量单元进行受力分析，可得：

$$\begin{cases} T_f = f_{Mn}R \\ T_F = (F_{n+1} - F_n)R \\ T_{Mn} - T_F - T_f = (1/2)m_{Mn}R^2\ddot{\theta}_{Mn} \end{cases} \tag{2.5}$$

式中：T_F 为机尾相邻两个质量单元形成的张力差力矩；m_{Mn} 为机尾链轮质量；$\ddot{\theta}_{Mn}$ 为机尾链轮角加速度；F_{n+1}、F_n 分别为质量单元 $n+1$、n 的相邻贡量单元对其施加的外力，有

$$\begin{cases} F_n = k_n(y_n - \theta_{Mn}R) + c_n(\dot{y}_n - \dot{\theta}_{Mn}R) \\ F_{n+1} = k_{n+1}(\theta_{Mn}R - y_{n+2}) + c_{n+1}(\dot{\theta}_{Mn}R - \dot{y}_{n+2}) \end{cases} \tag{2.6}$$

其中 θ_{Mn} 为机尾链轮的转角，$\dot{\theta}_{Mn}$ 为机尾链轮的角速度，k_n、k_{n+1} 分别为质量单元 n、$n+1$ 中链环的接触刚度，c_n、c_{n+1} 分别为质量单元 n、$n+1$ 中链环的阻尼系数，y_n、y_{n+2} 分别为质量单元 n、$2+n$ 的位移，$\dot{y}_n$、$\dot{y}_{n+2}$ 分别为质量单元 n、$n+2$ 的速度。

3. 中间驱动处的离散质量单元

对多永磁电机串联驱动刮板输送机链传动系统中间驱动处的质量单元进行受力分析，其受力如图 2.6 所示。

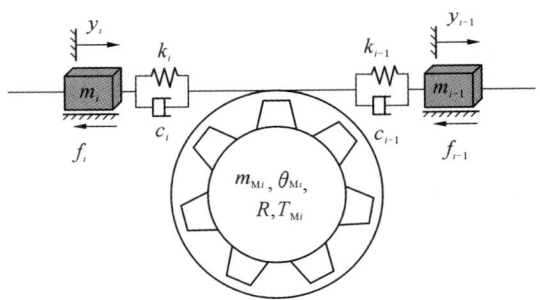

图 2.6 中间啮合处离散质量单元受力分析

图 2.6 中：m_{Mi} 为中间驱动处链轮的质量；R 为链轮的半径；θ_{Mi} 为链轮转角；T_{Mi} 为中间链轮的电动机力矩；k_i、k_{i-1} 分别为质量单元 i、$i-1$ 中链环的接触刚度；c_i、c_{i-1} 分别为质量单元 i、$i-1$ 中链环的阻尼系数；f_i、f_{i-1} 分别为质量单元

i、$i-1$ 所受的摩擦力；y_i、y_{i-1} 分别为质量单元 i、$i-1$ 的位移。中间啮合处离散质量单元的力学方程如下：

$$\begin{cases} T_{\mathrm{f}} = f_{\mathrm{M}i} R \\ T_{\mathrm{F}} = (F_i - F_{i-1}) R \\ T_{\mathrm{M}i} - T_{\mathrm{F}} - T_{\mathrm{f}} = (1/2) m_{\mathrm{M}i} R^2 \ddot{\theta}_{\mathrm{M}i} \end{cases} \tag{2.7}$$

式中：$f_{\mathrm{M}i}$ 为链轮与该处刮板链之间的摩擦力；T_{F} 为机尾相邻的两个质量单元形成的张力差力矩；F_i、F_{i-1} 分别为质量单元 i、$i-1$ 的相邻质量单元对其施加的外力，有

$$\begin{cases} F_{i-1} = k_{i-1} (\theta_{\mathrm{M}i} R - y_i) + c_{i-1} (\dot{\theta}_{\mathrm{M}i} R - \dot{y}_i) \\ F_i = k_i (y_{i+1} - \theta_{\mathrm{M}i} R) + c_i (\dot{y}_{i+1} - \dot{\theta}_{\mathrm{M}i} R) \end{cases} \tag{2.8}$$

其中 $\dot{\theta}_{\mathrm{M}i}$ 为链轮角速度，$\dot{y}_i$、$\dot{y}_{i+1}$ 分别为质量单元 i、$i+1$ 的速度。

为便于分析并建立多永磁电机串联驱动刮板输送机整机的机电耦合模型，需结合链轮半径 R 以及啮合处质量单元的运动参数，将其改写为按直线运行（不考虑"S"弯）的形式，因此有：

$$m_1 = \frac{1}{2} m_{\mathrm{M}1}, \quad y_1 = \theta_{\mathrm{M}1} R, \quad \dot{y}_1 = \dot{\theta}_{\mathrm{M}1} R, \quad \ddot{y}_1 = \ddot{\theta}_{\mathrm{M}1} R \tag{2.9}$$

改写后即可将不同的质量单元动力学方程写成统一形式，然后将整个多永磁电机串联驱动刮板输送机链传动系统的动力学方程化简为：

$$\begin{cases} m_1 \ddot{y}_1 + k_1 (y_1 - y_2) + c_1 (\dot{y}_1 - \dot{y}_2) - k_{12}(y_{12} - y_1) - c_{12}(\dot{y}_{12} - \dot{y}_1) = \dfrac{T_{\mathrm{M}1}}{R} - F_{\mathrm{M}1} \\[2mm] m_2 \ddot{y}_2 + k_2 (y_2 - y_3) + c_2 (\dot{y}_2 - \dot{y}_3) - k_1 (y_1 - y_2) - c_1 (\dot{y}_1 - \dot{y}_2) = -F_2 \\ \qquad\qquad\qquad\qquad\qquad \vdots \\ m_{i-1} \ddot{y}_{i-1} + k_{i-1}(y_{i-1} - y_i) + c_{i-1}(\dot{y}_{i-1} - \dot{y}_i) - k_{i-2}(y_{i-2} - y_{i-1}) - c_{i-2}(\dot{y}_{i-2} - \dot{y}_{i-1}) = -F_{i-1} \\[2mm] m_i \ddot{y}_i + k_i (y_i - y_{i+1}) + c_i (\dot{y}_i - \dot{y}_{i+1}) - k_{i-1}(y_{i-1} - y_i) - c_{i-1}(\dot{y}_{i-1} - \dot{y}_i) = \dfrac{T_{\mathrm{M}2}}{R} - F_{\mathrm{M}2} \\[2mm] m_{i+1} \ddot{y}_{i+1} + k_{i+1}(y_{i+1} - y_{i+2}) + c_{i+1}(\dot{y}_{i+1} - \dot{y}_{i+2}) - k_i (y_i - y_{i+1}) - c_i (\dot{y}_i - \dot{y}_{i+1}) = -F_{i+1} \\ \qquad\qquad\qquad\qquad\qquad \vdots \\ m_{n+1} \ddot{y}_{n+1} + k_{n+1}(y_{n+1} - y_{n+2}) + c_{n+1}(\dot{y}_{n+1} - \dot{y}_{n+2}) - k_n (y_n - y_{n+1}) - c_n (\dot{y}_n - \dot{y}_{n+1}) = \dfrac{T_{\mathrm{M}4}}{R} - F_{\mathrm{M}4} \\ \qquad\qquad\qquad\qquad\qquad \vdots \\ m_{2n} \ddot{y}_{2n} + k_{2n}(y_{2n} - y_1) + c_{2n}(\dot{y}_{2n} - \dot{y}_1) - k_{2n-1}(y_{2n-1} - y_{2n}) - c_{2n-1}(\dot{y}_{2n-1} - \dot{y}_{2n}) = -f_{2n} \end{cases}$$

$$\tag{2.10}$$

将以上方程组改写为矩阵形式,即

$$\boldsymbol{M\ddot{y}} + \boldsymbol{C\dot{y}} + \boldsymbol{Ky} = \boldsymbol{F} \qquad (2.11)$$

式中:$\boldsymbol{M}$、$\boldsymbol{C}$、$\boldsymbol{K}$ 分别为多永磁电机串联驱动刮板输送机链传动系统的质量矩阵、阻尼矩阵和刚度矩阵;$\boldsymbol{F}$ 为离散后多永磁电机串联驱动刮板输送机链传动系统的外力矩阵;$\boldsymbol{\ddot{y}}$、$\boldsymbol{\dot{y}}$、$\boldsymbol{y}$ 分别为多永磁电机串联驱动刮板输送机链传动系统中离散质量单元的加速度、速度以及位移向量。

2.2　多永磁电机串联驱动刮板输送机动力学输送特性

1. 离散质量单元质量计算

在多永磁电机串联驱动刮板输送机工作过程中,刮板链可以分为负载侧和无载侧两部分。对负载侧刮板链进行质量离散时,除了刮板以及链条的质量外,大部分质量集中在采煤机截割得到的落煤上,落煤经过机头时被卸载,但由于煤料存在一定黏性,无载侧除了刮板以及链条质量外,还存在残留煤料的质量。

对于多永磁电机串联驱动刮板输送机,假设整机铺设距离为 L_P(m),刮板输送机输送能力为 Q(t/h),链速为 v(m/s),单位长度链条以及刮板的质量为 q_l(kg/m),且链条、刮板以及落煤的质量在中部槽内均匀分布。由刮板输送机的输送能力以及链速,计算出多永磁电机串联驱动刮板输送机满载时负载侧煤料单位长度质量 q_m(kg/m):

$$q_m = \frac{Q}{3.6v} \qquad (2.12)$$

则满载时刮板链负载侧离散质量单元的质量为:

$$m_s = \frac{(q_l + q_m)L_P}{n-1} \qquad (2.13)$$

假设在无载侧残留落煤的比率为 τ_{cl},有

$$q_{cl} = \tau_{cl} q_m$$

根据经验,τ_{cl} 的取值范围一般为 $0.01 \sim 0.05$。可以根据残留煤料单位长度质量 q_{cl} 计算刮板链无载侧离散质量单元质量:

$$m_x = \frac{(q_l + q_{cl})L_P}{n-1} = \frac{(q_l + \tau_{cl} q_m)L_P}{n-1} \qquad (2.14)$$

2. 链条刚度、阻尼系数确定

根据 Kelvin-Voigt 模型将一定长度内的多永磁电机串联驱动刮板输送机链传动系统以及煤料简化为黏弹性模型,进一步研究链传动系统的动态特性。但由于刮板链划分后所包含的单元的长度不同,离散后 Kelvin-Voigt 模型中的接触刚度以及阻尼系数与包含的链条基础单元(一个平环和一个立环)数量有关,具体计算方法如下。

设多永磁电机串联驱动刮板输送机的铺设距离为 L_P,刮板链的节距为 p_0;将链传动系统分为 $2n$ 个离散质量单元,机头、机尾各包含一个质量单元,则中部槽两侧刮板链离散质量单元所包含的链条基础单元的个数为:

$$n_0 = \frac{L_P}{2p_0(n-1)} \tag{2.15}$$

多永磁电机串联驱动刮板输送机链传动系统采用中单链方式,设链条总接触刚度为 k_0,则负载侧和无载侧每个离散质量单元的接触刚度分别为:

$$k_s = k_x = \frac{k_0}{n_0} \tag{2.16}$$

式中:k_s 为负载侧离散质量单元的接触刚度;k_x 为无载侧离散质量单元的接触刚度。

由于多永磁电机串联驱动刮板输送机工作时需运输落煤,考虑离散后的 Kelvin-Voigt 模型的阻尼系数时,需要综合考虑刮板链以及落煤的黏性对系统动力学特性的影响。上文中已给出离散 Kelvin-Voigt 模型接触刚度的计算公式,为便于计算,假设负载侧离散质量单元阻尼系数 c_s、无载侧离散质量单元阻尼系数 c_x 分别与接触刚度 k_s、k_x 成线性关系:

$$c_s = c_x = k_s\tau = k_x\tau = \frac{k_0\tau}{n_0} \tag{2.17}$$

式中:τ 表示黏性滞后时间常数,s。

3. 离散质量单元摩擦力确定

假设多永磁电机串联驱动刮板输送机链传动系统处于水平状态,即链轮运行过程中仅需克服煤料及刮板链与中部槽之间的摩擦阻力,选择库仑摩擦力模型来表示刮板链与煤料运动过程中的阻力。根据库仑摩擦定律,两个物体之间的摩擦力与它们之间的正压力成正比,比例常数为摩擦系数,故有:

$$f_i = \begin{cases} F_{fi}\,\mathrm{sgn}(\dot{y}_i) \\ \min(\mid F_{i-1}-F_i \mid, F_{fi})\,\mathrm{sgn}(F_{i-1}-F_i) \end{cases} \tag{2.18}$$

式中：f_i 表示摩擦力；$\dot{y}_i$ 表示速度；$\mid F_{i-1}-F_i \mid$ 表示作用在接触面切线方向上的合力大小；F_{fi} 表示库仑摩擦力，$F_{fi}=\mu_k F_N$，其中 μ_k 表示比例常数（即摩擦系数），F_N 表示两物体接触面之间的正压力。库仑摩擦力的方向与运动速度 $\dot{y}_i$ 有关。

假设多永磁电机串联驱动刮板输送机链传动系统处于水平状态，即铺设倾斜角为 $0°$，故链传动系统只需要克服落煤冲击阻力和刮板链的摩擦阻力，则根据单位长度内刮板链以及运载煤料的质量，就可以计算出满载时多永磁电机串联驱动刮板输送机负载侧每个离散质量单元的库仑摩擦力 F_{fs}：

$$F_{fs} = \frac{gL_P}{n-1}(\mu_l q_l + \mu_m q_m) \tag{2.19}$$

式中：μ_m 为落煤在中部槽内运行时的阻力系数；μ_l 为刮板链在中部槽内运行时的阻力系数；g 为重力加速度。落煤和刮板链在中部槽内运行时的阻力系数受到链条布置方式、材料特性，以及运输煤料状态等的影响，一般根据经验直接确定。表 2.2 为落煤和刮板链在中部槽内运行时的阻力系数的取值范围。

表 2.2　落煤和刮板链在中部槽内运行时的阻力系数

链条形式	单链	双链
μ_l	0.3～0.4	0.4～0.6
μ_m	0.3～0.4	0.4～0.6

同理，刮板输送机满载时无载侧每个离散质量单元的库仑摩擦力 F_{fx} 的计算式为：

$$F_{fx} = \frac{gL_P}{n-1}(\mu_l q_l + \mu_m q_{cl}) \tag{2.20}$$

经过上述过程确定离散动力学模型中不同位置质量单元的摩擦力后，需继续确定与机头、机尾链轮啮合的质量单元的运行阻力。一般情况下，机头、机尾处刮板链的运行阻力与啮合距离、装配精度等因素有关，确定其精确值十分困难。根据经验公式，假设机头、机尾处质量单元的摩擦力为其余离散质量单元运行阻力与一比例系数的乘积，刮板链在负载侧及无载侧的运行阻力分别为：

$$f_s = (n-1)F_{fs} = gL_P(\mu_1 q_1 + \mu_m q_m) \tag{2.21}$$

$$f_x = (n-1)F_{fx} = gL_P(\mu_1 q_1 + \mu_m q_{cl}) \tag{2.22}$$

式中：f_s 为刮板链在负载侧的运行阻力；f_x 为刮板链在无载侧的运行阻力。

确定比例系数为 0.05，则机头、机尾处库仑摩擦力分别为：

$$F_{f\alpha} = F_{f\beta} = 0.05(f_s + f_x) \tag{2.23}$$

式中：$F_{f\alpha}$ 为机头处的库仑摩擦力；$F_{f\beta}$ 为机尾处的库仑摩擦力。

4. 预紧力分析

刮板输送机预紧力即在刮板输送机启动前对刮板链施加的一定的张力。由于刮板链具有弹性体特质，其应力变化会导致链条产生较大的弹性伸长。在多永磁电机串联驱动刮板输送机中，链条长度变化会导致堆链以及卡链事故，进而导致链轮链条啮合出现问题，严重影响刮板输送机安全稳定运行。为避免上述事故，可对刮板链施加合理的预紧力，避免链条松弛，同时提升链传动效率，减少不必要的功率损失。使用 Kelvin-Voigt 模型简化链传动系统时，链条应力变化以及弹性变形符合胡克定律，即从链条与链轮啮合处至分离处链条张力逐渐降低，根据多永磁电机串联驱动刮板输送机传动特点，其刮板链张力分布规律如图 2.7 所示。

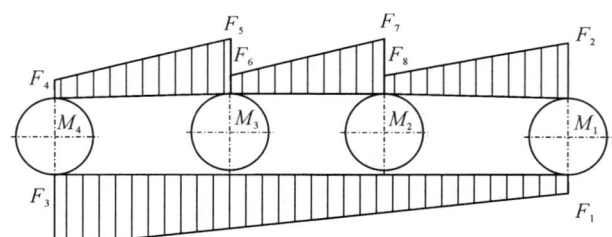

图 2.7 多永磁电机串联驱动刮板输送机张力分布图

根据刮板输送机平稳运行时的状态可知：

$$\begin{cases} F_1 = F_4 + f_{s1} \\ F_7 = F_6 + f_{s2} \\ F_5 = F_4 + f_{s3} \\ F_3 = F_2 + f_x \end{cases} \tag{2.24}$$

式中：$F_i(i=1,2,\cdots,8)$ 为刮板链上关键点的张力；f_{s1}、f_{s2}、f_{s3} 分别为刮板输送

机负载侧各段的运行阻力；f_x 为刮板输送机无载侧的运行阻力。

设启动前对多永磁电机串联驱动刮板输送机施加的预紧力为 F_0，在预紧力的作用下单元链条的伸长量为 Δy_i，则有：

$$\Delta y_i = \frac{F_0}{k_i} \tag{2.25}$$

由于链条只能传递拉力，但不能传递压力，即链环分离时链环之间无相互作用力，则施加预紧力后，接触刚度以及阻尼系数分别为：

$$k_i = \begin{cases} k & (1 \leqslant i \leqslant 2n-1, y_i - y_{i+1} \geqslant -\Delta y_i) \\ 0 & (1 \leqslant i \leqslant 2n-1, y_i - y_{i+1} < -\Delta y_i) \\ k & (i = 2n, y_i - y_{i+1} \geqslant -\Delta y_i) \\ 0 & (i = 2n, y_i - y_{i+1} < -\Delta y_i) \end{cases} \tag{2.26}$$

$$c_i = \begin{cases} c & (1 \leqslant i \leqslant 2n-1, y_i - y_{i+1} \geqslant -\Delta y_i) \\ 0 & (1 \leqslant i \leqslant 2n-1, y_i - y_{i+1} < -\Delta y_i) \\ c & (i = 2n, y_i - y_{i+1} \geqslant -\Delta y_i) \\ 0 & (i = 2n, y_i - y_{i+1} < -\Delta y_i) \end{cases} \tag{2.27}$$

根据上述施加预紧力后接触刚度、阻尼系数的确定方法，可推出施加预紧力后多永磁电机串联驱动刮板输送机链传动系统的动力学方程与式（2.10）相同，但接触刚度、阻尼系数切换判断条件不同。

2.3　多永磁电机串联驱动刮板输送机动力学模型建立

2.3.1　动力学模型技术参数

2.2 节已根据离散质量单元思想，给出多永磁电机串联驱动刮板输送机链传动系统离散质量单元的质量、接触刚度、阻尼系数、摩擦力等参数的计算公式。本节根据设计要求给出基础技术参数，具体包括整机铺设距离、目标链速等。根据上述基础技术参数以及计算公式，离散化链传动系统动力学模型的参数均可推算。所选用的多永磁电机串联驱动刮板输送机的关键技术参数如表2.3 所示。

表 2.3　刮板输送机关键技术参数

名称	数值	单位	名称	数值	单位
铺设距离 L_P	400	m	链轮半径 R	0.3425	m
输送能力 Q	2500	t/h	链环规格	$\phi48\times152$	mm×mm
刮板链速 v	1.6	m/s	驱动单元	4	个
铺设倾角	0	(°)			

另外,根据表 2.2 确定 $\mu_m=0.4$、$\mu_l=0.3$,根据链条布置形式以及规格参数确定 $q_l=80$ kg/m,根据单位时间内刮板输送机的煤料质量计算得满载时 $q_m=430$ kg/m。刮板链为中单链。

2.3.2　动力学模型建立

根据上述多永磁电机串联驱动刮板输送机的动力学方程推导过程以及式(2.10)、式(2.11),建立多永磁电机串联驱动刮板输送机链传动系统动力学模型的原理框图,如图 2.8 所示。

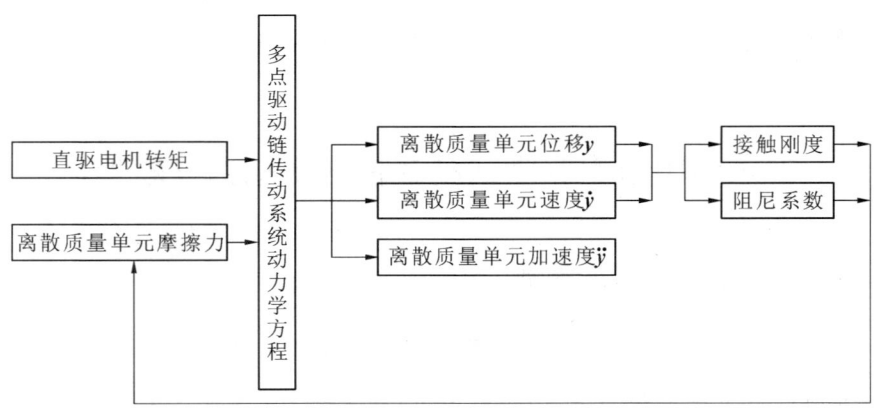

图 2.8　动力学模型原理框图

最终确定将多永磁电机串联驱动刮板输送机链传动系统离散成二十四个质量单元,使用四台永磁同步电机驱动,且电机均匀布置。其中负载侧、无载侧刮板链各被划分成十一个离散质量单元,中间驱动部分划分为一个离散质量单元,机头、机尾各被划分为一个离散质量单元。根据动力学方程以及计算所得的动力学参数在 MATLAB/Simulink 中编写代码并建立多永磁电机串联驱动刮板输送机链传动系统的仿真模型,所得仿真模型如图 2.9 所示。

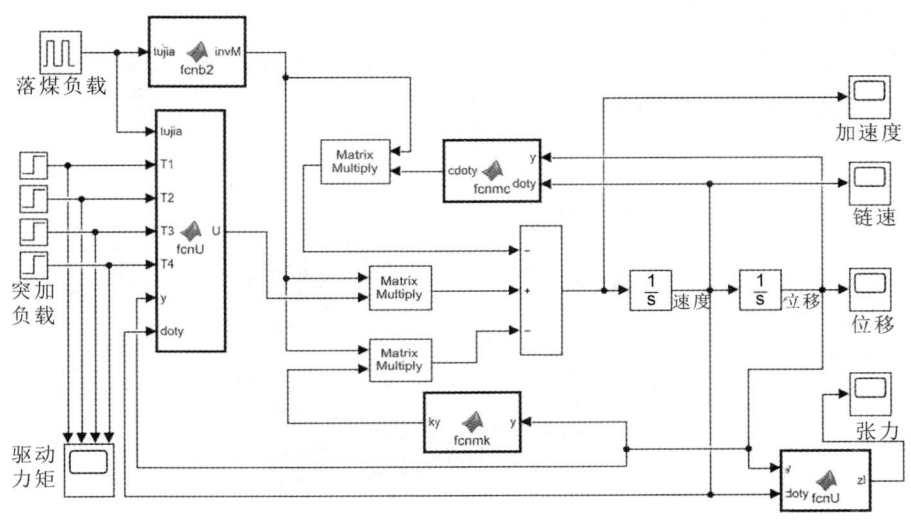

图 2.9 多永磁电机串联驱动刮板输送机动力学模型

2.4 永磁同步电机矢量控制策略

随着电力电子技术以及控制理论的不断发展,永磁同步电机在低速大转矩工况下的工作性能得到持续提升,逐渐应用于驱动重载低速的带式输送机、刮板输送机。建立多永磁电机串联驱动刮板输送机模型后,为研究整机在刮板输送机负载特性下的动力学特性,需要为刮板输送机设计多永磁电机串联驱动系统。首先分析永磁同步电机结构原理,并根据动力学参数进行电机选型,分析坐标变换、空间矢量脉宽调制等控制方法,然后利用模块化思想在 Simulink 环境中搭建矢量控制模型,结合永磁同步电机会根据负载调整电磁转矩的特点,建立整机机电耦合模型,并对建模方法、建模过程进行验证。

2.4.1 永磁同步电机工作原理

永磁同步电机是一种采用永磁体作为励磁源的同步电机,它具有高效率、高功率密度和高动态响应等特点,因此在工业领域得到了广泛应用。永磁同步电机主要由定子、永磁转子和轴组成,如图 2.10 所示。定子是永磁同步电机的固定部分,由一组绕组和定子铁芯构成。绕组由电源供电,在定子上产生旋转磁场;转子是永磁同步电机的转动部分,它包含一组永磁体,通常采用稀土永磁材料制成。转子上的永磁体产生磁场,并与定子的旋转磁场进行磁场耦合;轴是连接转子和外部负载的部分,通过转子的旋转带动外部负载运动。

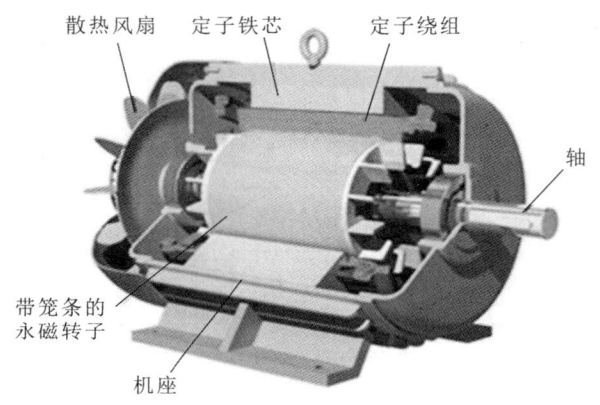

图 2.10 永磁同步电机内部结构

多永磁电机串联驱动刮板输送机采用四台永磁同步电机均匀布置。电机选型要结合多永磁电机串联驱动刮板输送机的负载动力学参数进行。

刮板链负载侧运行阻力为:

$$f_s = (n-1)F_{fs} = gL_P(\mu_l q_l + \mu_m q_m)$$
$$= 9.8 \times 400 \times (0.3 \times 80 + 0.4 \times 430)\text{N} = 768320 \text{ N}$$

取 $\tau_{cl} = 0.01$,则刮板链无载侧的运行阻力为:

$$f_x = (n-1)F_{fx} = gL_P(\mu_l q_l + \mu_m q_{cl}) = gL_P(\mu_l q_l + \mu_m \tau_{cl} q_m)$$
$$= 9.8 \times 400 \times (0.3 \times 80 + 0.4 \times 0.01 \times 430)\text{N} = 100822 \text{ N}$$

机头、机尾处离散质量单元的运行阻力为:

$$F_{f\alpha} = F_{f\beta} = 0.05(f_s + f_x) = 43457 \text{ N}$$

因此,刮板输送机总的运行阻力为:

$$F_z = F_{f\alpha} + F_{f\beta} + f_s + f_x = 956056 \text{ N}$$

取刮板输送机械效率 $\eta = 0.98$,则得刮板输送机的最大功率为:

$$P_{\max} = \frac{F_z v}{1000 \eta} = \frac{956056 \times 1.6}{1000 \times 0.98} \text{ kW} = 1560.9 \text{ kW}$$

根据上述计算得到的多永磁电机串联驱动刮板输送机工作所需的最大功率,选取的永磁同步电机的额定功率 P 应满足以下条件:

$$P > P_{\max}/4 = 1560.9/4 \text{ kW} = 390.23 \text{ kW}$$

结合上文的功率计算结果,选择的电机的主要技术参数如表 2.4 所示。

表 2.4 永磁同步电机主要技术参数

名称	数值	单位	名称	数值	单位
额定电压	1140	V	极对数	16	/
额定功率	400	kW	定子电感	6.53	mH
额定转矩	50935	N·m	定子电阻	0.0755	Ω
额定转速	75	r/min	转子磁链	6.08	Wb

2.4.2 永磁同步电机数学模型及坐标变换

为简化永磁同步电机的数学建模及算法开发,做出如下假设:

(1)假设电机是理想的,不计涡流、磁滞损失等能量损耗;

(2)假设电机的温度保持恒定,不考虑温度等环境因素的变化对电机性能的影响;

(3)假设电机的磁路是完全饱和的,而忽略非线性磁路特性,简化磁路计算和建模过程。

1. 三相坐标系下永磁同步电机的数学模型

在三相永磁同步电机中,A-B-C 三相静止坐标系(见图 2.11)通常用于描述电机的转子磁场和定子磁场之间的相对运动。其中:

A 轴通常与永磁体的磁场轴对齐,代表永磁体的磁场方向;

B 轴与 A 轴之间相差 120°,通常用于描述电机的正向旋转方向;

C 轴与 A 轴和 B 轴之间相差 120°,是 A 轴和 B 轴之间的中间轴。

在 A-B-C 三相静止坐标系下,永磁同步电机定子电压方程为[59]:

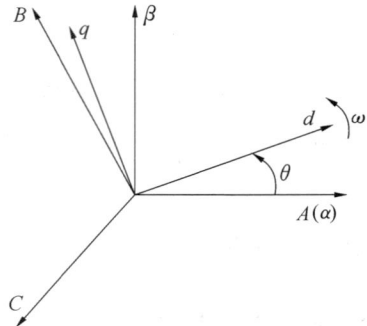

图 2.11 A-B-C 三相静止坐标系

$$\begin{bmatrix} u_A \\ u_B \\ u_C \end{bmatrix} = \begin{bmatrix} R_s & 0 & 0 \\ 0 & R_s & 0 \\ 0 & 0 & R_s \end{bmatrix} \begin{bmatrix} i_A \\ i_B \\ i_C \end{bmatrix} + p \begin{bmatrix} \psi_A \\ \psi_B \\ \psi_C \end{bmatrix} \tag{2.28}$$

式中：u_A、u_B、u_C 表示三相定子电压；i_A、i_B、i_C 表示三相定子电流；ψ_A、ψ_B、ψ_C 表示三相定子绕组磁链；R_s 表示定子电阻；p 为表示微分算子。三相绕组磁链方程为：

$$\begin{bmatrix} L_{AA} & M_{AB} & M_{AC} \\ M_{BA} & L_{BB} & M_{BC} \\ M_{CA} & M_{CB} & L_{CC} \end{bmatrix} \begin{bmatrix} i_A \\ i_B \\ i_C \end{bmatrix} = \begin{bmatrix} \cos\theta \\ \cos(\theta-120°) \\ \cos(\theta+120°) \end{bmatrix} \psi_f \tag{2.29}$$

式中：L_{AA}、L_{BB}、L_{CC} 为各相绕组自感；ψ_f 表示永磁体励磁磁链；θ 表示转子 N 极（d 轴方向）和 A 轴的夹角；M_{AB}、M_{AC}、M_{BA}、M_{BC}、M_{CA}、M_{CB} 表示两相定子绕组互感系数，且有 $M_{AB}=M_{AC}=M_{BA}=M_{BC}=M_{CA}=M_{CB}$。

三相静止坐标系下电机的电磁转矩为：

$$T_e = -p_n \psi_f \begin{bmatrix} i_A \\ i_B \\ i_C \end{bmatrix}^T \begin{bmatrix} \cos\theta \\ \cos(\theta-120°) \\ \cos(\theta+120°) \end{bmatrix} \tag{2.30}$$

式中：T_e 为电机的电磁转矩；p_n 为转子极对数。

永磁同步电机的动力学方程为：

$$J \frac{d\omega_m}{dt} = T_e - T_L - B\omega_m \tag{2.31}$$

式中：J 为电机的转动惯量，kg·m²；ω_m 为转子的机械角速度，rad/s；B 为电机的摩擦系数；T_L 为电机的负载转矩，N·m。

2. 坐标变换以及对应的永磁同步电机数学模型

三相静止坐标系下永磁同步电机数学模型十分复杂。电机的电磁转矩与三相电流相关，且三相电流相互耦合。通过坐标变换可以有效简化电机模型，将三相电流和电压转换到旋转坐标系中，实现转矩和磁场定向独立控制。通过坐标变换控制，系统可以更精确地控制电机的转矩和转速，从而提升电机的动态响应性能和稳定性。此外，通过坐标变换还可简化电机控制算法（例如磁场定向控制（FOC）算法）的设计和实现，使得电机控制更加简单高效。因此，坐标变换在永磁同步电机控制中起着至关重要的作用，为优化电机性能、提高效率和实现精确控制提供了关键的技术基础。

1）Clark 变换与两相静止坐标系下的数学模型

Clark 变换的主要目的是将三相电流向量变换到 α-β 两相静止坐标系中，其中 α 轴与 A 轴对齐，β 轴与 A 轴的夹角为 90°。通过 Clark 变换可以将三相电流从静止坐标系转换到旋转坐标系，使电机的控制更加简单和直观。

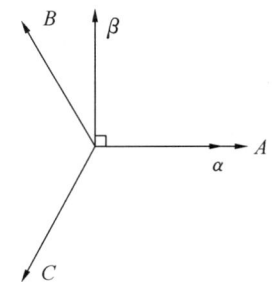

图 2.12 α-β 两相静止坐标系

由图 2.12，根据角度信息，将三相坐标系上的矢量投影到两相静止坐标系中：

$$\begin{cases} i_\alpha = i_A + i_B \cos \dfrac{2}{3}\pi + i_C \cos \dfrac{4}{3}\pi \\ i_\beta = 0 + i_B \sin \dfrac{2}{3}\pi + i_C \sin \dfrac{4}{3}\pi \end{cases} \tag{2.32}$$

式（2.32）可以改写为矩阵形式：

$$\begin{bmatrix} i_\alpha \\ i_\beta \end{bmatrix} = \begin{bmatrix} 1 & -\dfrac{1}{2} & -\dfrac{1}{2} \\ 0 & \dfrac{\sqrt{3}}{2} & -\dfrac{\sqrt{3}}{2} \end{bmatrix} \begin{bmatrix} i_A \\ i_B \\ i_C \end{bmatrix} = \boldsymbol{T}_{3s/2s} \begin{bmatrix} i_A \\ i_B \\ i_C \end{bmatrix} \tag{2.33}$$

上述过程即为 Clark 变换，$\boldsymbol{T}_{3s/2s}$ 称为 Clark 变换矩阵。在工程实际中需对变换过程进行逆变换，即求 $\boldsymbol{T}_{3s/2s}$ 的逆矩阵。为将其变换为增广矩阵，并保持变换过程中的功率恒定，Clark 变换矩阵形式可改写，即有

$$\begin{bmatrix} i_\alpha \\ i_\beta \\ i_0 \end{bmatrix} = \boldsymbol{T}_{3s/2s} \begin{bmatrix} i_A \\ i_B \\ i_C \end{bmatrix} = \frac{2}{3} \begin{bmatrix} 1 & -\dfrac{1}{2} & -\dfrac{1}{2} \\ 0 & \dfrac{\sqrt{3}}{2} & -\dfrac{\sqrt{3}}{2} \\ \dfrac{\sqrt{2}}{2} & \dfrac{\sqrt{2}}{2} & \dfrac{\sqrt{2}}{2} \end{bmatrix} \begin{bmatrix} i_A \\ i_B \\ i_C \end{bmatrix} \tag{2.34}$$

求 Clark 逆变换矩阵的过程，即将 α-β 坐标系下的电流矢量转换到三相静止坐标系 A-B-C 中的过程，称为 Clark 逆变换，可以表示为：

$$\begin{bmatrix} i_A \\ i_B \\ i_C \end{bmatrix} = \boldsymbol{T}_{2s/3s} \begin{bmatrix} i_\alpha \\ i_\beta \\ i_0 \end{bmatrix} \tag{2.35}$$

$\boldsymbol{T}_{2s/3s}$ 称为 Clark 逆变换矩阵，其可以表示为：

$$\boldsymbol{T}_{2s/3s} = \boldsymbol{T}_{3s/2s}^{-1} = \begin{bmatrix} 1 & 0 & \dfrac{\sqrt{2}}{2} \\ -\dfrac{1}{2} & \dfrac{\sqrt{3}}{2} & \dfrac{\sqrt{2}}{2} \\ -\dfrac{1}{2} & -\dfrac{\sqrt{3}}{2} & \dfrac{\sqrt{2}}{2} \end{bmatrix} \tag{2.36}$$

经过坐标变换后，永磁同步电机的数学模型可简化。α-β 坐标系下的磁链方程为：

$$\begin{cases} \psi_\alpha = L_s i_\alpha + \psi_f \cos\theta \\ \psi_\beta = L_s i_\beta + \psi_f \sin\theta \end{cases} \tag{2.37}$$

式中：ψ_α 为定子磁链在 α 轴上的分量；ψ_β 为定子磁链在 β 轴上的分量；i_α 为电流在 α 轴上的分量；i_β 为电流在 β 轴上的分量。

α-β 坐标系下的电压方程可以表示为:

$$\begin{cases} u_\alpha = R_{\mathrm{s}} i_\alpha + \dfrac{\mathrm{d}\psi_\alpha}{\mathrm{d}t} \\[2mm] u_\beta = R_{\mathrm{s}} i_\beta + \dfrac{\mathrm{d}\psi_\beta}{\mathrm{d}t} \end{cases} \tag{2.38}$$

式中:u_α 为电压 u 在 α 轴上的分量;u_β 为电压 u 在 β 轴上的分量。

α-β 坐标系下的电磁转矩方程为:

$$T_e = \frac{3}{2} p_{\mathrm{n}} (\psi_\alpha i_\beta - \psi_\beta i_\alpha) = \frac{3}{2} p_{\mathrm{n}} \psi_{\mathrm{f}} (i_\beta \cos\theta - i_\alpha \sin\theta) \tag{2.39}$$

2) Park 变换与两相旋转坐标系下的数学模型

Park 变换的主要目的是将 α-β 坐标系中的电流转换到 d-q 坐标系中,如图 2.13 所示,其中 d 轴与永磁体转子磁场方向对齐,q 轴与 d 轴垂直。与 Clark 变换不同的是,Park 变换所使用的夹角 θ 的值不是定值。通过 Park 变换,将 α-β 坐标系中的电流转换到恒定磁场参考坐标系,进一步消除电流分量之间的交叉耦合,使控制系统可以更直接地控制电机的磁场方向和输出转矩,实现精确的控制。

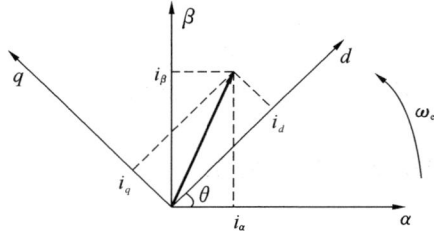

图 2.13 d-q 两相旋转坐标系

根据图 2.13,i_α、i_β 与 i_d、i_q 之间的变换关系为:

$$\begin{cases} i_\alpha = i_d \cos\theta - i_q \sin\theta \\ i_\beta = i_d \sin\theta + i_q \cos\theta \end{cases} \tag{2.40}$$

将上述变换改写为矩阵形式:

$$\begin{bmatrix} i_\alpha \\ i_\beta \end{bmatrix} = \begin{bmatrix} \cos\theta & -\sin\theta \\ \sin\theta & \cos\theta \end{bmatrix} \begin{bmatrix} i_d \\ i_q \end{bmatrix} = \boldsymbol{T}_{2\mathrm{s}/2\mathrm{r}} \begin{bmatrix} i_d \\ i_q \end{bmatrix} \tag{2.41}$$

在控制过程中,需进行 Park 逆变换,记 $\boldsymbol{T}_{2\mathrm{s}/2\mathrm{r}}$ 为 Park 变换矩阵,$\boldsymbol{T}_{2\mathrm{r}/2\mathrm{s}}$ 为

Park 逆变换矩阵。Park 逆变换的矩阵形式如下：

$$\begin{bmatrix} i_d \\ i_q \end{bmatrix} = \begin{bmatrix} \cos\theta & \sin\theta \\ -\sin\theta & \cos\theta \end{bmatrix} \begin{bmatrix} i_\alpha \\ i_\beta \end{bmatrix} = \boldsymbol{T}_{2r/2s} \begin{bmatrix} i_\alpha \\ i_\beta \end{bmatrix} \tag{2.42}$$

经过 Park 变换，在旋转坐标系下对永磁同步电机进行控制相对简单。可建立表贴式永磁同步电机在 d-q 坐标系下的数学模型，其中电压方程为：

$$\begin{cases} u_d = Ri_d - \omega_e \varphi_q + \dfrac{\mathrm{d}\varphi_d}{\mathrm{d}t} \\[2mm] u_q = Ri_q + \omega_e \varphi_d + \dfrac{\mathrm{d}\varphi_q}{\mathrm{d}t} \end{cases} \tag{2.43}$$

式中：u_d、u_q 分别为电机的 d 轴、q 轴电压分量；R 为电机的定子电阻；i_d、i_q 分别为电机的 d 轴、q 轴电流分量；ω_e 为电机转子的电角速度；φ_d、φ_q 分别为电机的 d 轴、q 轴磁链分量。

表贴式永磁同步电机的电磁转矩在 d-q 坐标系下可表示为：

$$T_e = \frac{3}{2} p_n \varphi_f i_d \tag{2.44}$$

进一步，永磁同步电机的动力学方程为：

$$T_e - T_L = \frac{J}{p_n} \frac{\mathrm{d}\omega_e}{\mathrm{d}t} + \frac{B}{p_n} \omega_e \tag{2.45}$$

式中：T_L 为电机的负载转矩；J 为电机的转动惯量；B 为电机的摩擦系数。

2.4.3　永磁同步电机矢量控制模型

矢量控制（vector control）也称为矢量调节或矢量变频控制，是一种高级电机控制策略，用于实现对交流电机的精确控制。它的目标是在电机定子坐标系中独立控制电机的转矩和磁场方向。矢量控制的基本思想是将电机的电流和电压表示为矢量的形式，以便更好地描述电机的动态特性和相互关系。通过控制电机的电流和电压矢量，可以实现对电机转矩和磁场的精确控制，从而实现高性能和高效率的运行。

1. 永磁同步电机矢量控制策略设计

根据电机性能要求、调速范围及用途，可将矢量控制分为 $i_d = 0$ 的矢量控制、恒定磁链矢量控制、$\cos\varphi = 1$ 的矢量控制等。鉴于矿用刮板输送机对低速大转矩性能的需求,电机还需要具备运行平稳、操作简单等特点,因此选用 $i_d = 0$ 的矢量控制方法。

1)$i_d = 0$ 的矢量控制策略

典型的 $i_d = 0$ 的矢量控制原理如图 2.14 所示。该控制系统是表贴式永磁同步电机转速、电流双闭环驱动控制系统,其主要由五部分组成,包括转速和电流控制器模块、Park 和 Clark 变换及其逆变换模块、空间矢量脉宽调制模块、编码器测速模块。具体的控制过程如下[60]。

(1)坐标变换:首先,将三相电流通过 Clark 变换转换到 α-β 坐标系中,消除三相电流之间的耦合关系。然后,通过 Park 变换将 α-β 坐标系中的电流转换到 d-q 坐标系中,使电流矢量方向与电机转子的磁场方向一致。

(2)磁场定向:在 d-q 坐标系中,通过控制 d 轴电流 i_d(磁场定向电流)为零,实现磁场方向与 d 轴对齐。这样可以使电机的磁场只在 d 轴上产生,从而实现磁场定向控制。

(3)转矩控制:在磁场定向的基础上,通过控制 i_q(转矩电流)来实现对电机转矩的控制。调节 i_q 的大小和方向可以实现电机的输出转矩控制。

(4)转速闭环控制:为了实现转速闭环控制,通常在矢量控制系统中加入转速环控制器。通过编码器测量电机的转速 n,并与目标转速 n_r 进行比较,可以调整 q 轴电流的命令值 i_{ref},从而实现精确的速度控制。

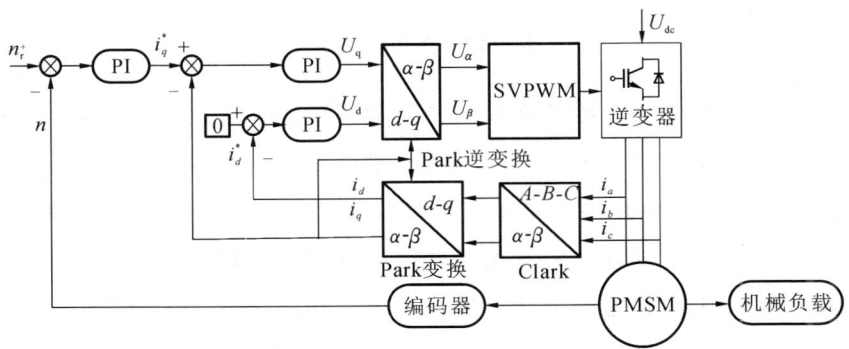

图 2.14 $i_d = 0$ 的矢量控制原理

对于表贴式结构的永磁同步电机,$L_d = L_q$,通过 3s/2r 坐标变换,电机在 d-q

坐标系中的电磁转矩为

$$T_e = \frac{3}{2} p_n \psi_f i_q \tag{2.46}$$

可以看出：式(2.46)中电机永磁体磁链 ψ_f 以及转子极对数 p_n 为常数，只需要控制电流 i_q 就能够实现对电磁转矩 T_e 的控制，从而控制转速。

2）空间矢量脉宽调制

为实现对电机转矩的精准控制，采用空间矢量调制技术，通过对逆变器开关元件的不同组合，产生所需的空间矢量。

空间矢量脉宽调制的基本原理是通过调节逆变器的输出电压矢量，实现对电机磁场和转矩的精确控制。该技术将电机的输入电压表示为一个空间矢量，通过对这个矢量进行调制，生成适当的脉冲宽度调制信号，从而控制输出电压的大小和方向。下面结合常用的变频器硬件电路分析空间矢量脉宽调制工作原理，如图 2.15 所示。

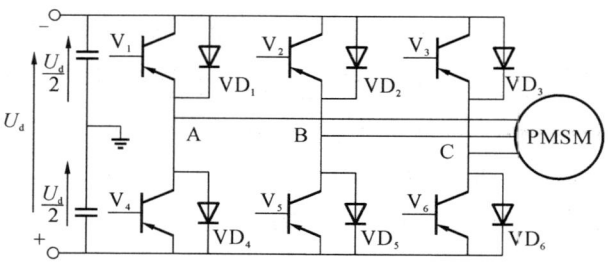

图 2.15　逆变器电路

图 2.15 所示的逆变器电路共包含三组桥臂，这三组桥臂由六个开关器件组成，A、B、C 每个相位对应一个桥臂上的两个开关元件，通过控制这些开关器件的导通以及关断，可以产生三相交流输出，形成控制电机所需的矢量。在控制过程中，同一桥臂上的开关元件同时导通会导致短路，所以同一时间上、下桥臂处于不同状态。定义上桥臂导通为状态 1，下桥臂导通为状态 0，则三组桥臂的不同状态可以构成逆变器电路共八组不同的工作状态，如图 2.16所示。

逆变器电路中三组桥臂处于不同状态时，可以输出八个矢量 U_0，U_1，$\cdots$，U_7，其中包含六个幅值相同的非零矢量，以及当三组桥臂处于相同的状态，即上

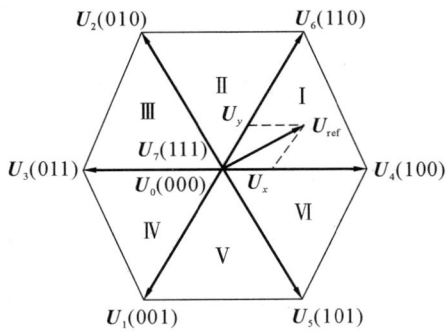

图 2.16　电压矢量扇区分布图

桥臂或下桥臂导通时形成的两个零矢量 U_0、U_7。非零矢量的幅值相同且间隔 $60°$，零矢量位于原点。通过控制非零矢量以及零矢量的作用时间，即可形成相邻矢量间任意角度、幅值的目标矢量。有

$$U_{ref} \cdot T = U_x \cdot T_x + U_y \cdot T_y + U_0 \cdot T_0 \qquad (2.47)$$

式中：U_{ref} 表示目标电压矢量；T 表示采样周期；T_x、T_y、T_0 分别表示在某一扇区内合成目标矢量所需的非零电压矢量 U_x、U_y 和零电压矢量 U_0 在一个采样周期 T 内的作用时间。

经过上面的理论分析可知，要实现空间电压矢量调制需进行以下三步：

（1）目标电压 U_{ref} 扇区判断。为合成各扇区内的目标电压 U_{ref}，需先判断 U_{ref} 所在扇区。首先将要合成的目标矢量置于两相静止 α-β 坐标系中，分别定义 U_α、U_β 为其在坐标轴上的投影，进而定义：

$$\begin{cases} U_{ref1} = U_\beta \\ U_{ref2} = -\dfrac{1}{2}U_\beta + \dfrac{\sqrt{3}}{2}U_\alpha \\ U_{ref3} = -\dfrac{1}{2}U_\beta - \dfrac{\sqrt{3}}{2}U_\alpha \end{cases} \qquad (2.48)$$

再定义三个变量 A、B、C，结合式(2.48)，其取值方法为：

若 $U_{ref1} > 0$，则 $A=1$，否则 $A=0$；

若 $U_{ref2} > 0$，则 $B=1$，否则 $B=0$；

若 $U_{ref3} > 0$，则 $C=1$，否则 $C=0$。

定义 $N=4C+2B+A$，N 值与图 2.16 中扇区的对应关系如表 2.5 所示。

表 2.5　N 值与扇区对应关系

N	3	1	5	4	6	2
扇区号	Ⅲ	Ⅰ	Ⅴ	Ⅳ	Ⅵ	Ⅱ

（2）计算作用时间。在确定所需的非零向量后，由于目标矢量的角度、幅值均不同，空间矢量脉宽调制模块通过控制采样周期内各矢量的作用时间来合成目标矢量。下面以目标矢量位于第一扇区的情形为例进行分析，如图 2.17 所示。

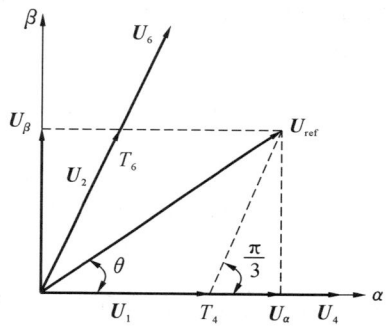

图 2.17　电压空间矢量合成示意图

在图 2.17 中，U_{ref} 为目标电压矢量，分别将其向非零矢量 U_4、U_6 上投影，通过控制其在同一采样周期内的作用时间 T_4、T_6 合成目标矢量。有

$$\begin{cases} U_\alpha = \dfrac{T_4}{T}U_4 + \dfrac{T_6}{T}U_6\cos\dfrac{\pi}{3} \\ U_\beta = \dfrac{T_6}{T}U_6\sin\dfrac{\pi}{3} \end{cases} \qquad (2.49)$$

U_4、U_6 的作用时间分别为

$$T_4 = \frac{\sqrt{3}T}{2U_d}(\sqrt{3}U_\alpha - U_\beta)$$

$$T_6 = \frac{\sqrt{3}T}{2U_d}U_\beta \qquad (2.50)$$

根据上述分析过程，计算目标矢量位于其余扇区时的作用时间，并定义变量 X、Y、Z 如下：

$$
\begin{cases}
X = \dfrac{\sqrt{3}U_\beta T}{U_d} \\[3mm]
Y = \dfrac{(3U_a + \sqrt{3}U_\beta)T}{2U_d} \\[3mm]
Z = \dfrac{(-3U_a + \sqrt{3}U_\beta)T}{2U_d}
\end{cases}
\tag{2.51}
$$

根据各扇区的推导结果，可以得到非零矢量以及零矢量的作用时间，如表 2.6 所示。

表 2.6　扇区相邻非零矢量作用时间

N	1	2	3	4	5	6
T_4	Z	Y	$-Z$	$-X$	X	$-Y$
T_6	Y	$-X$	X	Z	$-Y$	$-Z$
T_0	\multicolumn{6}{c}{$T_0(T_7) = (T - T_4 - T_6)/2$}					

（3）计算切换点。首先定义

$$
\begin{cases}
T_a = (T - T_4 - T_6)/4 \\[2mm]
T_b = T_a + T_4/2 \\[2mm]
T_c = T_b + T_6/2
\end{cases}
\tag{2.52}
$$

则三相电压开关时间切换点 T_{cm1}、T_{cm2}、T_{cm3} 如表 2.7 表示。

表 2.7　空间矢量切换点

扇区号	1	2	3	4	5	6
T_{cm1}	T_b	T_a	T_a	T_c	T_c	T_b
T_{cm2}	T_a	T_c	T_b	T_b	T_a	T_c
T_{cm3}	T_c	T_b	T_c	T_a	T_b	T_a

在 MATLAB/Simulink 中按照上述步骤建立仿真模型,如图 2.18 所示。

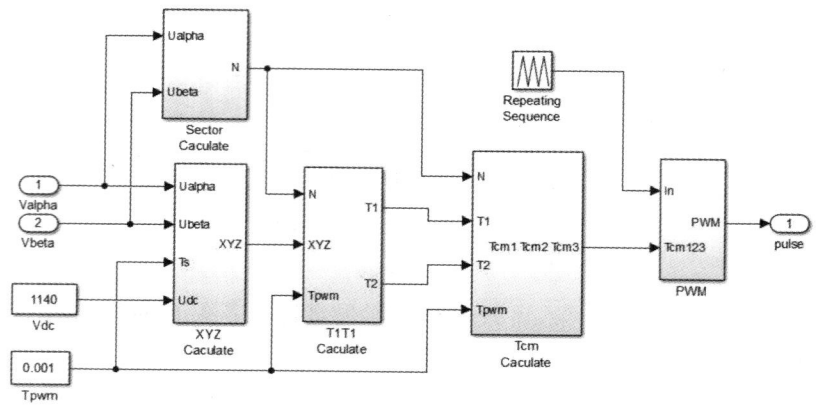

图 2.18 空间矢量调制仿真模型

2. 永磁同步电机矢量控制策略仿真验证

上文对 $i_d=0$ 矢量控制策略进行了详细分析,具体包括转速环、电流环的双闭环控制原理、Park 变换以及 Clark 变换原理、空间矢量调制原理等。为搭建机电耦合模型,建立永磁同步电机的矢量控制仿真模型,并对坐标变换模块、空间矢量脉宽调制模块等进行验证。所建立的仿真模型与原理图对应,如图 2.19 所示,其包含基本面的功能模块。仿真模型的搭建可以帮助我们更好地理解永磁同步电机的工作原理,方便对单个电机或多电机协同控制算法进行设计及验证。

设定以下仿真工况:目标转速为 45 r/min,模拟时间为 5 s,电机空载启动。根据仿真模型设置对应的参数,对转速环以及电流环控制器参数进行整定。当时间为 2 s 时,对电机施加 20000 N·m 的负载,然后观察电机的转速、转矩输出以及电流变化。

图 2.20 展示了永磁同步电机的转速响应变化曲线,可以看出:在转速环 PI 控制器的作用下,在空载启动后,电机可以快速达到设定的目标转速,但出现了较为明显的超调;在第 2 s 时,系统承受突变负载,电机转速突变,然后在转速环控制器作用下重新以给定的目标转速运行;在矢量控制方法下,电机的电磁转矩与 q 轴电流 i_q 相对应,i_q 值越大,电机的电磁转矩也越大。电机启动时,为快速达到目标转速值,电磁转矩迅速增加;当电机空载稳定运行时,i_q 值较小。

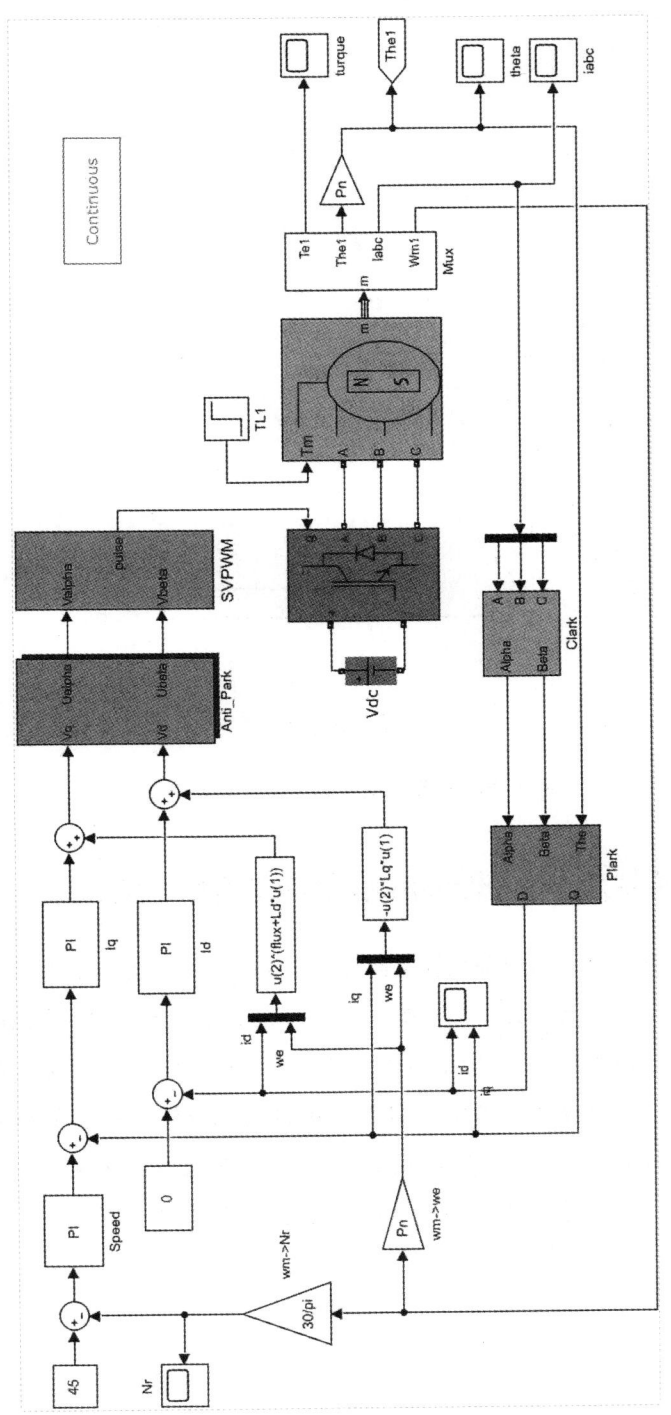

图2.19 矢量控制仿真模型

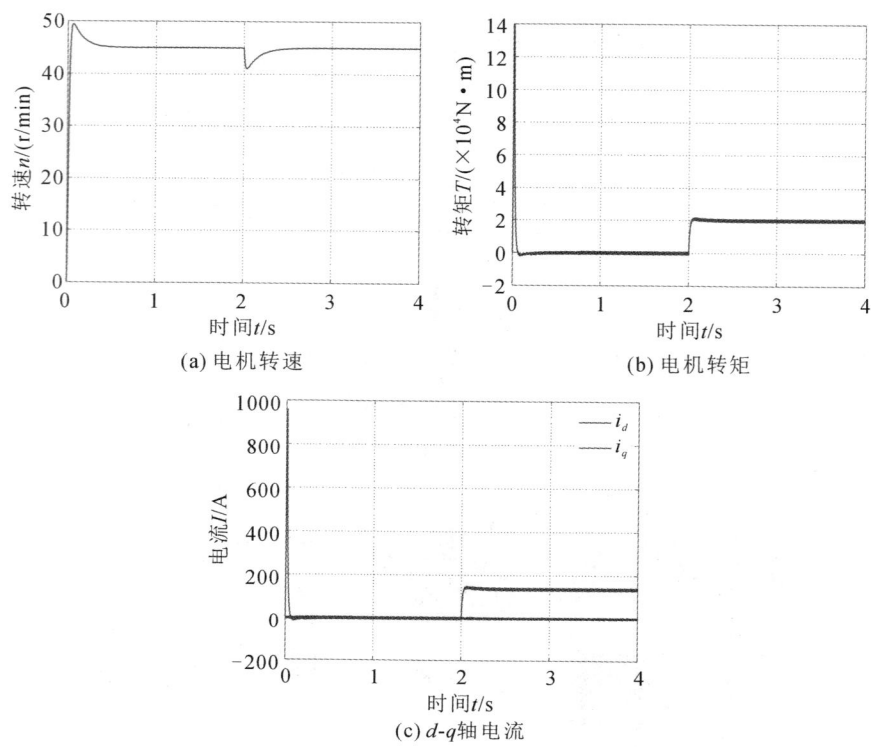

图 2.20　矢量控制下的电机仿真结果

2.5　刮板输送机多永磁电机串联驱动系统机电耦合动力学特性

　　在多永磁电机串联驱动刮板输送机中,多驱链传动系统与多永磁电机串联驱动系统具有复杂的耦合关系。根据永磁同步电机的工作原理,永磁同步电机直驱形式省去了减速器环节,负载变化直接作用在驱动电机上,电机输出波动也会对系统的动态参数造成影响。建立刮板输送机链传动系统的负载动力学模型以及永磁同步电机的矢量控制模型后,为研究整机在刮板输送机负载特性下的动态特性,并进行控制策略研究,需建立多永磁电机串联驱动刮板输送机机电耦合模型。

2.5.1 系统机电耦合模型建立

根据多驱链传动系统的动力学方程得到离散质量单元的加速度,并经过积分得到各个离散质量单元的速度以及位移,并根据输出结果中的速度以及位移确定 Kelvin-Voigt 模型中的接触刚度 k 以及阻尼系数 c,据此计算链条张力,以及各质量单元的摩擦力 f_i,结合各电机的输出转矩 T_i,共同形成外力矩阵,将其输入多驱链传动系统的动力学方程,最终会形成一个闭合的回路。即根据动力学模型计算电机负载,再将电机的转矩输入外力矩阵 $\boldsymbol{F}$,进一步进行仿真研究,其原理如图 2.21 所示。

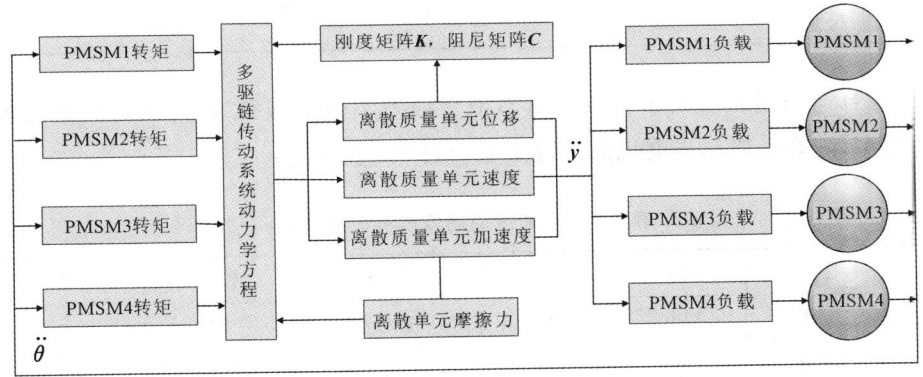

图 2.21 多永磁电机串联驱动刮板输送机机电耦合原理

多永磁电机串联驱动系统省去了减速器环节,电机传动轴通过联轴器直接与链轮连接,因此实现机电耦合的关键在于确定联轴器与链轮啮合处的离散质量单元的速度与链轮转速的耦合关系,具体实现方式如下:

$$T_i = M_i = \frac{1}{2} m_i \left(\frac{D_i}{2} \right)^2 \ddot{\theta}_i - (F_n - F_{n+1} - f_i) \frac{D_i}{2} \qquad (2.53)$$

式中:T_i、M_i 为各驱动电机的输出转矩以及负载,N·m;m_i 为驱动链轮质量,kg;D_i 为驱动链轮直径,m;$\ddot{\theta}_i$ 为驱动单元的角加速度,rad/s²;f_i 为驱动单元处的附件阻力,N;F_n、F_{n+1} 分别为质量单元 n、$n-1$ 的相邻质量单元对其施加的作用力。电磁转矩方程与刮板输送机动力学方程表示了多永磁电机串联驱动系统的机电耦合关系。

为验证建立链传动系统模型过程中所选择的黏弹性模型以及机电耦合方式的正确性,按照上述的建模过程建立机头、机尾双驱刮板输送机机电耦合模型,将利用该模型得到的仿真结果与现有文献给出的仿真结果进行对比,验证建模过程以及建模方法的正确性,具体过程如下。

首先,选择机头、机尾双驱刮板输送机的关键技术参数,如表2.8所示。

表 2.8　刮板输送机关键技术参数

名称	数值	单位	名称	数值	单位
铺设距离 L_P	300	m	链环规格	$\phi34\times126$	mm/mm
输送能力 Q	2500	t/h	铺设倾角	0	(°)
刮板链速 v	1.33	m/s			

然后,根据上述技术参数计算离散化动力学模型的参数,并进行驱动电机的选型,配套永磁同步电机的关键参数如表2.9所示。

表 2.9　配套永磁同步电机关键参数

名称	数值	单位	名称	数值	单位
额定电压	1140	V	极对数	24	/
额定功率	300	kW	定子电感	6.53	mH
额定转矩	50935	N·m	定子电阻	0.0755	Ω
额定转速	75	r/min	转子磁链	6.08	Wb

最后,采用动力学分析方法以及 Kelvin-Voigt 模型搭建机头、机尾双驱刮板输送机的负载动力学模型,再根据永磁同步电机矢量控制模型以及机电耦合原理,搭建机头、机尾双驱动刮板输送机机电耦合模型,机头、机尾电机使用并行控制策略。

在建立机电耦合模型后,为了对建模过程以及机电耦合原理进行验证,选择空载启动工况进行验证,且不对链条施加预紧力,即在本次仿真中,单位长度内煤料的质量 q_m、链条启动前的预紧力 F_0 的取值如下:

$$\begin{cases} q_m = 0 \\ F_0 = 0 \end{cases} \tag{2.54}$$

44

　　机头、机尾双驱刮板输送机在上述工况下的仿真结果如图 2.22 所示。图 2.22(a)(b)分别给出了无预紧力空载启动工况下机头、机尾电机转矩和转速变化规律。由于无预紧力且无落煤负载干扰，负载侧和无载侧的链条质量和摩擦力相同，即在运行过程中机头、机尾电机需克服的运行阻力相同，所以两台电机的转矩以及转速变化应具有一致性。下面对仿真结果进行分析。

　　根据图 2.22(a)可知，机头、机尾电机启动后输出转矩快速达到最大值，随后产生大幅度的波动，经过 6 s 左右的调整时间之后稳定，并且转矩与负载达到动态平衡。由图 2.22(b)可知，转速变化趋势与转矩变化趋势对应，即电机快速达到目标转速并产生一定的超调量，随后电机转速产生大幅度的波动，约 6 s 后在转速环控制器的作用下稳定在目标值上。

　　图 2.22(c)(e)分别为刮板输送机空载启动时，链条速度、张力三维图，图 2.22(d)(f)分别为刮板输送机空载启动时关键位置链条速度和张力的变化曲线图。由图 2.22(c)~(f)可知，各段链条的速度以及张力受到了电机运行状态的影响，在电机刚启动时链条速度、张力存在较大波动，随后波动逐渐变小，并且在 6 s 左右后趋于平稳。图 2.22(d)(f)分别给出了负载侧刮板链第 30 m、150 m 以及第 270 m 处的链条速度以及张力的变化曲线，由图可知，在不施加预紧力的情况下，在启动阶段，由于刮板链自身的黏弹性作用，链环只能传递拉力，因此刮板链的响应时间以及运动状态变化存在一定传递特性，各链环不是同时开始运动的。从图 2.22(d)可以看出，第 30 m 处链条的响应速度最快且速度波动幅度最大，即链条运动从啮合开始处向啮合分离处传递，与刮板链的传动方向相反，且链条速度波动幅度逐渐减小。从图 2.22(f)中可以得出，相较于第 150 m 处以及第 270 m 处，第 30 m 处链条张力波动幅度最大，且最终达到的稳定值最大，第 150 m 处的链条次之，第 270 m 处链条张力波动幅度最小，这符合链传动张力分布特点，即从啮合开始处至啮合分离处逐渐降低。对比上述的仿真结果以及文献[58]中结果，可以证实我们所采用的动力学建模方法以及机电-耦合方法的正确性，可以通过数学模型模拟刮板输送机的工况，并表达多永磁电机串联驱动系统以及链传动系统的动态特性。

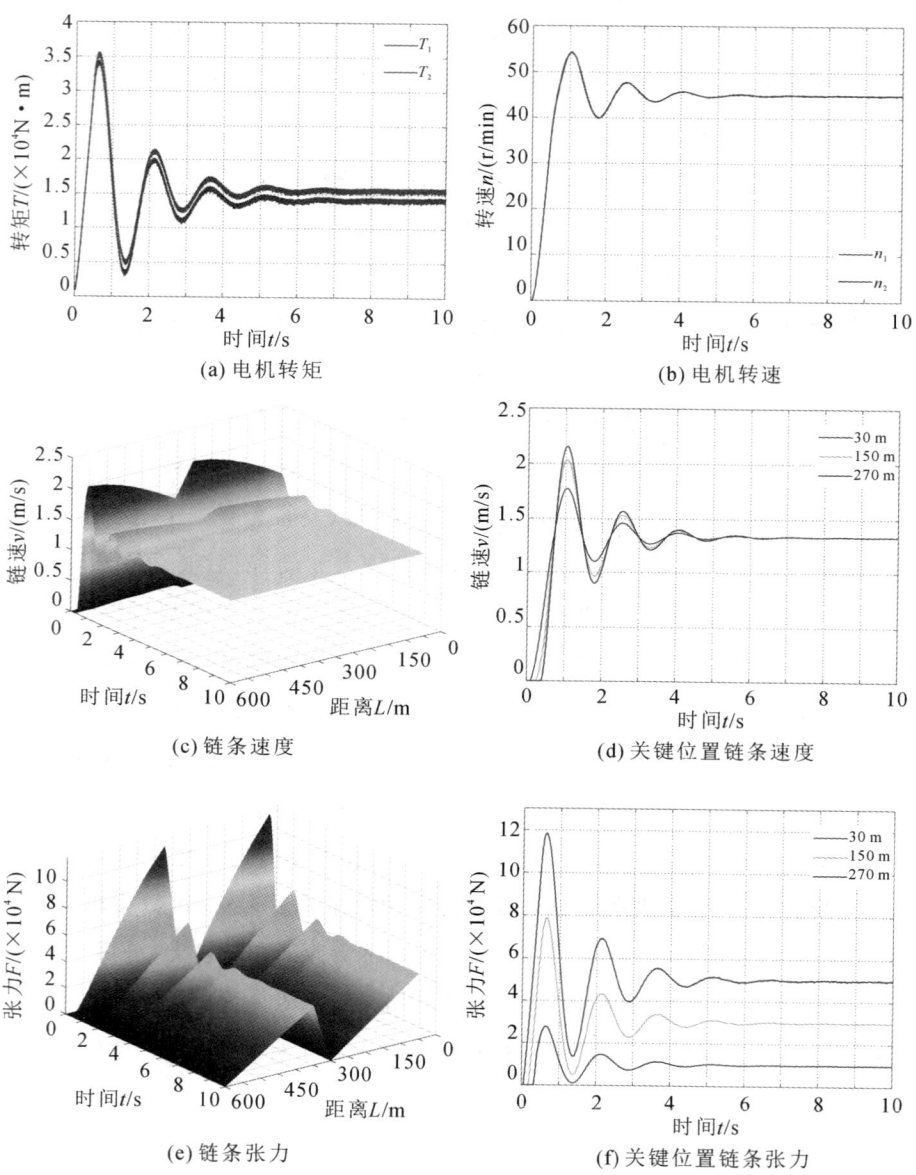

(a) 电机转矩

(b) 电机转速

(c) 链条速度

(d) 关键位置链条速度

(e) 链条张力

(f) 关键位置链条张力

图2.22　机头、机尾双驱刮板输送机机电耦合仿真结果

2.5.2　启动工况下系统动态特性分析

在多永磁电机串联驱动刮板输送机启动过程中,各驱动电机初始负载不同,且转速环控制器调整电机需要一定的时间,导致电机之间产生转速差,进而导致启动完成后各段链条张力具有较大差距,从而影响刮板输送机稳定运行,且在一定程度上会影响链条寿命。为避免上述影响,并减小大功率电机启动对电网以及传动部件造成的冲击,降低损耗,可进行可控启动,即使各驱动电机按照预设的转速指令启动。常见的可控启动方式包括直线启动、抛物线启动、反"S"形曲线启动。为便于实现,选择直线启动方式实现系统的可控启动,启动过程中的链条速度表达式如下:

$$v(t) = \begin{cases} \dfrac{v_0}{t_0}t & (t \leqslant t_0) \\[2mm] v_0 & (t > t_0) \end{cases} \tag{2.55}$$

式中:v_0 为目标转速;t_0 为达到目标转速所需时间。进行空载、带载启动工况下的仿真,分析整机动态特性变化规律以及影响因素。根据前述动力学建模结果,负载侧刮板链被划分为十一个离散质量单元(见图 2.23)。通过改变各离散质量单元的质量来模拟多永磁电机串联驱动刮板输送机的不同工况。

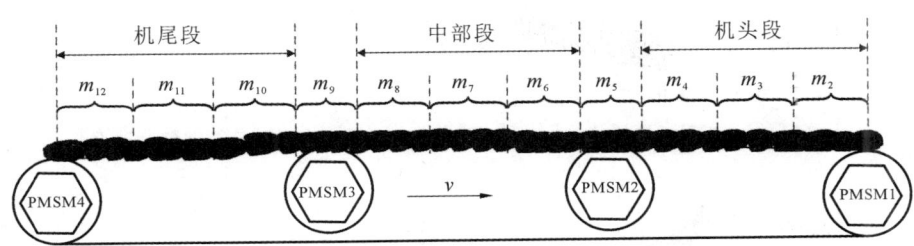

图 2.23　刮板链负载侧区域划分

1. 空载启动工况

对多永磁电机串联驱动刮板输送机空载启动工况进行分析。启动方式选择直线启动,设定目标转速 v_0 为 45 r/min,达到目标转速所需时间 t_0 为 5 s。具体分析内容包括电机转矩、转速,电机之间的转速差,链条整体以及关键位置的速度、张力变化趋势,得到的仿真曲线如图 2.24 所示。

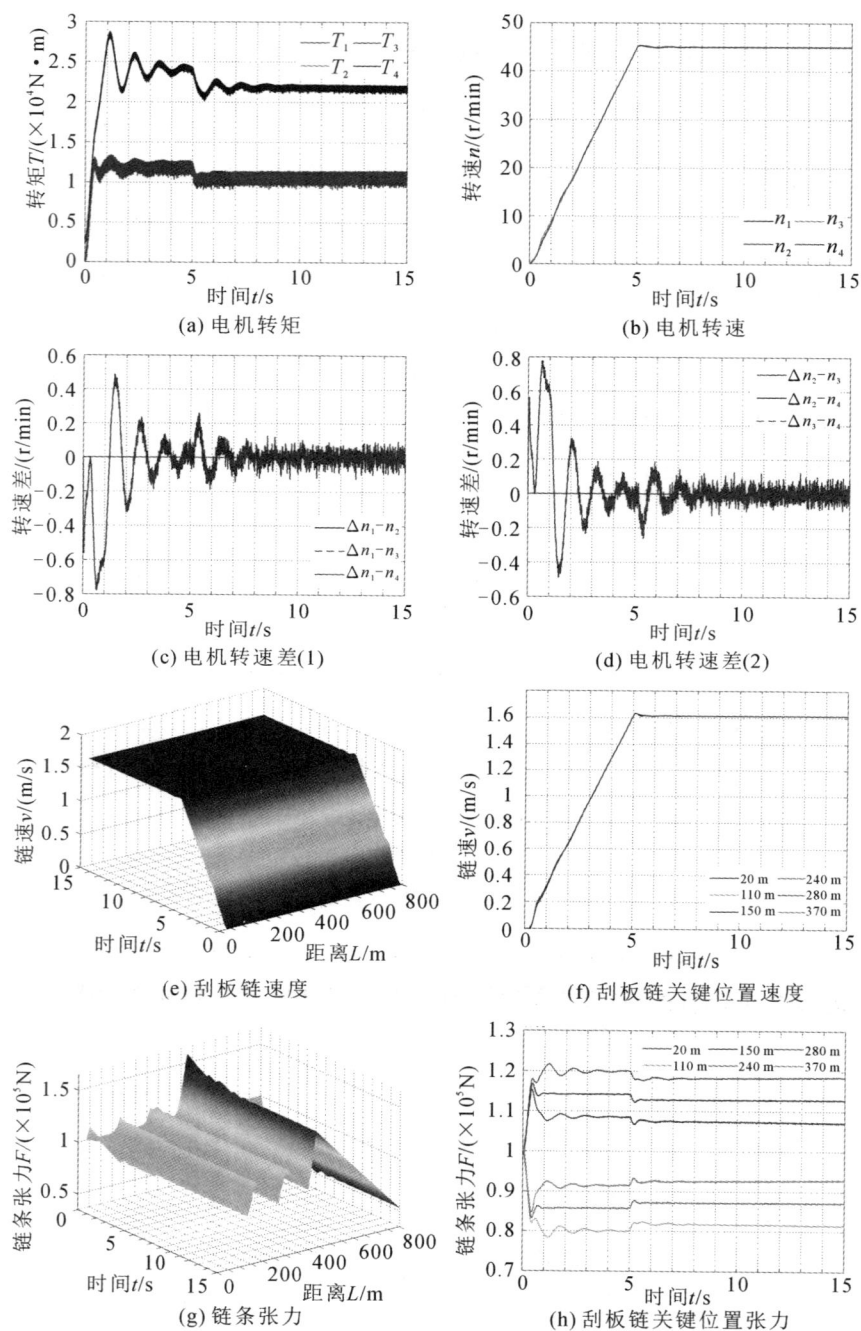

(a) 电机转矩

(b) 电机转速

(c) 电机转速差(1)

(d) 电机转速差(2)

(e) 刮板链速度

(f) 刮板链关键位置速度

(g) 链条张力

(h) 刮板链关键位置张力

图 2.24　空载启动时多永磁电机串联驱动刮板输送机系统动态特性

应用 MATLAB 软件中的 function 模块模拟直线启动方式,模块程序如下:

```
function y=fcn(t) if t<=3 u=15* t;
    else u=45;
    end y=u;
    end
```

该程序表示电机在第 0~5 s 内以恒定加速度加速至目标转速 45 r/min 的过程。下面对仿真结果进行分析。

多永磁电机串联驱动刮板输送机空载启动时,虽没有落煤负载,但电机仍需带动链轮克服刮板链与中部槽之间的摩擦力。图2.24(a)所示为空载启动工况下多永磁电机串联驱动刮板输送机各驱动电机在直线启动阶段输出转矩的变化曲线。从图中可以看出,由于对链条施加了预紧力,机头电机(电机1)与机尾电机(电机4)的转矩输出具有一致性,中间两台驱动电机(电机2、3)的转矩输出具有一致性。在直线启动阶段,多永磁电机串联驱动刮板输送机机头以及机尾电机的输出转矩最大值出现在加速阶段,约为 2.84×10^4 N·m,随后输出转矩开始波动,波动过程持续时间约为 4 s;启动 5 s 后电机达到目标转速,此时机头、机尾电机的输出转矩均发生小幅下降,最终稳定在 2.18×10^4 N·m 附近。中间两台驱动电机的输出转矩变化趋势与机头、机尾电机类似:启动后,电机的输出转矩最大值约为 1.25×10^4 N·m,随后开始波动,波动持续时间为 3.5 s 左右;加速阶段结束后输出转矩产生小幅下降,最后稳定在 1.06×10^4 N·m 附近。相较于机头、机尾电机,中间两台电机的输出转矩明显较小,这说明在空载启动工况下,施加预紧力后,整机的负载主要集中在机头、机尾电机上。图2.24(b)所示为空载启动工况下多永磁电机串联驱动系统的转速变化曲线,从图中可以看出转速变化与转矩变化类似,机头与机尾电机的转速变化具有一致性,中间两台驱动电机的转速变化具有一致性。在直线启动阶段,各电机可以较好地跟随目标转速指令,但由于负载不同,在启动初始阶段会产生跟随误差,根据图2.24(c)及图2.24(d),在系统启动后的第 0~3 s 内,机头、机尾电机与中间驱动电机之间存在较大的转速差(最大值为 0.78 r/min),加速阶段结束、达到目标转速后,电机之间的转速差存在小幅波动,经过 2 s 左右的调整后转速差稳定。综上,多永磁电机串联驱动系统在启动时,电机接收到相同的转速指令,输出相同的转矩,但由于负载不同,各驱动电机无法准确地跟随目标转速指令,但在转速环控制器的作用下,经过短时间的调整电机可以较好地跟随目标转速指令。在转速环控制器的控制过程中,电机转速误差会对相邻两电机之间的链条速度、张力造成影响,具体影响如下。

图 2.24(e)(g)分别为刮板输送机空载启动时链条速度、张力变化三维图,图 2.24(f)(h)分别为刮板输送机空载启动时刮板链关键位置张力变化曲线图。从图 2.24(e)以及图 2.24(g)中可以看出,在空载启动工况下,刮板链可以跟随电机的转速变化,经过 5 s 的加速阶段后到达目标速度。在上述过程中,负载侧刮板链速度、张力在直线启动初始阶段以及达到目标值后存在较大波动,随后波动幅度逐渐降低,并且均在 2 s 左右后开始趋于稳定。图 2.24(f)给出的是负载侧刮板链关键位置的链条速度变化趋势图,从图中可以看出,刮板输送机启动后,由于刮板链的弹性作用,与链轮啮合处的刮板链响应速度明显高于其余部分,随后运动向非啮合处传播,且由于刮板链只能传递拉力,运动只能向与刮板链运动方向相反的方向传播,并不是整个刮板链同时开始运动。响应时间与该位置与啮合处之间的距离有关,沿着刮板链运行的反方向,距离驱动电机越远,刮板链响应速度越慢。从图 2.24(h)中可以看出:在加速阶段,刮板链张力存在较大波动,经过约 2 s 后稳定;电机达到目标转速后,啮合开始处张力下降,啮合分离处张力上升,并最终稳定。稳定后机头段刮板链张力最小,机尾段刮板链张力最大。刮板链张力分布具体如下:第 20 m 处、第 110 m 处刮板链张力稳定后分别约为 1.07×10^5 N、8.18×10^4 N;第 150 m 处、第 240 m 处刮板链张力稳定后分别约为 1.13×10^5 N、8.72×10^4 N;第 280 m 处、第 370 m 处刮板链张力稳定后分别约为 1.18×10^5 N、9.26×10^4 N。根据关键位置张力变化趋势可以得出结论:稳定后相邻两电机之间的刮板链张力分布符合链传动中链条张力分布规律,即由啮合分离处向啮合开始处逐渐增大,但各段存在张力分布不均的现象。从张力波动情况来看,在整个直线启动阶段中第 280 m 处张力最大。张力最大值约为 1.22×10^5 N,仅超过稳定运行时的 3.2%,这说明直线启动方式可以有效减小张力波动值,避免对链条产生冲击。

2. 带载启动工况

多永磁电机串联驱动刮板输送机因不同原因停机时,中部槽内残留有不同质量的煤料,这种情况会使刮板输送机在下次启动时负载以及摩擦阻力增加,且由于残留煤料在槽内分布不均,电机之间的负载差距将增大。在这种带载启动工况下,启动过程中链条的张力波动较大,在启动时链条就承受较大张力,从而影响刮板输送机的安全稳定运行,因此,有必要结合多永磁电机串联驱动刮板输送机机电耦合模型,研究带载启动工况下电机转矩、转速,刮板链速度、张力变化规律及影响因素。

通过改变不同时间动力学模型离散质量单元的质量来模拟带载启动工况:如图 2.23 所示,启动时,在不同的质量单元处添加质量,质量单元 2 处质量 m_2 为满载时负载侧煤料单位长度质量 q_m 的 20%,质量单元 6 处质量 m_6 为满载时的 30%,质量单元 12 处质量 m_{12} 为满载时的 50%,无载侧存在残留落煤。需要注意的是,此处改变的是单位长度内煤料的质量,负载侧以及无载侧刮板链的质量是一定的。具体仿真结果如图 2.25 所示。

多永磁电机串联驱动刮板输送机带载启动时,依然采用直线启动的方式来避免对系统的冲击。设定电机目标转速 $n_0 = 45$ r/min,达到目标转速所需时间 $t_0 = 5$ s,由仿真结果可知,由于残余煤料的影响,电机需克服的刮板、刮板链与中部槽之间的摩擦阻力增大,且由于残余煤料分布不均,不同电机的负载不同。

图 2.25(a)所示为刮板输送机带载启动工况下驱动电机输出转矩的变化,从图中可以看出,相较于空载启动工况,输出转矩增大了。机尾电机输出转矩最大(最大值约为 3.68×10^4 N·m),且在整个加速阶段波动较为明显,5 s 后加速阶段结束,电机达到目标转速,输出转矩小幅下降并最终稳定在 2.92×10^4 N·m;机头电机输出转矩变化趋势与机尾电机类似,但其值较小;由于预紧力的作用,中间两台驱动电机的输出转矩并未产生较大差距;图 2.25(b)所示为多永磁电机串联驱动刮板输送机系统的转速输出曲线,从图中可以看出,在带载启动时,各电机可以较好地跟随目标转速指令,但由于残余负载分布不均,电机转速环控制器产生作用的速度变慢,当输出转矩小于初始负载时,电机会有一定的静止时间,其中机尾电机静止时间最长,约为 0.25 s。根据图 2.25(c)(d),在带载启动工况下,各驱动电机之间的转速差明显增大,其中电机 3 与电机 4

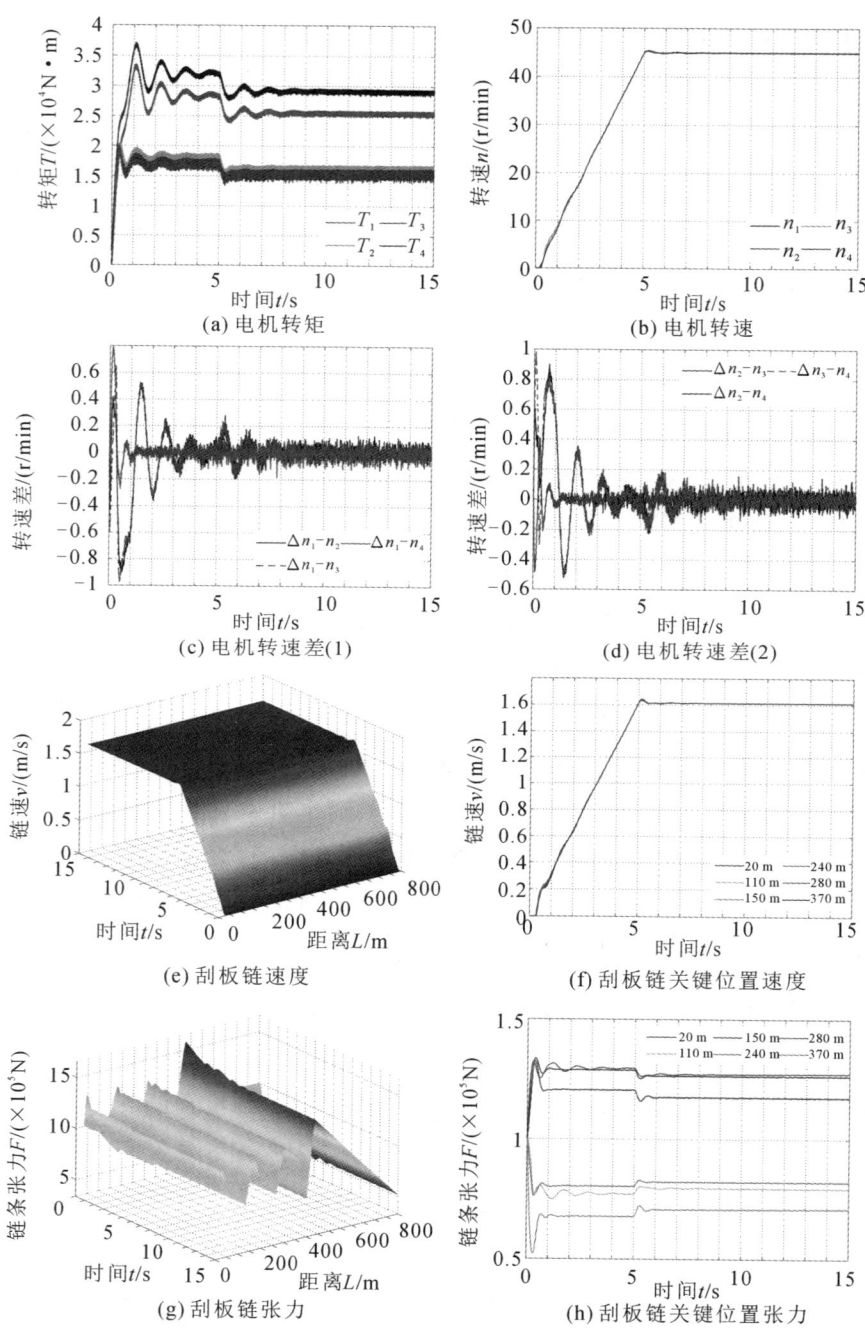

(a) 电机转矩

(b) 电机转速

(c) 电机转速差(1)

(d) 电机转速差(2)

(e) 刮板链速度

(f) 刮板链关键位置速度

(g) 刮板链张力

(h) 刮板链关键位置张力

图 2.25　带载启动时多永磁电机串联驱动刮板输送机系统动态特性

之间的转速差最大,对刮板链张力分布造成影响。综上可知,在带载启动工况下,电机同时接收到相同的转速指令,输出相同的转矩,但由于中部槽内残余煤料分布不均,加剧了负载差距,随后各电机转速环控制器作用,根据负载调整驱动电机输出转矩,使电机跟随目标转速指令,实现稳定运行。

图 2.25(e)(g)分别为刮板输送机带载启动时刮板链速度、张力三维图,图 2.25(f)(h)分别为刮板输送机带载启动时刮板链关键位置速度、张力变化曲线图。从图 2.25(e)(g)中可以看出,相较于空载启动工况,带载启动二况下负载侧刮板链在启动初始阶段以及加速阶段结束后,产生的速度、张力波动幅度要略大。随着转速环控制器发生作用,速度、张力波动幅度逐渐降低,但转速环控制器调整时间相较于空载启动工况下更长。图 2.25(f)所示为负载侧刮板链关键位置的速度变化曲线,从图中可以看出,由于刮板链黏弹性作用的影响,刮板输送机启动后,啮合处链条响应速度最快,刮板链其余部分依次响应。相较于空载启动工况,带载启动工况下响应时间更长,这说明电机输出转矩达到负载转矩所需时间更长,启动时间更长。从图 2.25(h)中可以看出,在带载启动工况下,两电机之间的刮板链张力分布仍然符合链传动中链条张力分布规律,但整体数值有较大变化,其中第 20 m、第 150 m、第 280 m 处的刮板链张力分别稳定在 1.18×10^5 N、1.26×10^5 N、1.27×10^5 N,相较于空载启动工况下的刮板链张力有所上升,而第 110 m、第 240 m、第 370 m 处的刮板链张力分别稳定在 7.95×10^4 N、8.22×10^4 N、7.05×10^4 N,相较于空载启动工况下的刮板链张力有所下降。可见,在带载启动工况下相邻两电机之间啮合开始处链条张力增大,啮合分离处链条张力下降。造成上述现象的原因,除了各段负载不均匀外,还有电机转速差。

2.5.3 冲击载荷下系统动态特性分析

多永磁电机串联驱动刮板输送机工作时,采煤机沿着刮板输送机的槽帮移动进行截割作业,截割下的落煤将对刮板输送机造成严重冲击,驱动电机输出转矩、转速,以及刮板链张力、速度均会受到严重干扰,且由于落煤的位置以及质量具有不定性,对多永磁电机串联驱动刮板输送机的动态特性可造成不同影响。为探究不定落煤负载对整机动态特性的影响规律,进行不定落煤工况下的仿真分析,具体仿真方案设计如下:假设对多永磁电机串联驱动刮板输送机链条施加 1×10^5 N 的预紧力,系统空载启动,经过 5 s 的直线启动阶段后电机达到目标转速;刮板输送机在第 10 s 时受到不定落煤的冲击,不定落煤处的质量突变,研究此种情况下系统的动态特性。

1. 不同落煤位置对系统的影响

在多永磁电机串联驱动系统中,四台均匀布置的永磁同步电机将刮板输送机分为机头、中部以及机尾三个部分。为了更好地研究不定落煤对刮板链不同位置造成的冲击的影响,对落煤位于不同位置的工况进行仿真模拟研究,其中落煤位置分别为机头(靠近驱动电机的质量单元 1 处)、机身中部(质量单元 7 处)以及机尾靠近驱动电机的质量单元 12 处。为研究落煤负载位于不同位置对整机动态性能的影响,选择满载时负载侧煤料单位长度质量 q_m 的 80% 模拟一次截割落煤,结果如图 2.26 所示。

图 2.26 所示为不定落煤负载位于不同位置时驱动电机的输出转矩以及转速变化。由图 2.26(a)(c)(e)可以看出,在空载启动时,由于施加了预紧力,在不定落煤之前机头、机尾电机(驱动电机 1、4)输出转矩相同,中间两台电机(驱动电机 2、3)输出转矩相同。随着不定落煤负载作用于刮板输送机机身的不同位置,对应位置的驱动电机转矩产生瞬时变化,具体变化趋势如下。

当落煤负载位于机头位置时:四台驱动电机均有不同幅度的转矩变化,其中:电机 1 输出转矩变化幅值最大,从稳定运行时的 2.21×10^4 N·m 瞬时增大至 3.82×10^4 N·m,经过 3.2 s 左右的调整后稳定在 3.31×10^4 N·m;其次为电机 2,从稳定运行时的 1.12×10^4 N·m 瞬时增大至 1.81×10^4 N·m,经过短暂的调整后稳定在 1.51×10^4 N·m;电机 3 以及电机 4 随着整机负载的增大,输出转矩均增加,但波动幅度较小。

当落煤负载位于中部,即位于两台电机中间时:电机 2 和电机 3 转矩变化一致,由稳定运行时的 1.15×10^4 N·m 瞬时增大至 2.23×10^4 N·m,经过短暂的调整后稳定在 1.85×10^4 N·m;电机 1 和电机 4 由于整机负载增加,其输出转矩均会增加,由稳定运行时的 2.21×10^4 N·m 增大至约 2.31×10^4 N·m。

当不定落煤负载位于机尾时:四台驱动电机中电机 4 输出转矩变化幅度最大,从稳定运行时的 2.12×10^4 N·m 瞬时增大至 3.78×10^4 N·m,经过短暂

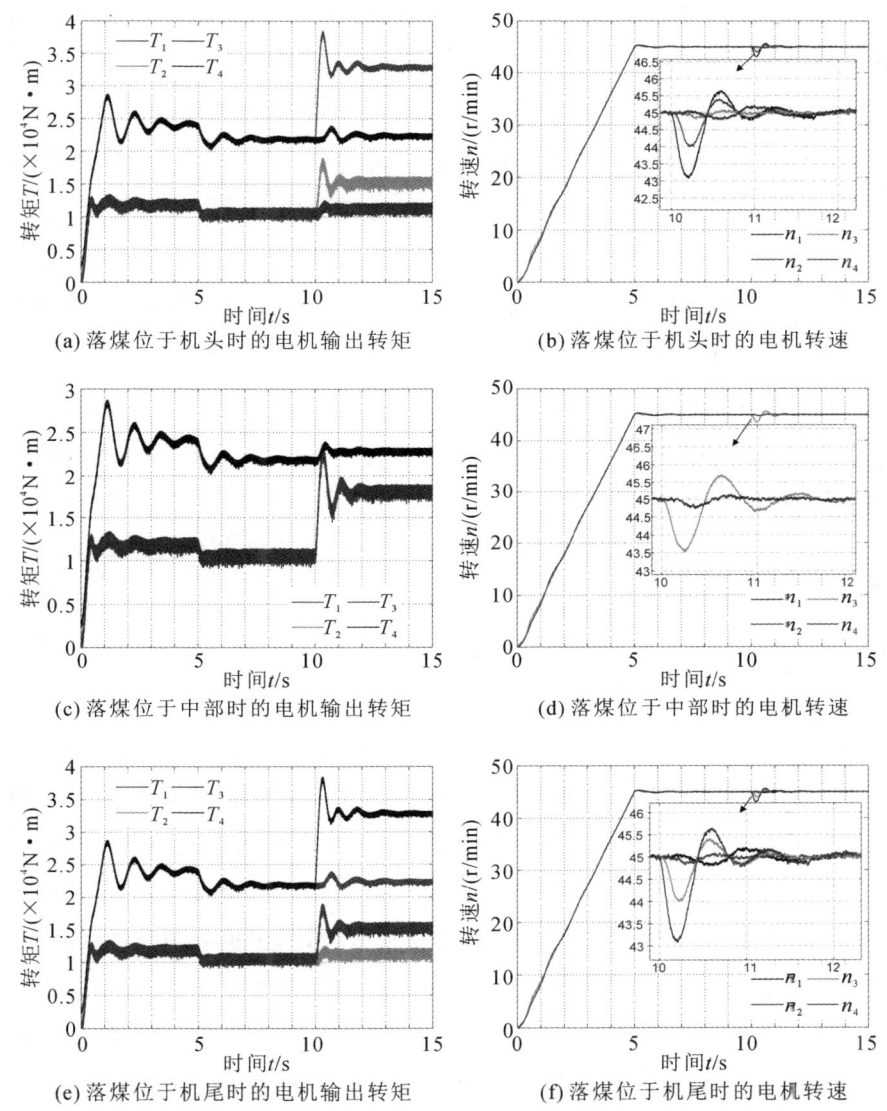

图 2.26　落煤位于不同位置时驱动电机的输出转矩及转速变化

的调整后稳定在 3.32×10^4 N·m；其次为电机 3，从稳定运行时的 1.15×10^4 N·m瞬时增大至 1.86×10^4 N·m，经过调整后稳定在 1.53×10^4 N·m；电机 1 和电机 2 输出转矩的波动幅度较小，但由于整机负载增大，其输出转矩均会增大。

综上可知:当不定落煤负载作用于刮板输送机不同位置时,对应驱动电机输出转矩会产生瞬时突变,转矩变化幅度与电机到落煤位置的距离相关。此外,由于对链条施加了预紧力,电机输出转矩变化除了受到落煤负载变化的影响之外,还会受链条张力的影响。以不定落煤负载位于机头时为例,负载变化引起的链条张力变化导致驱动电机 2 输出转矩瞬时增大。

输出转矩的变化会导致电机转速波动,图 2.26(b)(d)(f)所示为不定落煤位于刮板输送机不同位置时的电机转速变化曲线,从图中可以看出,驱动电机转速变化与输出转矩变化相关。当不定落煤位于头部时:电机 1 受到的干扰最大,其转速最小值为 43.1 r/min,下降 4.2%;电机 2 的转速波动幅度也较大,其转速最小值为 44 r/min。当不定落煤位于中部时,电机 2 和电机 3 受到的干扰相同,其转速最小值为 43.5 r/min,下降 3.3%。当不定落煤位于尾部时:电机 4 受到的干扰最大,其转速最小值为 43.1 r/min;电机 3 的转速波动幅度也较大,其转速最小值为 44 r/min。可以看出,落煤负载会造成落煤附近刮板链的电机负载突变,造成电机转速波动,同时,刮板链张力的波动对多永磁电机串联驱动系统中其余电机转速会造成不同程度的影响。

图 2.27 所示为落煤负载位于上述不同位置时的链条张力变化。多永磁电机串联驱动刮板输送机的铺设距离为 400 m,从机头开始链条的 0~400 m 段为刮板链负载侧,400~800 m 为刮板链无载侧,其中负载侧被驱动电机平均分为三段。从图 2.27(a)(c)(e)可以看出:落煤负载位于不同位置时,无载侧刮板链张力无明显变化,而负载侧对应部分张力波动较大,由于负载瞬间增大,该段刮板链啮合开始处的张力瞬间增大,啮合分离处的张力迅速减小,这也对应了相邻两电机输出转矩的变化规律;其余部分虽然变化幅度相对较小,但同样存在一定幅度的波动,这是由于整机负载以及刮板链张力变化造成电机转速波动,进而造成了刮板链其余部分的张力变化。

从图 2.27(b)(d)(f)中可以看出,由于对刮板链施加了预紧力,在启动后,多永磁电机串联驱动刮板输送机刮板链张力符合链传动中链条张力分布规律,当落煤负载位于上述不同位置时,各段张力发生不同程度变化,具体规律如下。

当落煤负载位于机头时,负载侧刮板链机头段张力变化最大,其中:第 20 m 处的张力瞬时增大,最大值达到 1.58×10^5 N,经过 2.2 s 左右的波动后张力稳

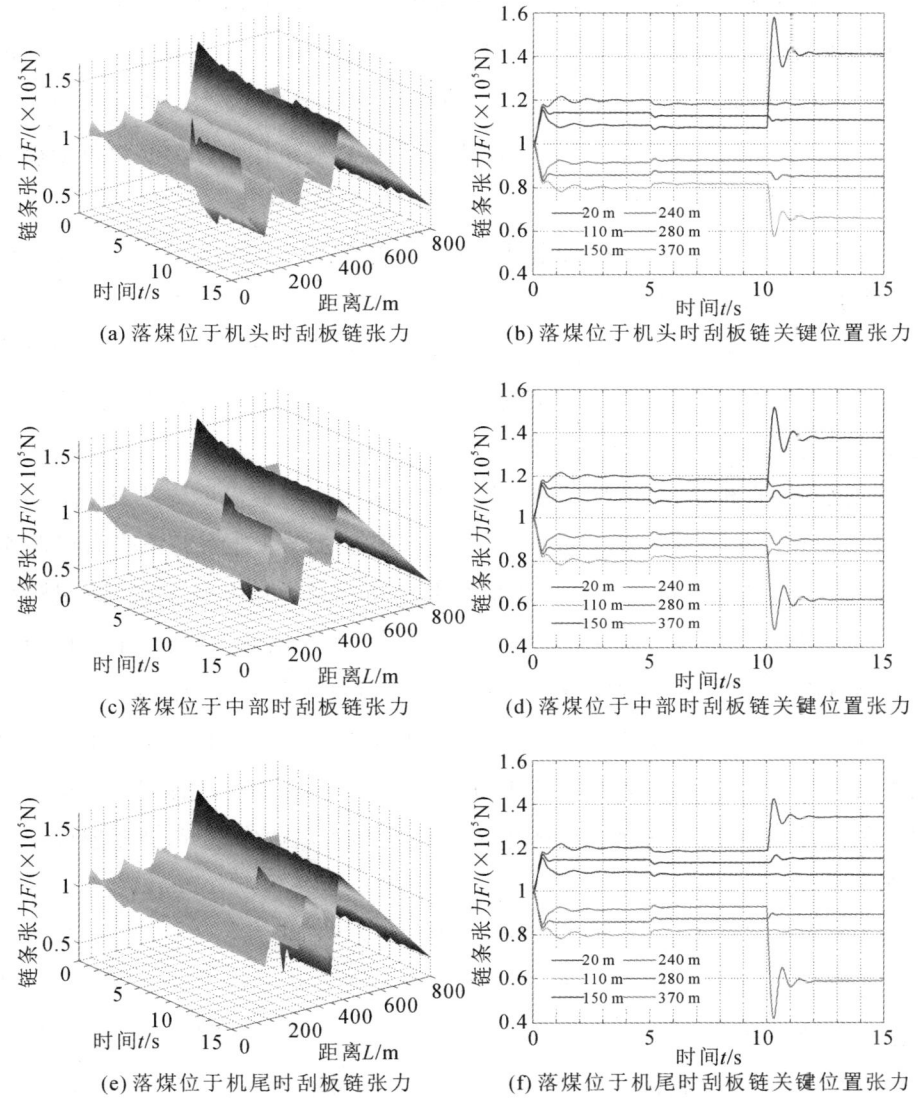

图 2.27　落煤位于不同位置时刮板链张力变化

定在 1.40×10^5 N；第 110 m 处张力迅速减小，最小值为 5.48×10^4 N，经过波动后张力稳定在 6.63×10^4 N；刮板链中部段张力经过短暂波动后减小，机尾段张力虽产生波动，但稳定后并未产生明显变化，这是刮板输送机整机负载变化以及电机转速波动综合作用造成的结果。

当落煤负载位于中部时,负载侧刮板链中部段的张力变化最大,其中:第150 m 处的张力瞬时增大,最大值达到 1.52×10^5 N,经过约 2.7 s 的波动后张力稳定在 1.38×10^5 N 左右;第 240 m 处张力迅速减小,最小值为 4.85×10^4 N,经过波动后张力稳定在 6.25×10^4 N。另外,刮板链机头段以及机尾段张力经过波动后发生小幅变化,机头段链条张力整体上升,机尾段链条张力整体下降。

当落煤负载位于机尾时,负载侧刮板链机尾段张力变化最大,其中:第 280 m 处的张力瞬时增大,最大值达到 1.40×10^5 N,经过一段时间的波动后张力稳定在 1.32×10^5 N;第 370 m 处的张力迅速减小,最小值为 4.25×10^4 N,经过波动后张力稳定在 5.92×10^4 N;刮板链中部段张力小幅度增加,刮板链机头段张力经过短暂的波动后并未产生明显的变化。

在刮板输送机运行过程中,链条张力迅速减小容易造成堆链甚至卡链等故障,在多永磁电机串联驱动刮板输送机中应避免两电机之间链条张力下降至 0N 的情况,可见对刮板链施加适当的预紧力可以减小发生上述故障的概率。另外,除直接受到落煤负载冲击的链条张力会发生变化外,其余段张力也会发生变化,位于受冲击段前的链条张力上升,位于受冲击段后方的链条张力下降。

图 2.28 所示为落煤负载位于不同位置时刮板链速度变化。从三维图中可以看出,链条速度变化趋势与链条张力变化趋势基本相同,无载侧链条速度无明显变化,有载侧链条速度波动幅度较大,且距离落煤位置越近,链条速度波动幅度越大。

从关键位置链条速度变化图可以看出:

落煤位于机头时,冲击造成的刮板链速度波动最显著处为第 20 m 处,该处链条速度最大值为 1.68 m/s,最小值为 1.40 m/s,波动幅度为 17.5%,持续时间约为 2.3 s;电机转速波动引起的链条速度波动最显著处为第 150 m 处,波动幅度为 1.9%,持续时间约为 1.2 s。

落煤位于中部时,冲击造成的刮板链速度波动最显著处为第 240 m 处,刮板链速度最大值为 1.68 m/s,最小值为 1.45 m/s,波动幅度为 14.3%,电机转速波动引起的刮板链速度波动最显著处为第 280 m 处,波动幅度为 6.25%。

落煤位于机尾时,冲击造成的速度波动最显著处为第 370 m 处,刮板链速度最大值为 1.68 m/s,最小值为 1.40 m/s,波动幅度为 17.5%。

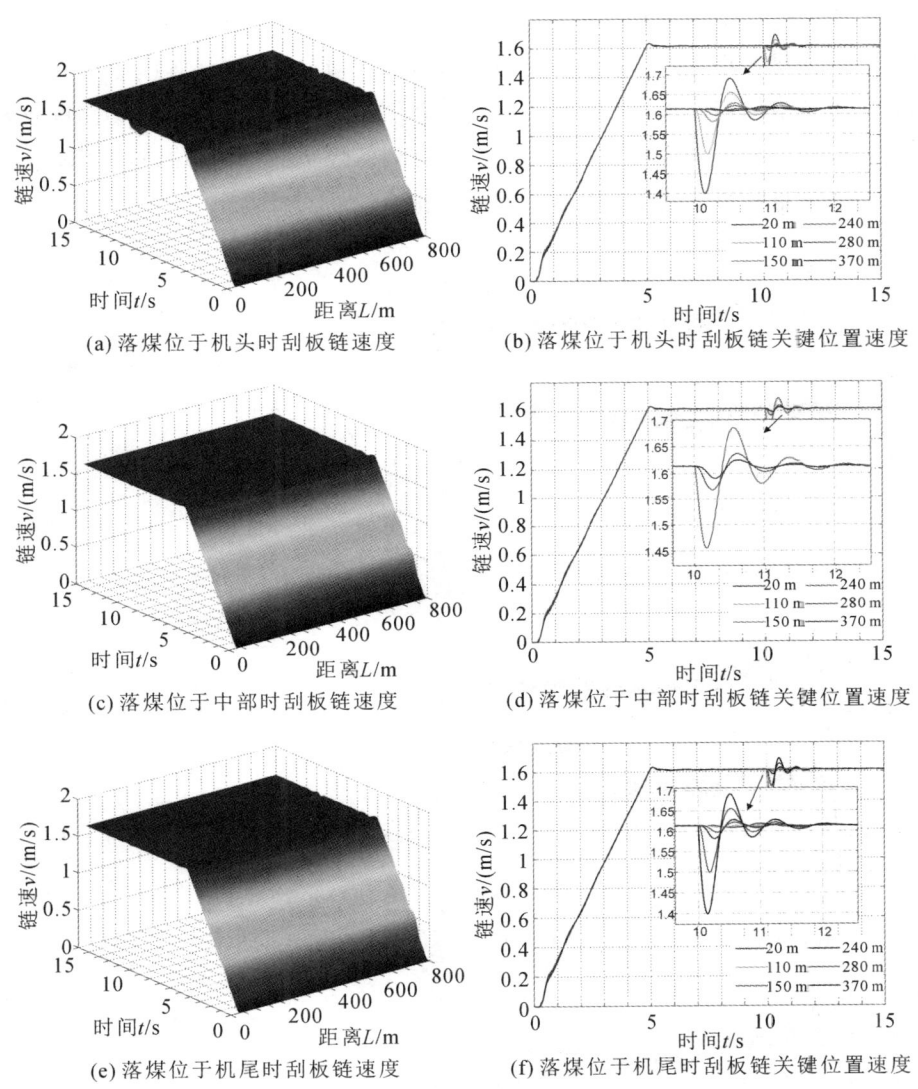

图 2.28 落煤位于不同位置时刮板链速度变化

可以看出,链条上某处的速度波动幅度以及波动时间与该点到落煤负载的距离相关。

2. 不同落煤质量对系统的影响

采煤机工作时,其牵引部带动采煤机主体沿刮板输送机运动,且采煤机进行截割作业时,除了落煤位置不确定之外,每次截割下的落煤质量同样不确定。

为研究不同质量落煤负载对多永磁电机串联驱动刮板输送机造成的影响,选择落煤负载为满载的 20%、50% 以及满载三种工况进行研究,并假设落煤沿刮板输送机中部槽均匀分布,预紧力为 $1×10^5$ N。设定落煤负载均位于中部,刮板输送机经过直线启动阶段后,在第 10 s 时受到落煤负载冲击,通过改变离散质量单元的质量模拟不同质量落煤负载的冲击。

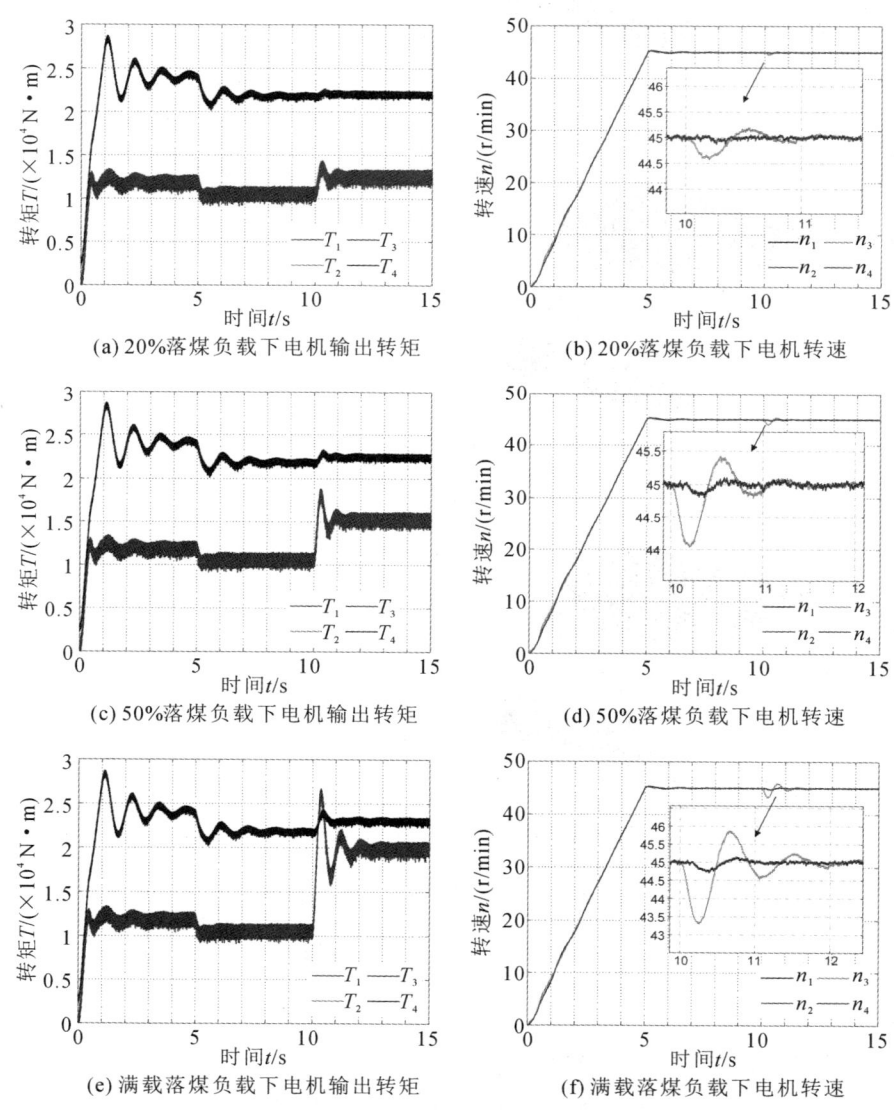

(a) 20%落煤负载下电机输出转矩

(b) 20%落煤负载下电机转速

(c) 50%落煤负载下电机输出转矩

(d) 50%落煤负载下电机转速

(e) 满载落煤负载下电机输出转矩

(f) 满载落煤负载下电机转速

图 2.29　不同质量落煤负载作用下驱动电机输出转矩及转速变化

图 2.29 所示为不同质量落煤负载作用下驱动电机的输出转矩以及转速变化。从图 2.29(a)(c)(e) 可以看出：随着落煤负载质量的增加，电机 2、3 的输出转矩波动幅度逐渐增大，且由于落煤负载位于两台电机的中间位置，电机之间并未出现明显的转矩不平衡现象。对机头、机尾电机（电机 1、3）的影响规律可总结如下：随着突变负载的增大，机头、机尾电机输出转矩波动幅度逐渐增大。当落煤负载达到满载时，电机 2、3 输出转矩瞬间增加至 2.54×10^4 N·m，波动 3 s 后稳定在 2.05×10^4 N·m。

由图 2.29(b)(d)(f) 可以看出：驱动电机转速变化趋势与输出转矩变化趋势类似，由于落煤负载位于刮板输送机中部，其对中间两台驱动电机的影响最为明显，且随着不定落煤负载质量的逐渐增加，电机转速波动幅度会增大，调整时间也会增加。当落煤负载达到满载状态时，电机 3 转速下降至 43.3 r/min，波动幅度为 5.6%。除了负载增大导致的摩擦力增大外，刮板链张力以及电机转速的相互作用也会加剧上述现象。

图 2.30 所示为在不同质量的落煤负载作用下刮板链的张力变化。从图 2.30(a)(c)(e) 可以看出，随着落煤负载质量逐渐增加，负载侧刮板链中部受到落煤负载冲击的张力波动逐渐增大，且机头位置链条张力经过短暂的波动后增加，机尾位置链条张力经过波动后减小，这是刮板输送机负载链条张力波动以及电机转速波动综合作用的结果。从图 2.30(b)(d)(f) 可以看出，在受到落煤负载冲击后，满载时链条张力变化最大，且波动时间最长，第 150 m 处张力瞬间增加至 1.61×10^5 N，经过 3 s 左右的波动后稳定在 1.43×10^5 N。

对比上述仿真结果可知，由于永磁同步电机采用转速闭环控制策略，刮板链张力波动传递到电机时明显被削弱，因此，提高电机运行时的稳定性可以减小刮板链的张力波动幅度，延长其使用寿命。

图 2.31 所示为刮板链在不同质量的落煤负载作用下的速度变化。从图 2.31(a)(c)(e) 中可以看出，随着落煤负载质量逐渐增加，刮板链有载侧受到落煤负载冲击的中部刮板链速度波动幅度越来越大，这与图 2.31 中链条张力波动趋势对应。从图 2.31 中可以看出，当落煤负载达到满载状态时，大约在第 240 m 处刮板链速度波动幅度最大，达到 18.1%，此处刮板链速度最低为 1.42 m/s，最高为 1.71 m/s。

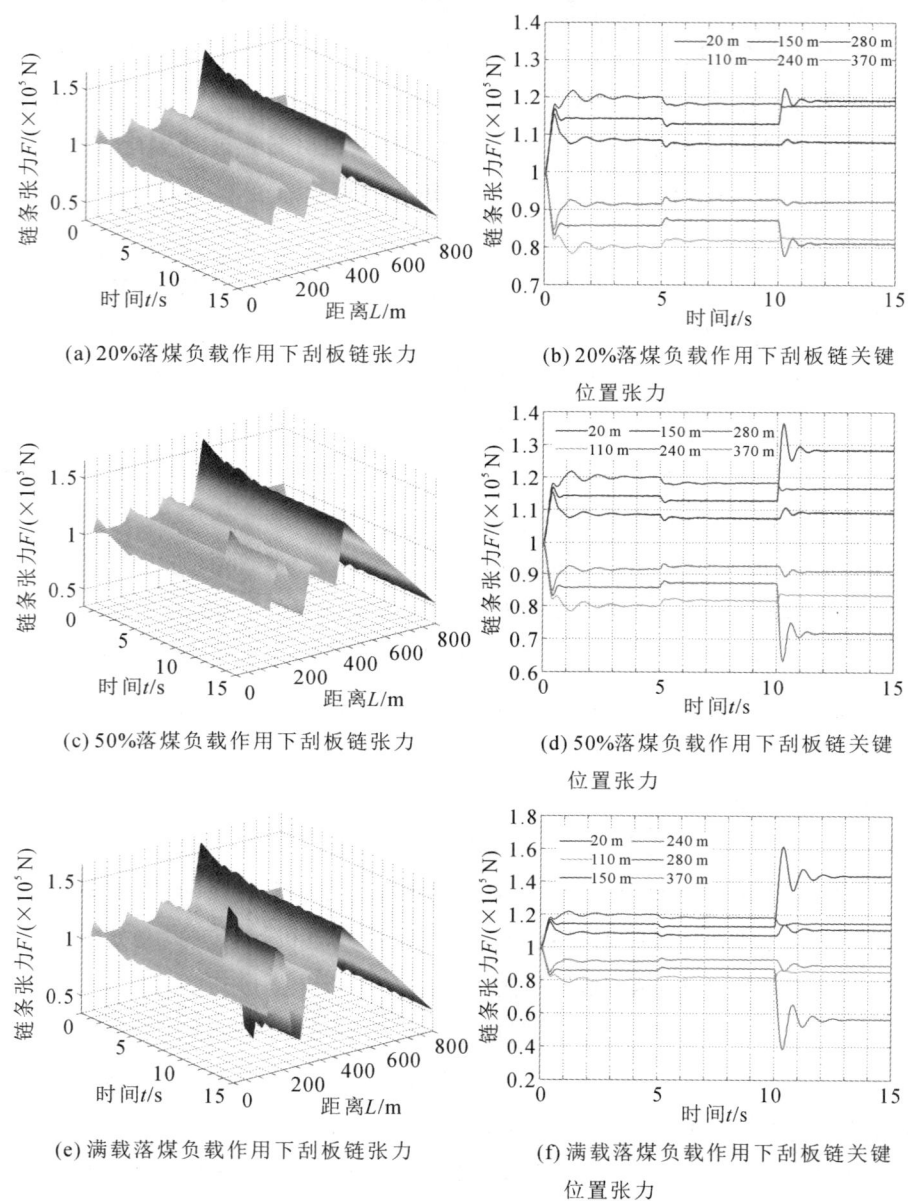

(a) 20%落煤负载作用下刮板链张力

(b) 20%落煤负载作用下刮板链关键
位置张力

(c) 50%落煤负载作用下刮板链张力

(d) 50%落煤负载作用下刮板链关键
位置张力

(e) 满载落煤负载作用下刮板链张力

(f) 满载落煤负载作用下刮板链关键
位置张力

图 2.30 不同质量落煤负载作用下刮板链张力变化

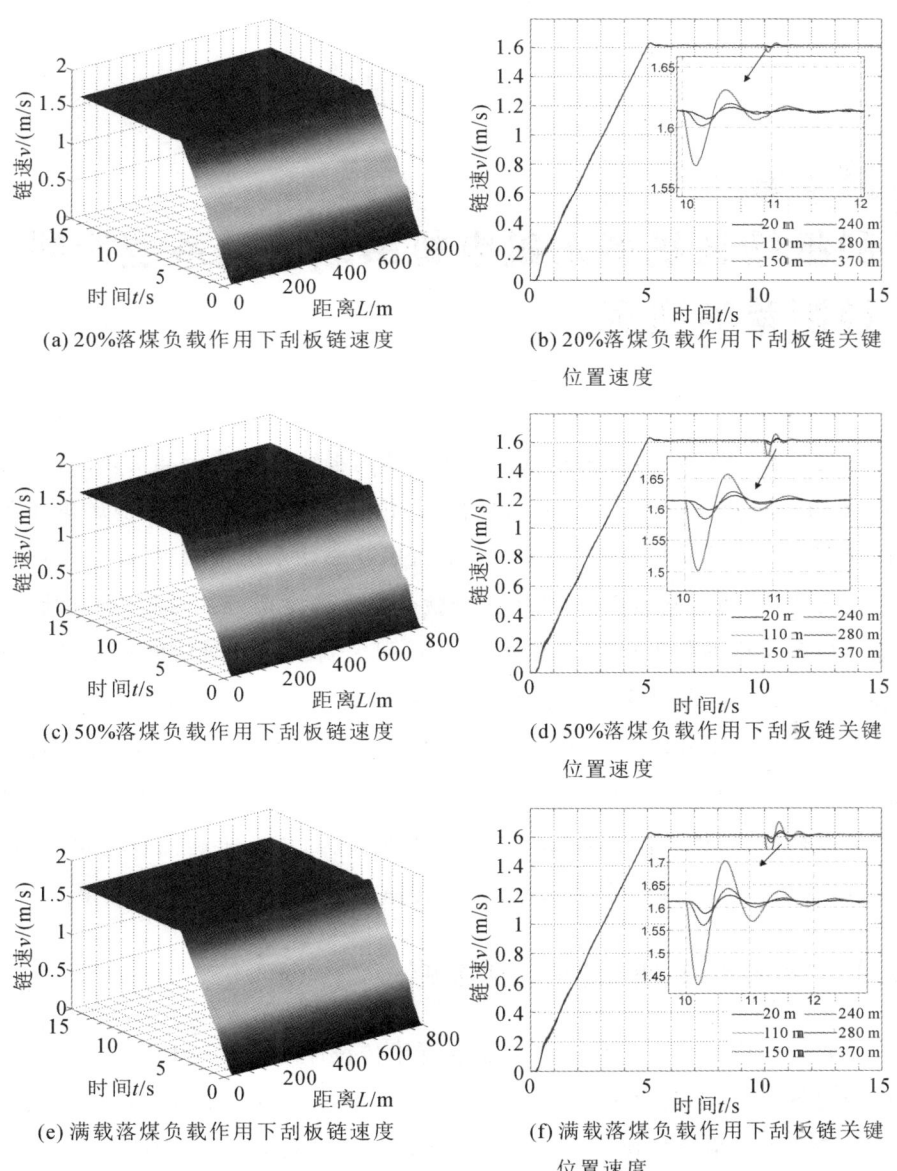

(a) 20%落煤负载作用下刮板链速度

(b) 20%落煤负载作用下刮板链关键
位置速度

(c) 50%落煤负载作用下刮板链速度

(d) 50%落煤负载作用下刮板链关键
位置速度

(e) 满载落煤负载作用下刮板链速度

(f) 满载落煤负载作用下刮板链关键
位置速度

图 2.31　不同质量落煤负载作用下刮板链速度变化

第3章
刮板输送机多永磁电机串联驱动系统协同控制策略研究

通过仿真分析可知,多永磁电机串联驱动刮板输送机是极其复杂的机电耦合系统,在实际的工况中,负载变化频繁,且由于采煤机沿着刮板输送机作业,不同位置电机负载变化范围大,多永磁电机串联驱动系统常出现波动、超调、失速等情况,电机转速剧烈变化,严重影响整机安全稳定运行。因此,本章结合刮板输送机多永磁串联驱动系统的负载特点,研究对应多电机协同控制策略,保证多永磁电机串联驱动刮板输送机的安全稳定运行。

为了实现多永磁电机串联驱动系统的稳定运行,本章分析了常用的多电机协同控制策略,引入适用于低速大转矩工况的滑模控制方法来优化单个电机的速度控制性能,并设计积分滑模面以及新型趋近律,提升永磁同步电机的转速稳定性,最后建立了仿真模型以验证新型转速环滑模控制器的控制效果。

3.1 常用多电机协同控制策略

多永磁电机串联驱动系统虽然能够克服传统驱动形式下长距离刮板输送机驱动力不足、功率集中等缺点,但是多电机协同驱动时的转速不同步问题以及冲击载荷下的电机转速、链条张力波动问题,会使刮板链张力分布不均,严重时还会导致跳链、脱链等问题,从而影响多永磁电机串联驱动刮板输送机的稳定运行。因此,开展多永磁电机串联驱动系统控制策略研究势在必行。

3.1.1 主从控制策略

主从控制是耦合控制的一种,电机之间通过"首尾相接"的方式串联起来。

系统给定转速后,电机 1 首先接收转速信号开始工作;电机 1 的转速信号在被反馈给转速控制器的同时,也被传递给电机 2,作为其目标转速;电机 2 接收到电机 1 传递的转速信号后开始工作,并将转速信号传递给电机 3……以此类推。图 3.1 所示为主从控制结构。

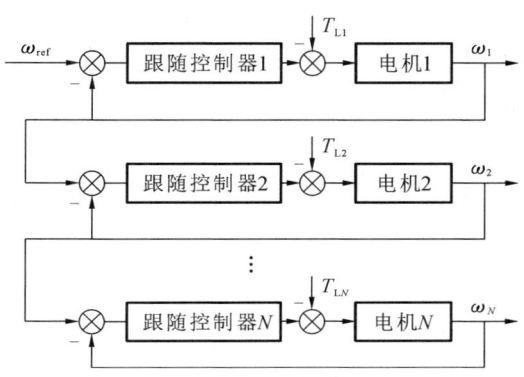

图 3.1　主从控制结构框图

建立仿真模型,如图 3.2 所示,其中每个子系统对应图 3.1 中的跟随控制器和电机。预设电机目标转速为 50 r/min,5 s 后电机到达目标转速,通过示波器记录电机的转速曲线和各项误差。

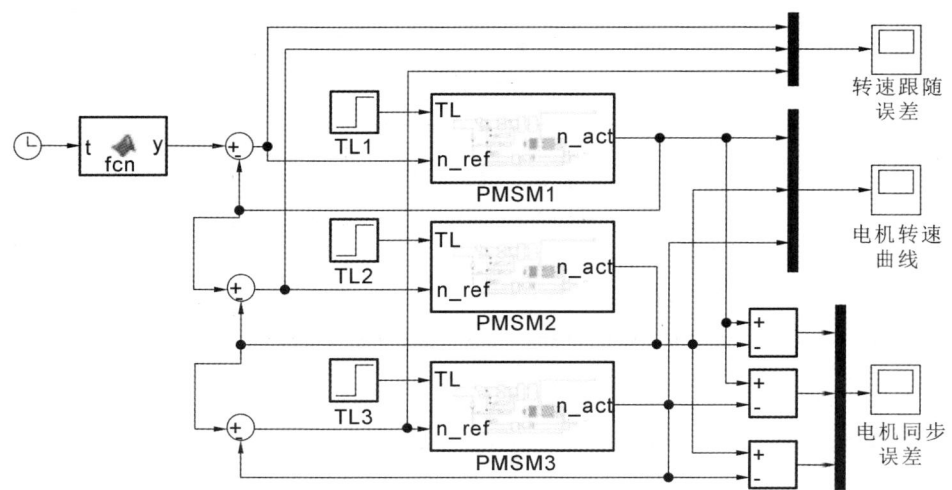

图 3.2　主从控制仿真模型

依据图 3.2 中的模型进行仿真,导出示波器中的原始数据并绘制曲线,如图 3.3 所示。

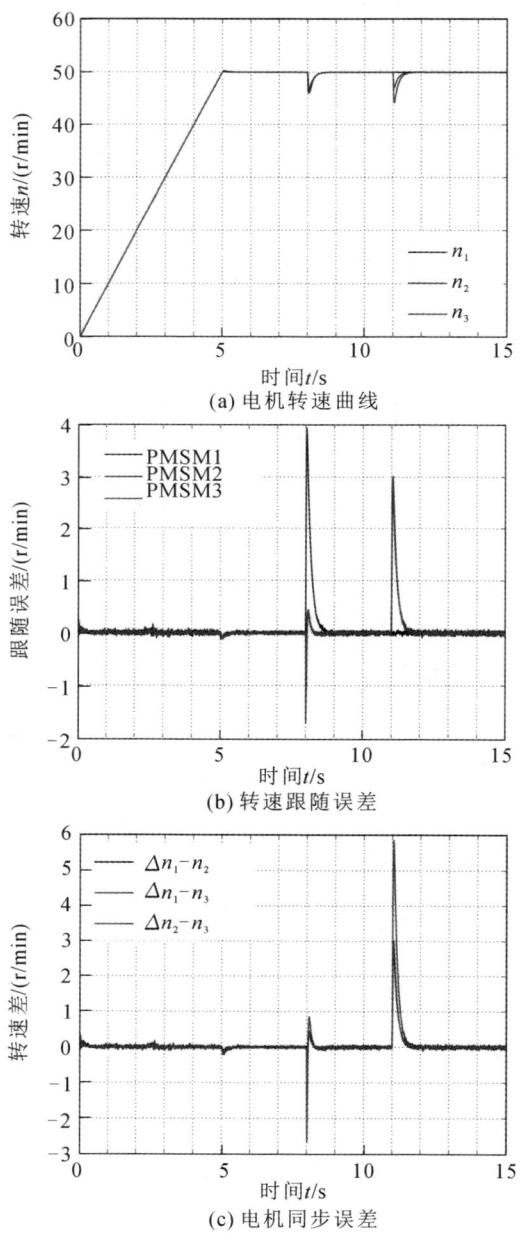

(a) 电机转速曲线

(b) 转速跟随误差

(c) 电机同步误差

图 3.3 主从控制仿真结果

　　由图 3.3 中的仿真结果可以看出,三台电机在直线启动过程的加速阶段完全同步。三台电机均在启动 5 s 后达到目标转速,在此阶段电机跟随误差以及同步误差不明显,但在达到目标转速后存在一定的超调量,这是主从控制信号延迟造成的。由图 3.3(b)(c)可以看出,在负载发生变化时,电机 1 的转速突变会影响电机 2、3,但电机 2 的转速突变不会影响电机 1,且存在一定程度的信号延迟,这是电机"首尾相接"造成的。

　　通过上述仿真分析可知,主从控制实现原理较为简单。在主从控制结构中,但当其中一台电机受到负载干扰时,只会影响该电机后面的电机,并不会影响前面的电机。在进行综采工作时,采煤机沿着刮板输送机进行截割作业,落煤位置不确定,中部和机尾电机受冲击的情况较为普遍,且主从控制结构存在信号延迟问题,同步控制性能较差。

3.1.2　偏差耦合控制策略

　　偏差耦合控制策略是应用在多电机场景下的相邻耦合控制策略的"改良版"。在偏差耦合控制中,计算补偿信号时,需计算对应电机与系统中其余电机的转速差。偏差耦合控制结构如图 3.4 所示。

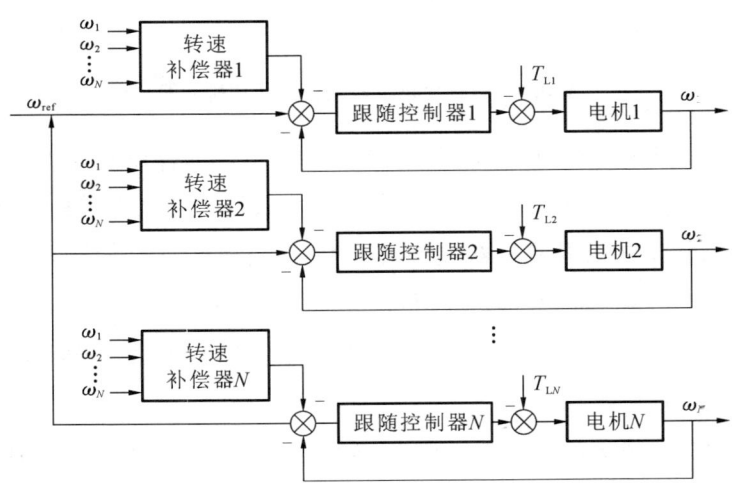

图 3.4　偏差耦合控制结构框图

　　在偏差耦合控制中,各个电机的转速补偿器是设计的重点。一般的转速补偿器结构如图 3.5 所示。转速补偿器的输出为转速补偿信号,输入则是系统内其余电机的转速信息。以第一台电机为例,转速补偿信号的具体计算过程如下:将系统中其余电机的转速 $\omega_j(j=2,3,\cdots)$ 与目标电机的转速 ω_1 作差后,与补偿增益 K 相乘,求各乘积之和,所得即为第一台电机的转速补偿信号。将上述计算过程推广到系统中其余电机,并使用公式(3.1)表示[61]:

$$\omega_i^* = \sum_{\substack{i \neq j \\ j=1}}^{n} K_{ij}(\omega_i - \omega_j) \qquad (3.1)$$

式中:ω_i^* 是电机的转速补偿器的输出转速;K_{ij} 为偏差耦合控制器对各个电机的转速补偿增益,该系数与计算转速补偿信号时电机的转动惯量有关,一般取 $K_{ij} = J_i / J_j$(J_i、J_j 分别为被控电机 i、对比电机 j 的转动惯量);ω_i、ω_j 分别为被控电机 i 与对比电机 j 的转速。

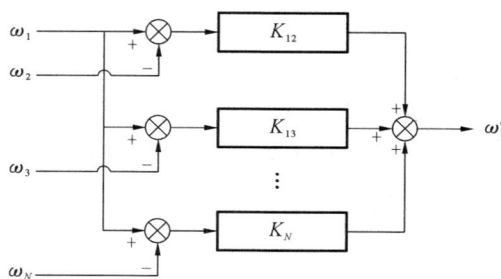

图 3.5　第一台电机转速补偿器结构框图

相较于主从控制结构,偏差耦合控制结构中电机耦合程度更高。在偏差耦合控制结构中,任一电机的转速补偿信号均由系统中其余电机的转速状态决定,且每个电机均有转速补偿器,系统响应快,具有较好的同步能力。

根据偏差耦合控制以及转速补偿器原理建立仿真模型,如图 3.6 所示。预设电机目标转速为 50 r/min,5 s 后电机达到目标转速,通过示波器记录电机的曲线和各项误差。

依据图 3.6 所示的模型进行仿真,导出示波器中原始数据绘制曲线,如图 3.7 所示。

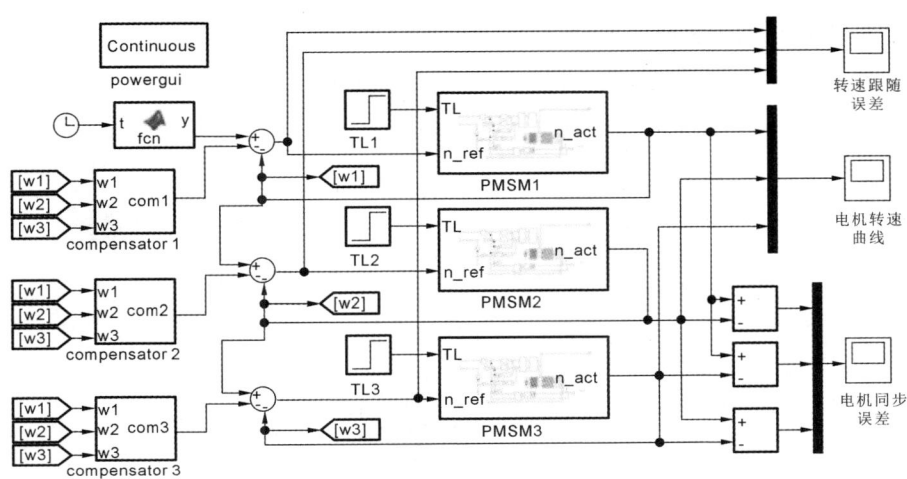

图 3.6　偏差耦合控制仿真模型

由图 3.7 中仿真结果可以看出,三台电机在直线启动过程的加速阶段完全同步。三台电机均在启动 5 s 后达到目标转速,此过程中电机跟随误差以及同步误差不明显。由图 3.7(b)(c)可以看出,在负载发生变化时,电机 1 的转速突变会影响电机 2、3。相较于主从控制,偏差耦合控制的同步误差大幅减小,最大为 1 r/min。

通过上述仿真分析可知,偏差耦合控制结构中电机的速度耦合性强,当系统中电机转速变化时,转速补偿器能根据转速差计算每台电机的补偿信号,从而有效减小电机同步误差。通过分析刮板输送机的负载特性,偏差耦合控制结构能够保证多电机驱动系统的同步性。

3.2　基于滑模控制的多电机协同控制策略研究

在多永磁电机串联驱动刮板输送机运行过程中,采煤机截割落煤对整机的冲击,将严重影响其安全稳定运行,因此提升多永磁电机串联驱动系统的稳定性、减小转速跟随误差是必要的。在刮板输送机复杂工况下,偏差耦合控制的作用十分有限。提升单个电机运行过程中的抗扰性能是提升多电机驱动系统稳定性的有效手段。滑模控制相较于 PI 控制,控制精度以及鲁棒性均有明显提升。为了提升系统的稳态性能,引入积分滑模面,并设计新型趋近律来进一步提升滑模控制的鲁棒性。

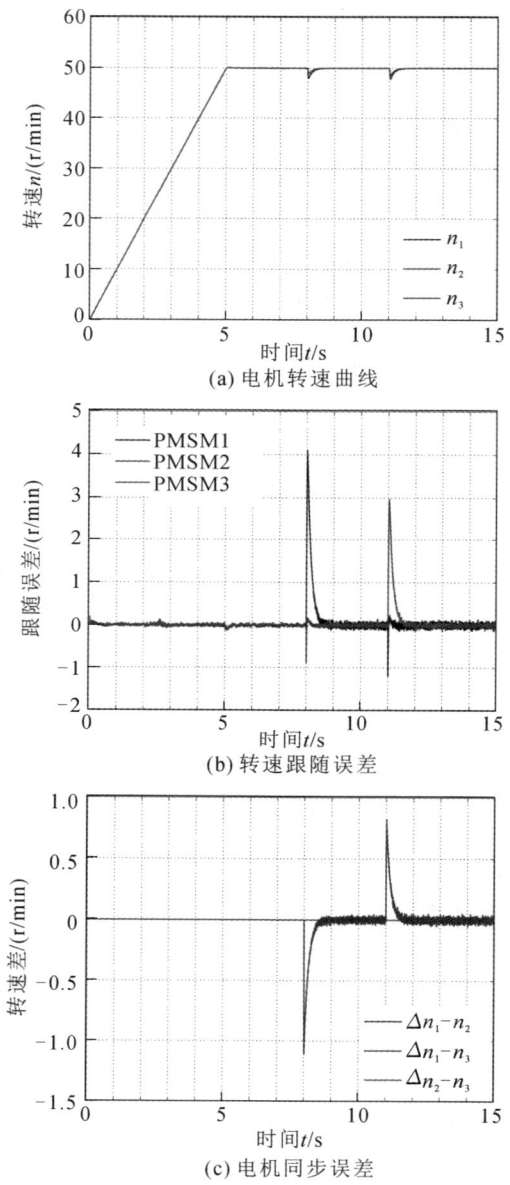

(a) 电机转速曲线

(b) 转速跟随误差

(c) 电机同步误差

图 3.7　偏差控制仿真结果

3.2.1　滑模控制原理

滑模控制是变结构控制系统的一种控制策略,相较于传统的 PI 控制,滑模控制最大的特点是可使系统具有不连续性,即系统中存在开关环节,使得系统可以维持在某一状态做高频抖动。根据需求可以对这一稳定状态进行设计,即设计"滑模面",这与系统的参数变化以及外部扰动无关。

一般情况下非线性系统的数学表达式为[62]:

$$\dot{x} = f(x, u, t) \tag{3.2}$$

式中:$x \in \mathbf{R}^n$ 表示运行中系统的状态变量;$u \in \mathbf{R}^n$ 表示系统的控制变量;t 表示时间变量。根据所期望的系统稳定时所处的状态,设计滑模面函数 $s(x,t)$($s \in \mathbf{R}^m$)。

求解控制器函数:

$$u_i(x,t) = \begin{cases} u_i^+(x,t), s_i(x,t) > 0 \\ u_i^-(x,t), s_i(x,t) < 0 \end{cases} \tag{3.3}$$

式中 $u_i^+(x,t) \neq u_i^-(x,t)$($i \in \mathbf{N}$ 且 $i > 0$),确保设计的滑模控制器满足以下两个条件:

(1) 稳定性条件:存在滑动模态,且系统可在此状态下保持稳定。

(2) 可达性条件:处于滑模面 $s(x,t)=0$ 以外的点均可在一定时间内到达滑模面附近,即 $\dot{s}s < 0$。

只有满足以上两个基本条件的控制方式才是滑模控制。

由滑模控制器控制的系统的运动分为两个阶段,如图 3.8 所示。第一阶段(AB 段)是位于滑模面外的正常运动阶段,它是趋近滑模面直至到达的趋近运动阶段;第二阶段(BC 段)是在滑模面附近并沿着滑模面 $s(x,t)=0$ 运动的阶段,简称滑模面运动阶段。

如图 3.9 所示,当系统在 BC 段运动时,为使系统状态稳定在滑模面附近,需改变控制变量 $u(x,t)$,使系统维持在某一状态做高频抖动。通过使用开关函数,系统可根据所需的控制目标进行控制变量的切换,并通过调整参数进行优化。

按照滑模控制的基本原理,系统处在正常运动阶段时,必须满足滑动模态

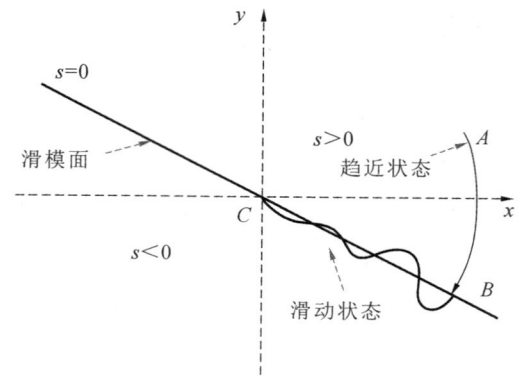

图 3.8　滑模变结构运动的两个阶段

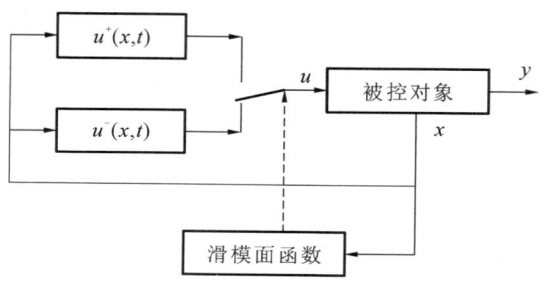

图 3.9　滑模控制结构模型

的可达性条件 $\dot{s}s<0$,系统只有在未知的初始状态或受到外部干扰时才能在有限的时间内到达滑模面。在滑模控制器的函数设计中加入趋近律环节,通过改变趋近律函数,改善系统在正常运动阶段以及滑模面运动阶段的动态性能,包括提高到达速度,降低系统抖振幅度。常用的趋近律有如下几种。

（1）幂次趋近律,其表达式为

$$\dot{s}=-c\mid s\mid^{a}\mathrm{sgn}(s)\qquad(c>0,0<a<1) \tag{3.4}$$

式中:$\mathrm{sgn}(s)$是关于 s 的符号函数。

式(3.4)中的 a 值对正常运动阶段以及滑模面运动阶段系统的动态性能均有影响。

（2）指数趋近律,其表达式为

$$\dot{s}=-\varepsilon\mathrm{sgn}(s)-cs\qquad(\varepsilon>0,c>0) \tag{3.5}$$

式中：ε 表示状态变量运动到滑模面的速率，ε 小则趋近速率小，ε 大则趋近速率大，系统的抖振也更大；$-cs$ 为指数趋近项。

（3）等速趋近律，其表达式为

$$\dot{s} = -\varepsilon \mathrm{sgn}(s) \qquad (\varepsilon > 0) \tag{3.6}$$

式中 ε 的含义同式（3.5）。

（4）一般趋近律，其表达式为

$$\dot{s} = -\varepsilon \mathrm{sgn}(s) - f(s) \tag{3.7}$$

式中：ε 为速度系数，可以控制趋近运动的速度；$f(0)=0$，当 $s \neq 0$ 时，$sf(s)>0$。

3.2.2　基于改进趋近律的滑模控制设计

相较于传统的微分滑模面，积分滑模面有如下优点：一方面，积分滑模面可以通过积分项来校正系统的稳态误差，使得系统在稳态时能更准确地跟随目标值，同时抵消外部干扰和参数变化对系统性能的影响，从而提高系统的稳定性和鲁棒性；另一方面，积分滑模面可以减小滑模控制中的高频抖动，使系统更加稳定，使控制器适应不同的系统和控制需求。为优化多永磁电机串联驱动系统的工作性能，从积分滑模面以及变速趋近律入手，设计适应多永磁电机串联驱动刮板输送机负载特性的转速环滑模控制器，具体设计方法以及设计过程如下[63]。

1. 积分滑模面设计

根据永磁同步电机的数学模型，取控制系统的状态变量为：

$$\begin{cases} x_1 = \omega_{\mathrm{ref}} - \omega_i \\ x_2 = \displaystyle\int_{-\infty}^{t} x_1 \, \mathrm{d}t = \int_{-\infty}^{t} (\omega_{\mathrm{ref}} - \omega_i) \mathrm{d}t \end{cases} \tag{3.8}$$

式中：ω_i 为电机转速；ω_{ref} 为给定电机的转速。根据永磁同步电机数学模型可得系统的状态方程为：

$$\begin{cases} \dot{x}_1 = -\dot{\omega}_i = -\dfrac{3p\varphi_{\mathrm{f}}}{2J} i_{qi} + \dfrac{B}{J}\omega_i + \dfrac{T_{\mathrm{L}i}}{J} \\ \dot{x}_2 = x_1 = \omega_{\mathrm{ref}} - \omega_i \end{cases} \tag{3.9}$$

式中：p 为电机转子极对数；φ_{f} 为电机转子磁链；B 为摩擦系数；J 为电机转动惯

量;i_q 为电机 q 轴电流;T_L 为负载转矩。

选择系统的积分滑模面函数为:

$$s(x,t) = x_1 + cx_2 \tag{3.10}$$

式中:c 为积分滑模面系数,$c>0$。对积分滑模面函数进行积分,可得:

$$\dot{s}(x) = \dot{x}_1 + c\dot{x}_2 = -\frac{3p\varphi_f}{2J}i_{qi} + \frac{B}{J}\omega_i + \frac{T_{Li}}{J} + cx_1 \tag{3.11}$$

将 $s=0$ 代入式(3.11),得到:

$$\dot{x}_1 = -cx_1 \tag{3.12}$$

对微分方程(3.12)进行求解,可知系统的状态误差 $x_1 = \omega_{ref} - \omega_i$ 是指数函数。在控制过程中,系统误差 x_1 按照指数函数曲线的形式无超调地收敛至零,收敛速率取决于常数 c 的值。

2. 变速趋近律的设计

传统滑模控制一般采用指数趋近律来保证电机运行过程中的稳定性。该指数趋近律的数学形式为:

$$\dot{s} = -\varepsilon \operatorname{sgn}(s) - qs \tag{3.13}$$

式中:$\operatorname{sgn}(s)$ 为符号函数;$\varepsilon>0$,$q>0$。

结合式(3.11)和式(3.13),可得转速环滑模控制器的输出表达式为:

$$i_{qi} = \frac{2J}{3p\varphi_f}\left(\frac{B}{J}\omega_i + \frac{T_{Li}}{J} + cx_1 + \varepsilon \operatorname{sgn}(s) + qs\right) \tag{3.14}$$

传统的指数趋近律表达式中含有符号函数,导致滑模控制中存在高频抖振。为抑制符号函数带来的高频抖振,同时使控制系统具有良好的抗干扰性能,选择幂次函数 fal(s)代替符号函数 sgn(s)。幂次函数的表达式如下:

$$\operatorname{fal}(s,\alpha,\delta) = \begin{cases} |s|^{\alpha}\operatorname{sgn}(s) & (|s| \geqslant \delta) \\ \dfrac{s}{\delta^{1-\alpha}} & (|s| < \delta) \end{cases} \tag{3.15}$$

相较于符号函数,幂次函数可使系统在滑模面上趋近原点时的运动过程更为平滑,并可在一定程度上减小系统在滑动模态下的抖振。

为了进一步提高控制系统的扰动抑制能力,使系统到达滑动模态时具有更高的速率,对滑模变结构控制中的系统趋近律进行重新设计。

在由式(3.13)所表示的指数趋近律中,指数项为 $-qs$,它使得系统处在趋近模态,即系统存在较大误差或系统存在较大的扰动时,能快速逼近滑模面;等速项为 $-\varepsilon\mathrm{sgn}(s)$,它的作用是使系统到达滑模面附近时趋近速率不为 0,维持滑动状态,从而保证系统能够到达滑模面,并在一定程度上减小系统的抖振。为进一步提升系统处在不同模态时的调节能力,结合引入的幂次函数以及积分滑模面,对传统的指数趋近律进行改进,则有:

$$\dot{s} = -\varepsilon f(x_1)\mathrm{fal}(s) - f(x_1)qs \tag{3.16}$$

$$f(x_1) = \frac{m + n|x_1|}{(|x_1| + 1)^{-1} + |x_1|} \tag{3.17}$$

式中:m、n 为正整数。根据式(3.16)和式(3.17)对趋近过程进行分析可得:

(1) 当系统误差较大,即 $|x_1| \to \infty$ 时,$f(x_1) \to n$,等速项 $-\varepsilon f(x_1)\mathrm{fal}(s)$ 的趋近速率为传统的指数趋近律表达式中的 n 倍,同时指数项 $-f(x_1)qs$ 是传统趋近律表达式中的 n 倍,当存在超调或受到较大干扰时,系统趋近滑模面的速度明显提高,系统平稳运行时的抗干扰能力也有所提升。

(2) 当系统误差逐渐减小,即 $|x_1| \to 0$ 时,指数项趋近于 0,滑模控制器在滑模面上的动态性能由包含幂次函数的部分决定。当 $|x_1| \to 0$ 时 $f(x_1) \to m$,系统趋近速率为原本传统指数趋近速率的 m 倍,通过调整数值 m,可以控制系统趋近滑模面时的动态表现,以及在系统到达滑模面并在其附近运动时,降低切换函数值带来的系统抖振。经过仿真分析,取 $n = 2$,$m = 0.1$。

结合所设计的积分滑模面,以及新型趋近律,可得永磁同步电机的滑模变结构转速环控制器的输出形式为:

$$i_{qi} = \frac{2J}{3p\varphi_f}\left[\varepsilon f(x_1)\mathrm{fal}(s) + f(x_1)qs + \frac{B}{J}\omega_i + \frac{T_{Li}}{J} + cx_1\right] \tag{3.18}$$

如此,电机在速度控制的过程中能够实现平滑的滑模面切换。

3. 新型滑模控制器的稳定性分析

选择 Lyapunov 函数 $V = 1/2 \cdot s^2$ 来进行稳定性判断。对 V 求导可得:

$$\dot{V} = s\dot{s} = s[-\varepsilon f(x_1)\mathrm{fal}(s) - f(x_1)qs]$$
$$= -\varepsilon s f(x_1)\mathrm{fal}(s) - f(x_1)qs^2 \tag{3.19}$$

通过推理分析可得:当 ε、q 均大于零时,系统渐进稳定。通过上述分析可知,利用积分滑模面以及变速趋近律能够有效降低系统抖振,消除稳态误差,且能根据误差大小调节趋近速率,快速消除外部扰动带来的转速误差以及抖振。但积分滑模面需要转矩扰动信息,因此需要进行转矩观测器设计。

3.2.3 滑模转矩观测器设计

多永磁电机串联驱动方式省去了减速器,提高了系统的传动效率,但电机运行过程中的负载变化更为频繁。在积分滑模面中,为减小负载扰动对转速环控制器控制效果的影响,需建立转矩观测器,为积分滑模面提供扰动信息,从而实现控制器的精确输出。在转矩观测中,滑模观测器对参数变化及外部扰动不敏感,鲁棒性强,动态响应快,且相较于降阶观测器其精度更高,因此我们采用滑模转矩观测器来反馈负载变化。

1. 电机转速变化

影响电机实际运行转速的因素包括多永磁电机串联驱动系统的负载变化,其会对电机的转速控制性能造成影响。

如果忽略摩擦系数 B 的影响,可将永磁同步电机运动方程简化为:

$$J \frac{\mathrm{d}\omega}{\mathrm{d}t} = T_e - T_L \tag{3.20}$$

式(3.20)可改写为:

$$\omega = \frac{1}{J} \int_{t_0}^t (T_e - T_L)\mathrm{d}t = \frac{1}{J} \int_{t_0}^t \Delta T \mathrm{d}t \tag{3.21}$$

式中:ΔT 为永磁同步电机的电磁转矩与负载转矩差值,$\Delta T = T_e - T_L$。当 $\Delta T=0$ 时,电机可以保持匀速稳定运动;当 $\Delta T \neq 0$ 时,电机负载与电机电磁转矩不匹配,电机会产生转速波动。瞬时产生的转矩差值越大,转速波动的幅度越大,波动持续时间越长。

2. 滑模转矩观测器设计

进行滑模转矩观测器设计时,首先要分析其工作原理,列写永磁同步电机电压方程:

$$\begin{cases} \dfrac{\mathrm{d}i_q}{\mathrm{d}t} = \dfrac{1}{L_q}(-R_s i_q - p\omega\psi_f + u_q) \\ \dfrac{\mathrm{d}\omega}{\mathrm{d}t} = \dfrac{1}{J}\left(-T_L + \dfrac{3p\omega}{2}i_q\right) \end{cases} \tag{3.22}$$

根据式(3.22)选择状态变量如下：

$$\begin{cases} \dot{\omega} = \dfrac{3p\psi_{\mathrm{f}}}{2J}i_q - \dfrac{1}{J}T_{\mathrm{L}} - \dfrac{B}{J}\omega \\[2mm] \dot{T}_{\mathrm{L}} = 0 \end{cases} \qquad (3.23)$$

由式(3.23)可知，电机的负载转矩被假设为一定值，而在实际的控制过程中负载转矩的变化多为瞬时变化，即其变化率趋近于无限大。基于式(3.23)，由所选择的状态变量 $\dot{\omega}$、$\dot{T}_{\mathrm{L}}$ 建立滑模转矩观测器：

$$\begin{cases} \dot{\hat{\omega}} = \dfrac{3p\psi_{\mathrm{f}}}{2J}i_q - \dfrac{1}{J}\hat{T}_{\mathrm{L}} - \dfrac{B}{J}\hat{\omega} + u_1 \\[2mm] \dot{\hat{T}}_{\mathrm{L}} = gu_1 \end{cases} \qquad (3.24)$$

式中：u_1 为滑模转矩观测器的控制函数；g 为反馈增益；$\hat{\omega}$ 为滑模转矩观测器输出的转速观测值；$\hat{T}_{\mathrm{L}}$ 为滑模转矩观测器输出的转矩观测值。

对式(3.24)和式(3.23)作差，可得以下方程：

$$\begin{cases} \dot{\tilde{\omega}} = -\dfrac{1}{J}\tilde{T}_{\mathrm{L}} - \dfrac{B}{J}\tilde{\omega} + u_1 \\[2mm] \dot{\tilde{T}}_{\mathrm{L}} = gu_1 \end{cases} \qquad (3.25)$$

式中：$\tilde{\omega}$ 为滑模转矩观测器的转速误差，$\tilde{\omega} = \hat{\omega} - \omega$；$\tilde{T}_{\mathrm{L}}$ 为滑模转矩观测器的负载误差，$\tilde{T}_{\mathrm{L}} = \hat{T}_{\mathrm{L}} - T_{\mathrm{L}}$。

相较于转矩，转速更容易直接测得，因此从转速误差入手定义滑模面：

$$s_1 = \hat{\omega} - \omega \qquad (3.26)$$

利用常值切换的滑模控制方法，定义滑模转矩观测器的开关函数为：

$$u_1 = k_{\mathrm{w}}\,\mathrm{sgn}(s_1) \qquad (3.27)$$

式中：k_{w} 为开关函数的切换增益，k_{w} 的取值范围需要满足所设计的滑模转矩观测器的可达条件。

利用 Lyapunov 函数进行传统滑模转矩观测器的稳定性分析：

$$V_{\mathrm{w1}} = \frac{1}{2}s_1^2 \qquad (3.28)$$

对式(3.28)进行求导，得：

$$\dot{V}_{\mathrm{w1}} = s_1\dot{s}_1$$

$$= s_1\left(-\frac{1}{J}\widetilde{T}_L - \frac{B}{J}\widetilde{\omega} + u_1\right)$$

$$= s_1\left(-\frac{1}{J}\widetilde{T}_L - \frac{B}{J}s_1 + k_w\,\mathrm{sgn}(s_1)\right)$$

$$= -\frac{B}{J}s_1^2 + s_1\left(-\frac{1}{J}\widetilde{T}_L + k_w\,\mathrm{sgn}(s_1)\right) \tag{3.29}$$

由上文对滑模控制的理论分析可知,设计滑模面的可达条件为 $s_1\dot{s}_1 \leqslant 0$,可以得到增益系数的范围为:

$$k_w \leqslant -\left|-\frac{1}{J}\widetilde{T}_L\right| \tag{3.30}$$

在电机的转速误差 $s_1 = \dot{s}_1 = 0$ 时,滑模转矩观测器处在稳定的状态,式(3.25)可以简化为:

$$\begin{cases} \dfrac{1}{J}\widetilde{T}_L = k_w\,\mathrm{sgn}(s_1) \\[2mm] \dot{\widetilde{T}}_L = gk_w\,\mathrm{sgn}(s_1) \end{cases} \tag{3.31}$$

对式(3.31)进行化简可得:

$$\dot{\widetilde{T}}_L - g\frac{\widetilde{T}_L}{J} = 0 \tag{3.32}$$

根据控制器稳定性理论,控制系统处于稳定状态时, $-g/J > 0$。由于 J 是恒定的正值,因此要保持控制器的稳定,需设定反馈增益 $g < 0$。转矩观测误差为:

$$\dot{\widetilde{T}}_L - T_L = c\mathrm{e}^{\frac{g}{J}t} \tag{3.33}$$

经过上述原理分析可知,在转矩观测器设计过程中可以对观测结果的趋近形式进行设计。反馈增益 g 的大小反映了系统趋近速率。在不同工况下,可以通过改变反馈增益 g 和切换增益 k_w 的大小来调整滑模转矩观测器的动态表现,使其快速跟随转矩变化。根据式(3.25)、式(3.31),绘制滑模转矩观测器的原理框图,如图3.10所示。

为验证所设计的积分滑模面以及变速趋近律的控制效果,在直线启动以及连续变化负载工况下进行系统仿真试验。低速大转矩永磁同步电机参数见表2.4;经过调试以及仿真试验,确定新型滑模控制器的部分参数为:滑模面设计

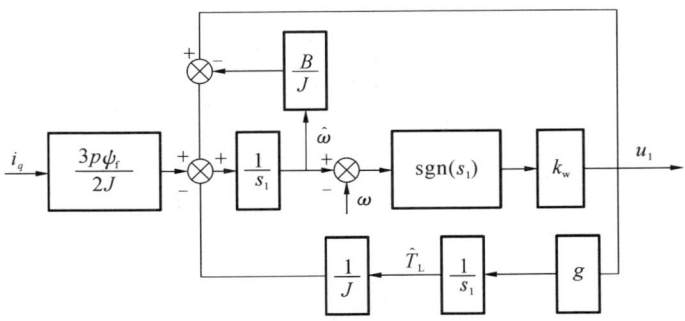

图 3.10　滑模转矩观测器原理框图

参数 $c=0.5$，控制器趋近律参数 $\varepsilon=10$，$q=100$。

根据图 3.10，在 Simulink 中搭建永磁同步电机控制模型，如图 3.11 所示。同时，搭建图 3.12 所示的积分滑模变速趋近滑模控制器，以及图 3.13 所示的滑模转矩观测器。

在仿真试验中，对相同工况下传统 PI 控制，指数趋近律滑模控制（SMC），以及新型滑模控制（SMC-NEW）即变速趋近律滑模控制方法的转速控制效果进行对比。

图 3.14 是电机在直线启动过程中的转速变化曲线。由图 3.14(a)可见，电机转速在 0～5 s 内从 0 r/min 加速到 45 r/min。电机带 2000 N·m 负载，10 s 后突加 18000 N·m 负载，持续时间为 2 s。由图 3.14 可以看出：由于直线启动过程是缓慢加速的过程，分别采用三种控制方法时电机均可以较好地跟随转速指令；在带载启动工况下，相较于 PI 控制策略以及指数趋近律滑模控制策略，在变速趋近律滑模控制策略下电机具有更高的响应速度，可以快速改变转速，响应时间明显缩短；第 10 s 以及第 12 s 时负载突变，变速趋近律滑模控制方法相较于传统控制方法在转速变化幅值、响应时间方面性能均有明显提升。综上，基于积分滑模面以及变速趋近律的滑模控制方法能有效提高电机运行的稳定性，结合多电机协同控制策略，可保证多电机协同驱动系统的安全运行。

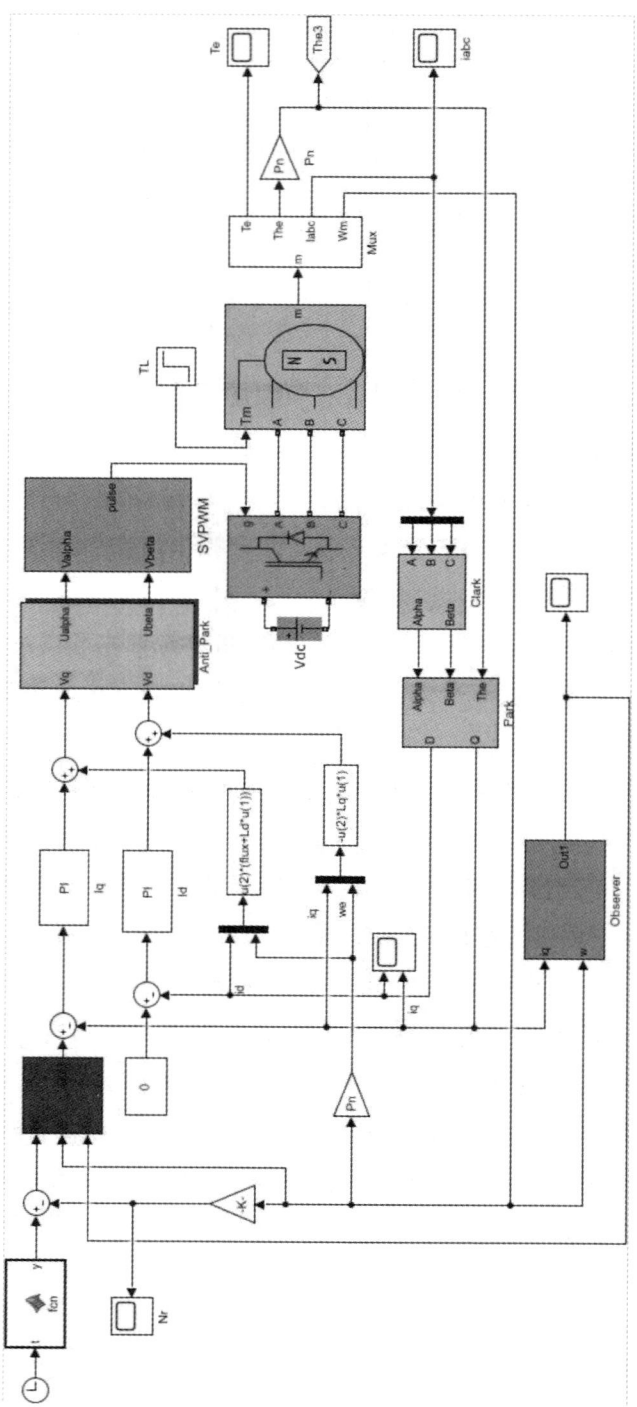

图 3.11 永磁同步电机控制模型

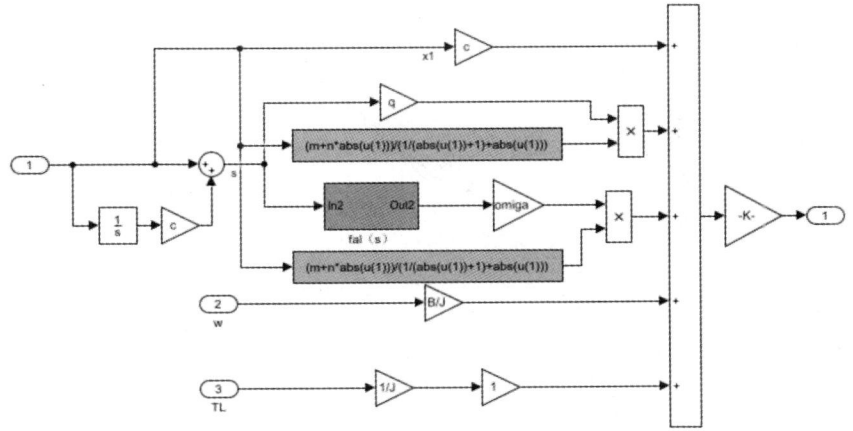

图 3.12　积分滑模变速趋近滑模控制器

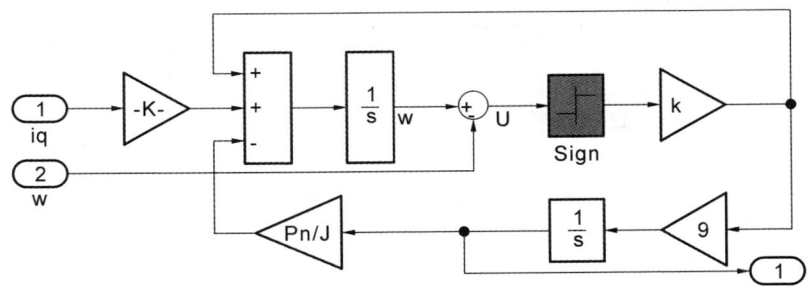

图 3.13　滑模转矩观测器

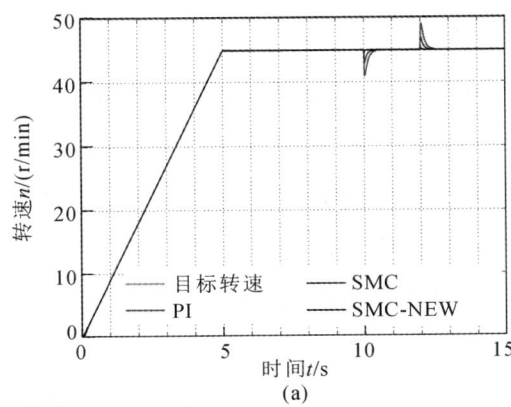

图 3.14　带载直线启动工况下转速变化曲线

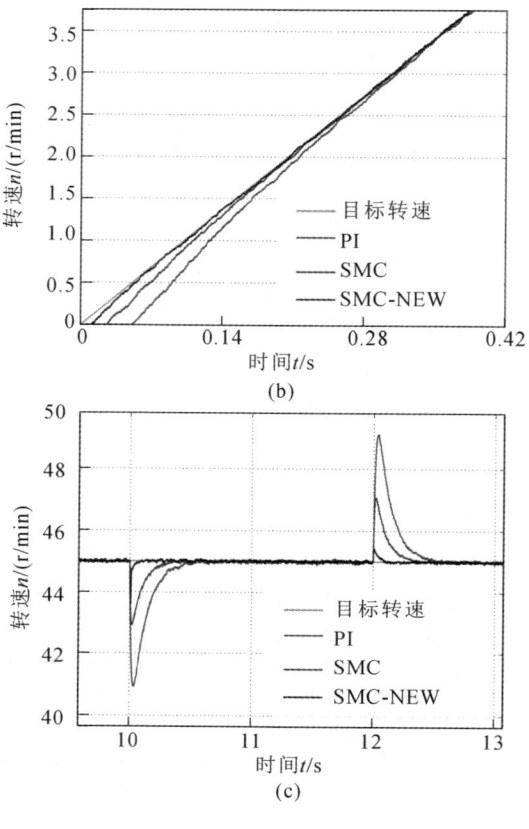

续图 3.14

3.2.4 控制策略效果分析

为验证所提出的新型转速环滑模控制器的实际效果,结合多永磁电机串联驱动刮板输送机机电耦合模型进行仿真试验,通过试验对比同一工况下,传统控制策略以及变速趋近率控制策略下多永磁电机串联驱动系统的输出转矩、转速变化规律,以及传动系统中链条张力、链条速度的变化规律,分析提高多永磁电机串联驱动系统运行的稳定性对整机动态特性的影响。

本次仿真设定工况如下:带载启动后,刮板输送机中部受到负载冲击,启动时,单元 2 处落煤质量 m_2 为满载时的 20%,单元 6 处落煤质量 m_6 为满载时的 30%,单元 12 处落煤质量 m_{12} 为满载时的 50%。在第 10 s 时,单元 7 处落煤质

量 m_7 变为满载(模拟落煤负载)。对链条施加的预紧力为 $1×10^5$ N,观察机电耦合模型内永磁同步电机以及刮板链的动态特性变化趋势。

图 3.15 给出了上述工况下,传统 PI 控制策略以及新型滑模控制(即变速趋近律滑模控制)策略下多永磁电机串联驱动系统中各驱动电机的输出转矩。从图中可以看出,在带载启动工况下,新型滑模控制策略对各驱动电机有着不同的影响,具体如下:对于机头、机尾电机(即电机 1、4),采用新型滑模控制策略时其输出转矩增加。如电机 1 在传统 PI 控制策略下稳定运行时的输出转矩为 $2.33×10^4$ N,在新型滑模控制策略下稳定运行时的输出转矩为 $2.67×10^4$ N。当多永磁电机串联驱动刮板输送机中部承受突变负载时,传统 PI 控制策略下的机头、机尾电机受到链条张力以及整机负载变化的影响,输出转矩增大,其中,电机 1 输出转矩增加至 $2.45×10^4$ N,电机 4 输出转矩增加至 $3.01×10^4$ N,而新型滑模控制策略下的电机 1、4 输出转矩并未产生明显的变化。

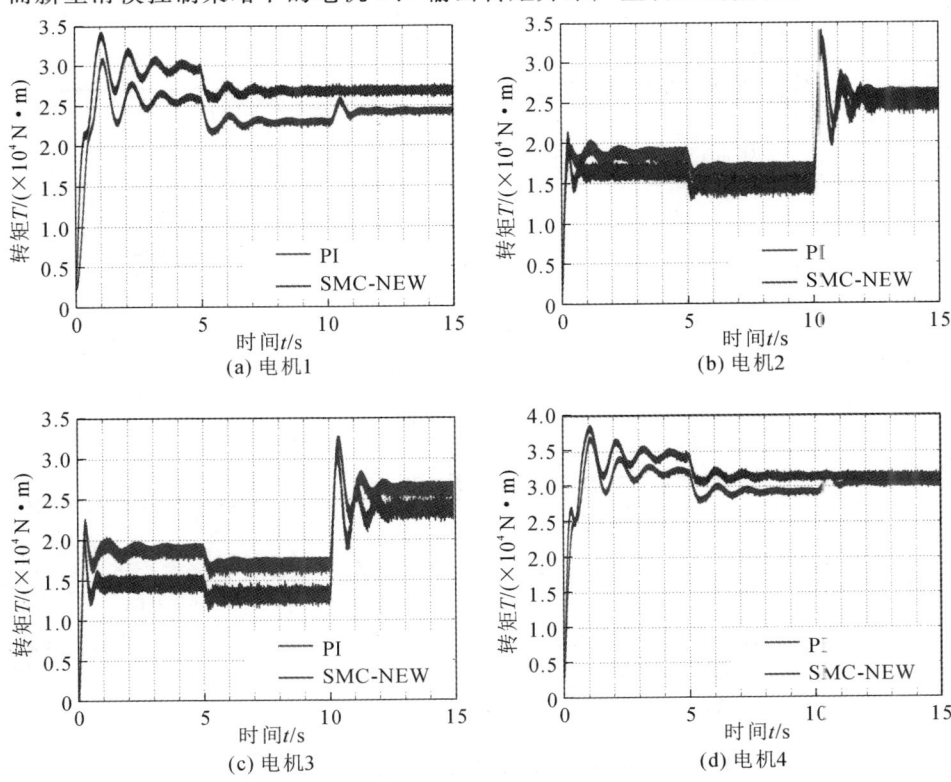

图 3.15　不同控制策略下驱动电机输出转矩对比

对比中间两台驱动电机,即电机 2、3 的输出转矩变化可知:在传统 PI 控制策略下,电机 2、3 稳定运行时的输出转矩分别约为 1.75×10^4 N、1.64×10^4 N;在新型滑模控制策略下,电机 2、3 稳定运行时的输出转矩减小,分别约为 1.47×10^4 N、1.41×10^4 N。另外,在新型控制策略下,电机 2、3 在启动的初始阶段输出转矩可以更快达到目标转矩,波动时间缩短(电机在 1 s 内即可输出稳定转矩)。

图 3.16 给出了上述工况下,采用传统 PI 控制策略以及优化后多电机协同控制策略时各驱动电机的转速对比。采用传统的 PI 控制策略时,负载导致电机在启动初始阶段无法准确跟随转速指令。而采用新型滑模控制策略时,多永磁电机串联驱动系统具有更快的响应速度,电机可以快速跟随目标转速指令。在加速阶段结束后,电机转速也未产生明显波动。第 10 s 多永磁电机串联驱动刮板输送机中部受到落煤负载冲击,与该段相邻的电机 2、3 受到的影响最大。

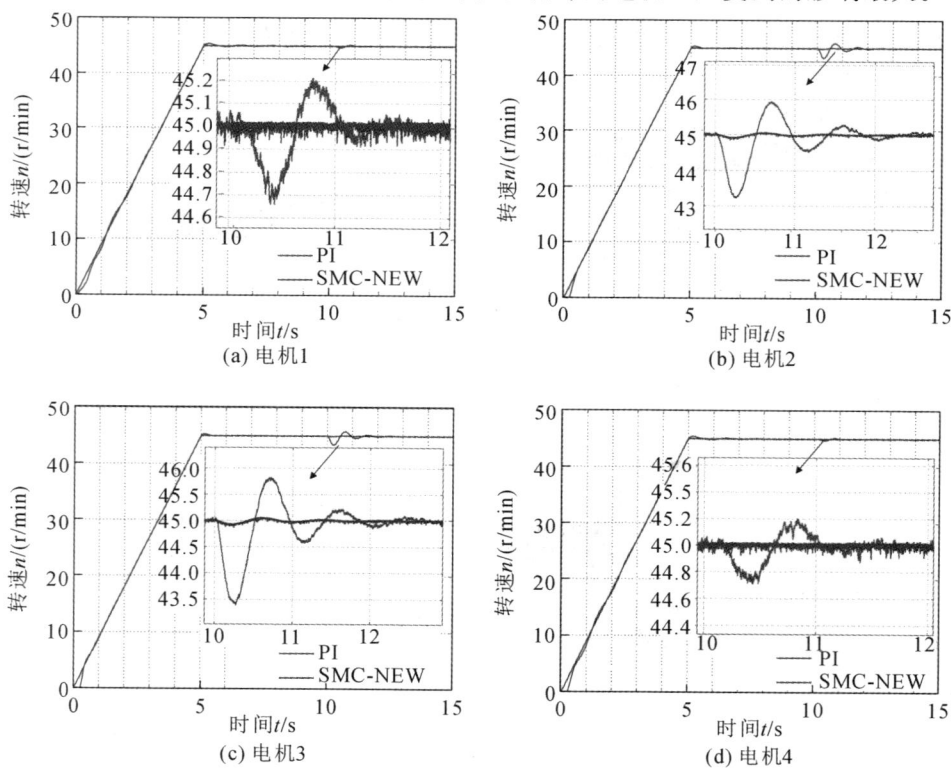

图 3.16 采用不同控制策略时驱动电机转速对比

由图 3.16（b）（c）可知，当受到落煤冲击时，电机 2 的转速快速下降至 43.25 r/min，电机 3 的转速快速下降至 43.38 r/min，随后两电机转速均产生 1.8 s 的波动。采用新型滑模控制策略时，驱动电机转速稳定，在相同工况下，可将转速变化幅值控制在 0.1 r/min 左右，且波动时间仅为 0.9 s 左右。

由图 3.16（a）（d）可知，当多永磁电机串联驱动刮板输送机中部受到落煤冲击时，链条张力的波动会使电机 1 的转速快速下降至 44.65 r/min，电机 4 的转速快速下降至 44.70r/min，随后两电机转速均产生 1.5 s 的波动。相较于负载冲击，链条张力变化对电机的干扰较小。在相同工况下，采用新型滑模控制策略时电机 1、4 转速并未产生明显变化。

图 3.17 给出了复杂工况下，采用新型滑模控制策略时多永磁电机串联驱动刮板输送机张力分布三维图，以及采用新型滑模控制策略时与采用传统 PI 控制策略时各关键位置链条张力的对比图。由图 3.17（a）可知，采用新型滑模控制策略时多永磁电机串联驱动刮板输送机链条张力分布仍然符合链传动系统中链条张力分布规律，即由啮合开始处至啮合分离处链条张力逐渐降低。在带载启动工况下，相较于采用传统 PI 控制策略时，采用新型滑模控制策略时整体张力分布更为均匀。

图 3.17（b）所示为多永磁电机串联驱动刮板输送机机头段关键位置链条张力变化曲线。采用传统 PI 控制策略时，在直线启动阶段：第 20 m 处链条张力最大值达到 1.23×10^5 N，最终稳定在 1.09×10^5 N 附近，张力波动幅度为 12.8%；第 110 m 处链条张力最小值达到 7.89×10^4 N，并最终稳定在 8.41×10^4 N 附近，张力波动幅度为 6.2%。采用新型滑模控制策略时，在直线启动阶段：第 20 m 处张力最大值达到 1.31×10^5 N，最终稳定在 1.21×10^5 N 附近，张力波动幅度为 8.3%；第 110 m 处张力波动最小值达到 7.73×10^4 N，并最终稳定在 8.14×10^4 N 附近。从波动时间来看，第 110 m 处链条张力波动时间大幅缩短，由传统 PI 控制策略下的 3.7 s 左右，缩短到 0.8 s 左右。可见，在直线启动阶段，采用新型滑模控制策略时的多永磁电机串联驱动刮板输送机机头段链条张力虽整体上升，但波动幅度以及波动时间大幅缩短。10 s 后，刮板输送机中部受到落煤冲击，由图可知，采用传统控制策略时，机头段链条张力经过1.5 s 左右的波动后整体上升，其中第 20 m 处波动幅度较大，由稳定运行时的 $1.09 \times$

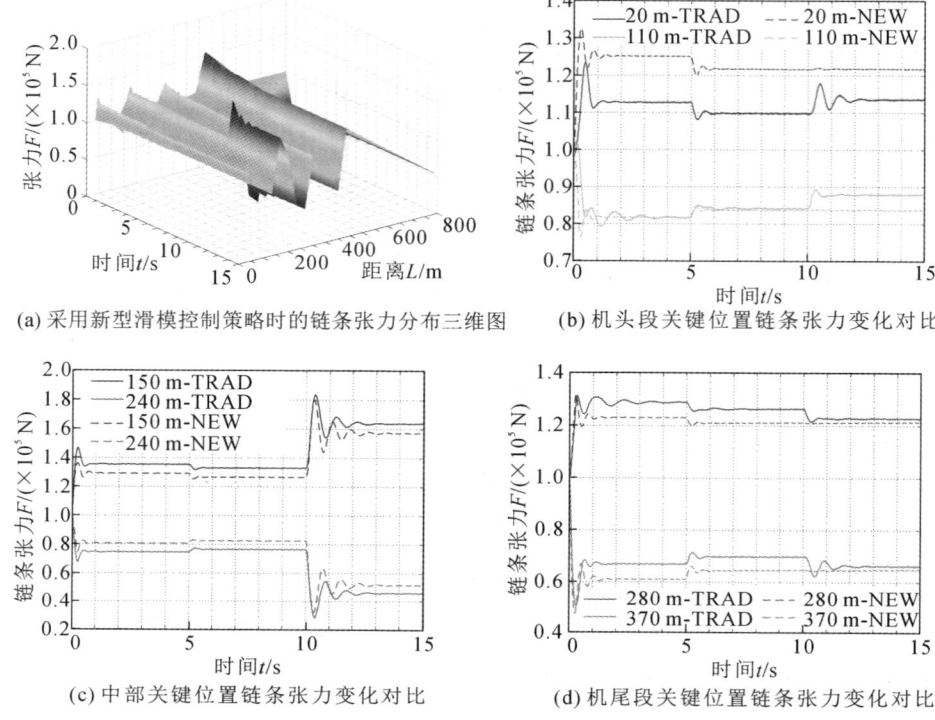

(a) 采用新型滑模控制策略时的链条张力分布三维图　　(b) 机头段关键位置链条张力变化对比

(c) 中部关键位置链条张力变化对比　　(d) 机尾段关键位置链条张力变化对比

图 3.17　采用不同控制策略时链条张力对比

10^5 N 增加至 1.18×10^4 N,并最终稳定在 1.13×10^4 N,波动时间为 3 s 左右。而在新型滑模控制策略下,机头段张力变化不明显,波动幅度较小。

图 3.17(c)所示为多永磁电机串联驱动刮板输送机中部段关键位置链条张力变化曲线。采用传统 PI 控制策略时,在直线启动阶段:第 150 m 处链条张力最大值达到 1.48×10^5 N,最终稳定在 1.35×10^5 N 附近,张力波动幅度为 9.6%;第 240 m 处链条张力波动最小值达到 6.81×10^4 N,并最终稳定在 7.61×10^4 N 附近。采用新型滑模控制策略时,在直线启动阶段:第 150 m 处链条张力最大值为 1.34×10^5 N,最终稳定在 1.27×10^5 N 附近,张力波动幅度为 5.5%;第 240 m 处链条张力最小值达到 7.61×10^4 N,并最终稳定在 8.19×10^4 N 附近。从波动时间来看,两个关键位置的链条张力波动时间大幅缩短,可见在直线启动阶段,采用新型滑模控制策略时多永磁电机串联驱动刮板输送机中部段链条整体张力减小,波动幅度以及波动时间均有改善。10 s 后刮板输送

机中部受到落煤冲击,由图 3.17(c)可知,在受到落煤冲击时:传统 PI 控制策略下刮板链第 150 m 处的链条张力波动幅度为 12.1%,最终稳定在 $1.64×10^4$ N;新型滑模控制策略下第 150 m 处的链条张力波动幅度为 13.8%,最终稳定在 $1.58×10^4$ N 附近。从波动时间来看,两种控制策略下中部段链条张力变化波动时间一致,约为 3 s。

图 3.17(d)所示为多永磁电机串联驱动刮板输送机机尾段关键位置链条张力变化曲线。采用传统 PI 控制策略时,在直线启动阶段:第 280 m 处链条张力最大值达到 $1.31×10^5$ N,最终稳定在 $1.26×10^5$ N 附近;第 370 m 处链条张力最小值达到 $5.01×10^4$ N,并最终稳定在 $7.04×10^4$ N 附近,张力波动幅度达到 28.8%。采用新型滑模控制策略时,在直线启动阶段:第 280 m 处链条张力最大值达到 $1.30×10^5$ N,最终稳定在 $1.21×10^5$ N 附近;第 370 m 处链条张力最小值达到 $4.81×10^4$ N,最终稳定在 $6.25×10^4$ N 附近,张力波动幅度为 23.0%。从波动时间来看,第 280 m 处链条张力波动时间大幅缩短,由传统 PI 控制策略下的 3.1 s 左右,缩短到 0.8 s 左右。可见,在直线启动阶段,采用新型滑模控制策略时的多永磁电机串联驱动刮板输送机机尾段链条张力整体下降,波动幅度明显减小且波动时间大幅缩短。10 s 后,刮板输送机中部受到落煤冲击,由图 3.17(d)可知,受到落煤冲击时,传统 PI 控制策略下机尾段链条张力经过 1.5 s 左右的波动后整体下降,其中第 370 m 处张力波动幅度较大,由稳定运行时的 $7.04×10^4$ N 减小至 $6.27×10^4$ N,波动幅度为 12.3%,而新型滑模控制策略下机尾链条张力变化不明显,波动幅度明显减小。

图 3.18 给出了复杂工况下,采用新型滑模控制策略时多永磁电机串联驱动刮板输送机链条速度三维图与采用传统 PI 控制策略时各关键位置链条速度的对比图。

由图 3.18(a)可知,由于采用新型滑模控制策略时多永磁电机串联驱动系统具有更好的抗干扰性能,电机可以较好地跟随转速指令,链条速度整体更为稳定,波动时间更短。

图 3.18(b)给出了多永磁电机串联驱动刮板输送机机头段关键位置链条速度变化曲线。由图 3.18(b)可知:采用新型滑模控制策略时,在直线启动阶段,系统响应速度更快,加速阶段链条速度波动幅度更小。第 10 s 时,受到落煤负

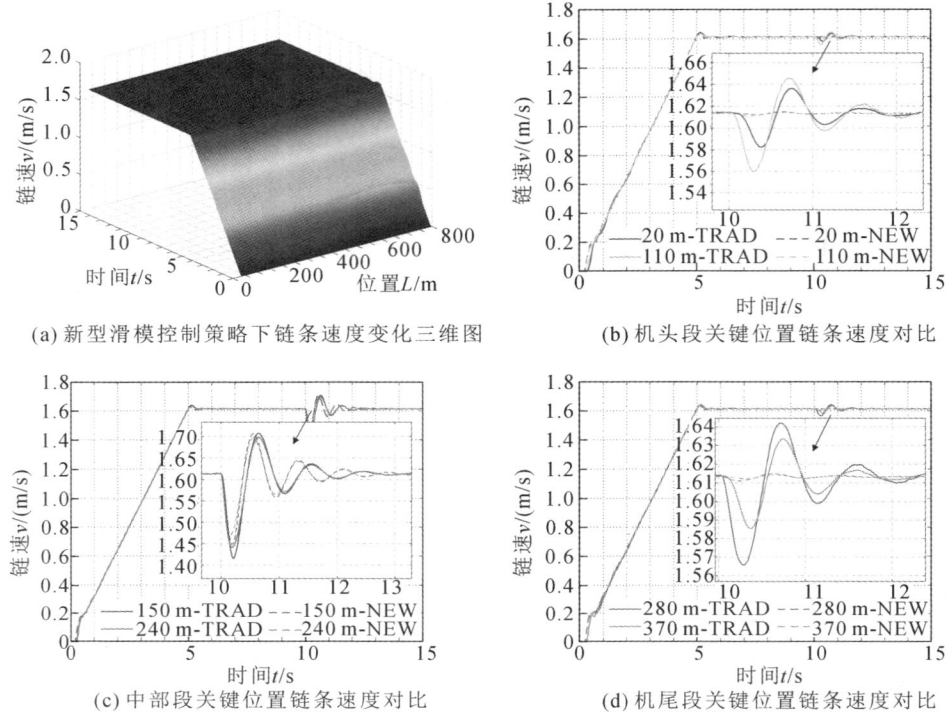

(a) 新型滑模控制策略下链条速度变化三维图　　(b) 机头段关键位置链条速度对比

(c) 中部段关键位置链条速度对比　　(d) 机尾段关键位置链条速度对比

图 3.18　采用不同控制策略时链条速度对比

载冲击的影响,在传统 PI 控制策略下第 110 m 处的链条速度产生较大波动,波动幅度为3.1%,波动时间为 2.1 s 左右;采用新型滑模控制策略时系统响应速度更快,具有更好的稳定性,在相同工况下,第 110 m 处的波动幅度可以控制在1%以内,波动时间为 0.5 s 左右。

图 3.18(c)给出了多永磁电机串联驱动刮板输送机中部段关键位置链条速度变化曲线。由图 3.18(c)可知,采用新型滑模控制策略时,在直线启动阶段,系统响应速度更快,加速阶段链条速度波动幅度更小。第 10 s 时,受到落煤负载冲击的影响,在传统 PI 控制策略下第 150 m 处的链条速度产生较大波动,波动幅度为13.1%,波动时间为 3.2 s 左右;采用新型滑模控制策略时多电机驱动系统响应速度更快,具有更好的稳定性,在相同工况下,第 150 m 处的波动幅度可以控制在9.8%左右,波动时间为 3 s 左右。

图 3.18(d)给出了多永磁电机串联驱动刮板输送机机尾段关键位置链条速

度变化曲线。由图 3.18(d)可知:采用新型滑模控制策略时,在直线启动阶段,系统响应速度更快,加速阶段链条速度波动幅度更小。第 10 s 时,受到落煤负载冲击的影响,在传统 PI 控制策略下第 280 m 处的链条速度产生较大波动,波动幅度为3.1‰,波动时间为 2.2 s 左右;采用新型滑模控制策略时系统响应速度更快,具有更好的稳定性,在相同工况下,第 280 m 处的波动幅度可以控制在1‰左右,波动时间为 0.8 s 左右。

综上所述:采用新型滑模控制策略时,多永磁电机串联驱动刮板输送机的链条速度更为稳定,系统响应速度更快,链条速度波动幅度更小;当受到外部落煤负载冲击时,链条速度也更为稳定,保证了链条张力传递的稳定性,使张力波动减小。这一点在未直接受落煤冲击的位置表现得更为明显。因此,采用新型滑模控制策略可以在一定程度上减小由电机转速波动引起的刮板链张力波动。

第4章
多永磁电机串联驱动刮板输送机链传动系统多工况特性研究

受工作面复杂恶劣工况的影响,多永磁电机串联驱动刮板输送机的负载大小及链条张力随落煤分布情况的变动而不断变化。另外,多永磁电机串联驱动刮板输送机采用链轮与链条啮合的方式实现传动,机头、机尾处链轮和中间链轮的包角差别较大,导致不同位置链轮力学接触特性存在差异。而链轮结构的局限性,导致啮合过程中轮齿与链环的接触力方向与链条的运动方向不能保持一致,从而引发链传动系统的多边形效应,使链条的运动及受力情况更加复杂。除此之外,链环在链条张力的作用下不再表现出简单刚体特性,而表现出非线性变形特征。基于以上因素,本章建立了多驱链传动系统的运动接触模型,研究了链传动系统的运动特性和啮合接触理论,分析了接触过程的能量转化规律,进而构建了链传动系统的多体动力学方程,为后续动力学模型的构建提供理论支撑。

4.1 链传动系统动力学建模及分析

4.1.1 链传动系统运动特性分析

1. 链环空间模型构建

链环结构视为由两个圆柱体和两个半圆环拼接而成。取链条中某一个与机架坐标系平行的立环为研究对象,以该链环平面图底边所在直线为 x 轴,以链环竖直对称轴所在直线为 y 轴,以过 x、y 轴交点且垂直于平面向外的直线为 z 轴,建立空间直角坐标系,如图 4.1 所示。

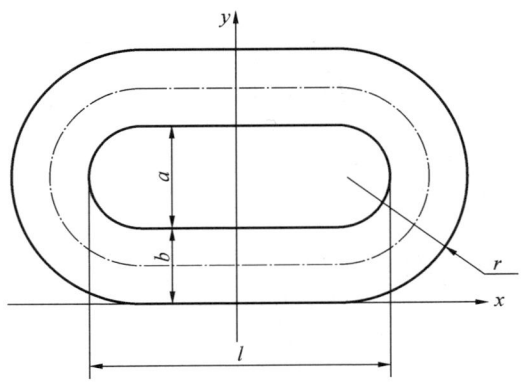

图 4.1　链环平面简图

在上述空间直角坐标系基础上建立链环的空间数学模型：

$$
\begin{cases}
\left[\left(x-\dfrac{l-a}{2}\right)-\dfrac{(a+b)\left(x-\dfrac{l-a}{2}\right)}{2\sqrt{\left(x-\dfrac{l-a}{2}\right)^2+y^2}}\right]^2+\left[y-\dfrac{(a+b)y}{2\sqrt{\left(x-\dfrac{l-a}{2}\right)^2+y^2}}\right]^2 \\[4mm]
\quad+z^2=\dfrac{b^2}{4}\qquad\left(x>\dfrac{l-a}{2}\right) \\[4mm]
\left[\left(x+\dfrac{l-a}{2}\right)-\dfrac{(a+b)\left(x+\dfrac{l-a}{2}\right)}{2\sqrt{\left(x+\dfrac{l-a}{2}\right)^2+y^2}}\right]^2+\left[y-\dfrac{(a+b)y}{2\sqrt{\left(x+\dfrac{l-a}{2}\right)^2+y^2}}\right]^2 \\[4mm]
\quad+z^2=\dfrac{b^2}{4}\qquad\left(x<-\dfrac{l-a}{2}\right) \\[4mm]
y=\sqrt{\dfrac{b^2}{4}-z^2}+\dfrac{2a+3b}{2}\qquad\left(-\dfrac{l-a}{2}<x<\dfrac{l-a}{2}\right) \\[4mm]
y=-\sqrt{\dfrac{b^2}{4}-z^2}-\dfrac{b}{2}\qquad\left(-\dfrac{l-a}{2}<x<\dfrac{l-a}{2}\right)
\end{cases}
$$

$$（4.1）$$

由于多永磁电机串联驱动刮板输送机的链环数量庞大，在同一坐标系下建立所有链环的数学模型极其烦琐。采用混合坐标系法，以链环 i 所在的坐标系 x_i-y_i-z_i 为子坐标系，则链环 i 的空间数学模型为：

$$\left\{
\begin{array}{l}
\left[\left(x_i - \dfrac{l-a}{2}\right) - \dfrac{(a+b)\left(x_i - \dfrac{l-a}{2}\right)}{2\sqrt{\left(x_i - \dfrac{l-a}{2}\right)^2 + y_i^2}}\right]^2 + \left[y_i - \dfrac{(a+b)y_i}{2\sqrt{\left(x_i - \dfrac{l-a}{2}\right)^2 + y_i^2}}\right]^2 \\[4mm]
\quad + z_i^2 = \dfrac{b^2}{4} \qquad \left(x_i > \dfrac{l-a}{2}\right) \\[4mm]
\left[\left(x_i + \dfrac{l-a}{2}\right) - \dfrac{(a+b)\left(x_i + \dfrac{l-a}{2}\right)}{2\sqrt{\left(x_i + \dfrac{l-a}{2}\right)^2 + y_i^2}}\right]^2 + \left[y_i - \dfrac{(a+b)y_i}{2\sqrt{\left(x_i + \dfrac{l-a}{2}\right)^2 + y_i^2}}\right]^2 \\[4mm]
\quad + z_i^2 = \dfrac{b^2}{4} \qquad \left(x_i < -\dfrac{l-a}{2}\right) \\[4mm]
y_i = \sqrt{\dfrac{b^2}{4} - z_i^2} + \dfrac{2a+3b}{2} \qquad \left(-\dfrac{l-a}{2} < x_i < \dfrac{l-a}{2}\right) \\[4mm]
y_i = -\sqrt{\dfrac{b^2}{4} - z_i^2} - \dfrac{b}{2} \qquad \left(-\dfrac{l-a}{2} < x_i < \dfrac{l-a}{2}\right)
\end{array}
\right. \tag{4.2}$$

在各链环的子坐标系中建立上述数学模型,再利用转换矩阵实现链环子坐标系与主坐标系之间的连接。转换矩阵为:

$$A = \begin{bmatrix} r_x & s_x & t_x & u_x \\ r_y & s_y & t_y & u_y \\ r_z & s_z & t_z & u_z \\ 0 & 0 & 0 & 1 \end{bmatrix} \tag{4.3}$$

式中:r_x、r_y、r_z、s_x、s_y、s_z、t_x、t_y、t_z 分别是子坐标系 x_i-y_i-z_i 的单位矢量 r、s、t 在 x_i、y_i、z_i 坐标轴上的投影;u_x、u_y、u_z 为子坐标系 x_i-y_i-z_i 的坐标原点在主坐标系 x-y-z 中的坐标。

2. 系统运动特性分析

多永磁电机串联驱动刮板输送机采用链环与链轮啮合的方式实现动力传送,平环卡在链窝中,轮齿推动平环运动。由于链环本身具有刚性且尺寸较大,在链轮上的缠绕路径并不是光滑的圆弧,而是边数与链轮齿数相同的部分多边形。受多边形效应的影响,链轮的动力并不能被完全传递给链条,链条的运行速度实际上为链轮线速度在平环运行方向上的速度分量。因此,在链轮匀速运转时,链条速度将呈现周期性变化,速度变化周期为平环开始与轮齿接触到脱离接触的时间。

图 4.2 为不同位置链轮与链环的啮合过程简图,其中链轮的节圆半径为 R,链环所对应链轮的圆心角为 α_0,链轮与链环啮合点与纵轴夹角为 φ,φ 同时也是链轮线速度与链环运动方向的夹角。

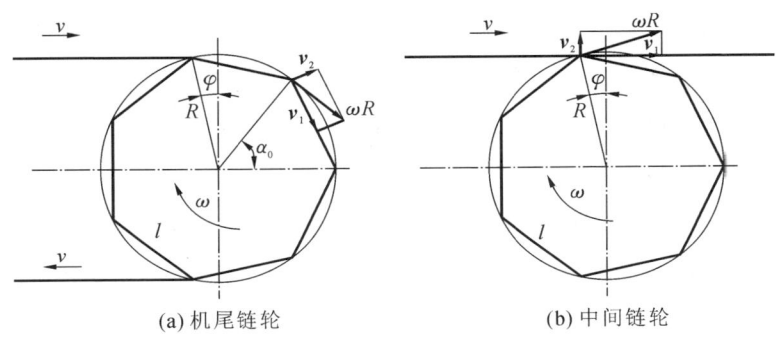

(a) 机尾链轮   (b) 中间链轮

图 4.2 链轮与链环啮合过程简图

中间链轮包角和机头、机尾链轮的包角不同,机头、机尾处为多个轮齿推动多个链环运转,链轮与链环啮合时的速度分量 v_2 的方向各不相同,各啮合点处的速度最终达到动态平衡,使链环实现稳定传动;中间位置处为链轮单轮齿或双轮齿推动链环运转,链轮与链环啮合时的速度分量 v_2 对运行稳定性及传动效率的影响不可忽略。因此,开展多永磁电机串联驱动刮板输送机不同位置驱动链轮的运动特性研究具有一定的意义。

当链轮以角速度 ω 匀速转动时,链轮与链环啮合点处的圆周速度为 ωR,则链条的实际运行速度为:

$$v_1 = \omega R \cos\varphi \tag{4.4}$$

随着链轮的转动,φ 角发生周期性变化。当 $\varphi = 0$ 时,链条速度即为啮合点的圆周速度,v_1 达到最大值;当 $\varphi = \pm\alpha_0/2$ 时,v_1 达到最小值,即 $-\alpha_0/2 \leqslant \varphi \leqslant \alpha_0/2$,$\omega R\cos\alpha_0/2 \leqslant v_1 \leqslant \omega R$。由于链条速度具有非定值特性,则链条运行时存在加速度 a:

$$a = \frac{\mathrm{d}v_1}{\mathrm{d}t} = -\omega R \sin\varphi \tag{4.5}$$

由式(4.5)可以看出,链条运行时的加速度值也是变化的,变化范围为

$$-\omega^2 R \sin \frac{\alpha_0}{2} \leqslant a \leqslant \omega^2 R \sin \frac{\alpha_0}{2} \qquad (4.6)$$

利用链轮结构的结合关系将式(4.6)整理为最大加速度绝对值形式:

$$|a_{\max}| = \frac{1}{2}\omega^2 l \qquad (4.7)$$

通过分析可以看出,机头、机尾处链轮与中间链轮具有相同的传动效率,且加速度变化量受链环节距影响。

由于多永磁电机串联驱动刮板输送机链传动系统采用多个驱动链轮串联驱动方式,若要保证系统运行的同步性及稳定性,不仅需要使各链轮转速同步,还需要使各链轮的初始安装角保持一致。将各链轮安装到系统中后,多边形效应使得链轮与链条交替呈现相切和相割状态,导致承载端链条受机头、机尾链轮影响出现上下移动的情形。如图4.3(a)所示,中间链轮此时有两个轮齿参与啮合。各轮齿与链环啮合时的驱动速度分别为:

$$\begin{cases} v = \omega R \\ v_A = \omega R \cos\varphi_A \\ v_B = \omega R \cos\varphi_B \end{cases} \qquad (4.8)$$

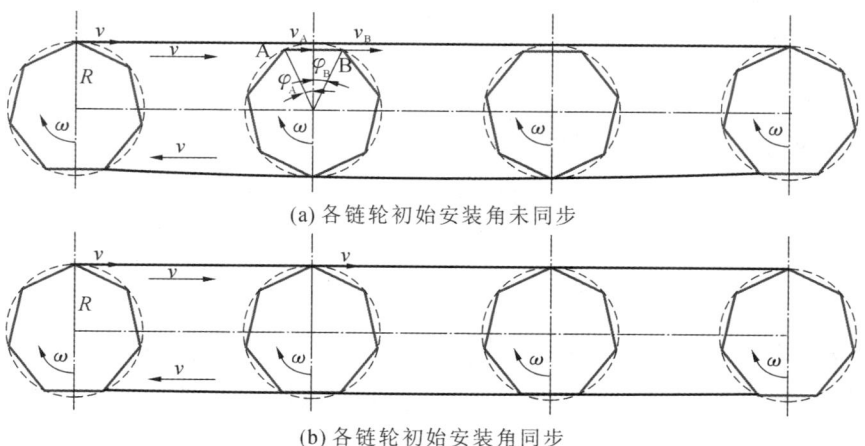

(a) 各链轮初始安装角未同步

(b) 各链轮初始安装角同步

图 4.3　链轮初始安装角示意图

当中间链轮的两个轮齿参与啮合时,两轮齿在啮合点的驱动速度 v_A、v_B 的

大小和方向时刻都在发生变化,且两驱动速度并不一致。因此,中间链轮对链条的驱动速度取决于转动速度较快的轮齿:当 $\varphi_A > \varphi_B$ 时,轮齿在水平方向上的分速度 $v_A < v_B$,轮齿 B 提供主要驱动力;当 $\varphi_A < \varphi_B$ 时,轮齿在水平方向上的分速度 $v_A > v_B$,此时轮齿 A 提供主要驱动力。若各链轮初始安装角未同步,则会出现中间链轮在某一时间段内不能提供驱动力、局部链条张力过大等问题,影响多永磁电机串联驱动刮板输送机的正常生产。

若使各链轮的初始安装角均保持一致,如图 4.3(b)所示,则各链轮转速均为 ωR。在各链轮转速保持同步的条件下,承载端链条将呈现整体的规律性波动。

4.1.2 链传动系统碰撞过程分析

1. 碰撞接触力分析

多永磁电机串联驱动刮板输送机的传动方式为驱动链轮与链环啮合传动,在与链轮啮合过程中,链环与轮齿发生接触。采用 ADAMS 软件将这个碰撞接触过程等效为非线性弹簧阻尼模型,如图 4.4 所示。

两个部件(刚体)之间的接触力由正压力和阻尼力构成。弹性力是因两个部件挤压变形、相互穿透而产生的,

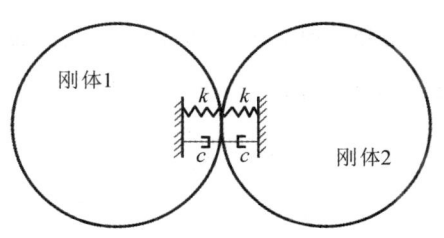

图 4.4 碰撞弹簧阻尼模型

阻尼力是因两个部件做相对运动而产生的。接触正压力的计算模型基于 Hertz(赫兹)接触理论建立,采用 Impact 函数建立非线性等效弹簧阻尼模型。采用 Impact 方法和 Coulomb(库仑)法分别计算正压力和阻尼力,则接触力计算式为:

$$F_{ni} = k\delta_i^e + cv_i \qquad (4.9)$$

式中: F_{ni} 为链环 i 与链轮的接触碰撞力;k 为接触刚度;e 为力指数;δ_i 为穿透深度;c 为阻尼系数;v_i 为接触点的法向相对速度。

1)碰撞过程非线性弹簧参数的确定

链轮与链环的啮合过程即为两者的接触碰撞过程,具体可以分为三个阶

段：第一阶段链环处于静止状态或者低速运行状态，链轮在激励信号输入后开始运行，轮齿转动速度高于链环运动速度，保证二者在碰撞前能进入啮合状态；第二阶段轮齿追赶上链环并与之发生接触，在短时间内产生接触力进而发生弹性变形，保持碰撞时的接触状态；第三阶段链环与链轮恢复变形，链环实现加速，碰撞后脱离接触，如图 4.5 所示。

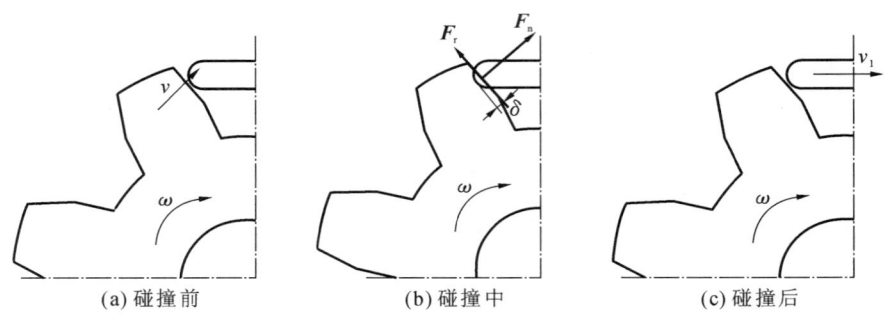

(a) 碰撞前   (b) 碰撞中   (c) 碰撞后

图 4.5　链轮与链环的弹性碰撞过程

链轮与链环发生碰撞时，两者之间的弹性力 F_n 使链环发生一定的形变 δ。根据 Hertz 理论，F_n 与 δ 满足以下关系：

$$\delta = \left(\frac{9F_n^2}{16ER^2} \right)^{1/3} \tag{4.10}$$

式中：

$$\frac{1}{R} = \frac{1}{R_1} + \frac{1}{R_2}$$

$$\frac{1}{E} = \frac{1-\mu_1^2}{E_1} + \frac{1-\mu_2^2}{E_2}$$

其中 R_1、R_2 分别为碰撞点处链轮与链环的曲率半径，E_1、E_2 分别为链轮与链环材料的弹性模量，μ_1、μ_2 分别为链轮与链环材料的泊松比。

根据式(4.9)和(4.10)，可以得出链轮与链环的接触刚度为：

$$k = \frac{16RE^2}{9} \tag{4.11}$$

2）碰撞函数中阻尼参数的确定

非线性弹簧阻尼模型中的碰撞阻尼项会导致碰撞过程中产生能量的损失。根据 Hund 与 Grossley 提出的阻尼系数 c 的确定方法：

$$c = \sigma\delta^n \tag{4.12}$$

式中：σ 为滞后阻尼因子，有

$$\sigma = \frac{3k(1-e^2)}{4\dot{\delta}} \tag{4.13}$$

阻尼系数 c 既与链轮和链环本身的弹性模量、泊松比等材料属性相关，也与部件的外形轮廓相关。

2. 接触过程能量分析

多永磁电机串联驱动刮板输送机链传动系统结构冗杂，在各部件接触过程中不仅有力的传递，还有能量的转化。在考虑摩擦的碰撞过程中，能量组成十分复杂，主要包括动能、势能以及在碰撞过程中产生的内能。根据动能的定义式

$$E_k = \frac{1}{2}\sum_{i=1}^{n} m_{ci} v_c^2 \tag{4.14}$$

式中：m_{ci} 为链环 i 的质量；v_c 为链环的运行速度。

利用上文中建立的链环空间几何模型，推导出系统动能表达式：

$$E_k = \frac{1}{2} v_c^2 \sum_{i=1}^{4} \rho \iiint V_i \,\mathrm{d}V + \frac{1}{2}\sum_{i=1}^{4} m_{si} v_s^2 \tag{4.15}$$

式中：m_{si} 为链轮的质量；v_s 为链轮与链环啮合处的线速度；ρ 为链环密度；V_i 为链环 i 的等效体积，根据式（4.2）可得

$$V_1 = \sqrt{\frac{b^2}{4} - \left[\left(x_i - \frac{l-a}{2}\right) - \frac{(a+b)\left(x_i - \frac{l-a}{2}\right)}{2\sqrt{\left(x_i - \frac{l-a}{2}\right)^2 + y_i^2}}\right]^2 - \left[y_i - \frac{(a+b)y_i}{2\sqrt{\left(x_i - \frac{l-a}{2}\right)^2 + y_i^2}}\right]^2}$$

$$V_2 = \sqrt{\frac{b^2}{4} - \left[\left(x_i + \frac{l-a}{2}\right) - \frac{(a+b)\left(x_i + \frac{l-a}{2}\right)}{2\sqrt{\left(x_i + \frac{l-a}{2}\right)^2 + y_i^2}}\right]^2 - \left[y_i - \frac{(a+b)y_i}{2\sqrt{\left(x_i + \frac{l-a}{2}\right)^2 + y_i^2}}\right]^2}$$

$$V_3 = \sqrt{\frac{b^2}{4} - z_i^2} + \frac{2a+3b}{2}$$

$$V_4 = -\sqrt{\frac{b^2}{4} - z_i^2} - \frac{b}{2}$$

系统各部件在接触过程中的耦合主要包括链环-链环接触耦合和链环-链

轮接触耦合,而接触位置的强度和刚度会表现出较强的非线性特征;非接触位置所表现出的特征可视为刚体的线性特征。链环依次连接导致链条弹性变形的串联叠加,引起加载或卸载过程中不同的变形模式转化,同时链环发生从局部弹性变形到局部塑性变形,再到整体弹性变形的变形模式转化。弹性变形过程也是动能转化为弹性势能的过程。链传动系统弹性势能为:

$$E_{\mathrm{p}} = \frac{1}{2}\sum_{i=1}^{n} k_{\mathrm{c}} x_i^2 \tag{4.16}$$

式中:k_{c} 为链条的接触刚度;x_i 为链环 i 在 x 方向上的广义坐标。

在链传动系统运行时,各部件相互碰撞接触,并通过这种接触实现力的传递。此时,在碰撞过程中不仅会发生从动能到弹性势能的转化,还会由于短暂接触过程中链环与链轮的相对滑动或者黏滞现象产生能量的损失。引入能量恢复系数 e_* 来计算碰撞过程中损失的能量 E_l[39]:

$$E_l = E_{\mathrm{p}}(1 + e_*^2) \tag{4.17}$$

设 $\boldsymbol{q}_1, \boldsymbol{q}_2, \cdots, \boldsymbol{q}_n$ 是链环的广义坐标,$\boldsymbol{q}_1', \boldsymbol{q}_2', \cdots, \boldsymbol{q}_n'$ 是链轮的广义坐标。以空间固定参考点 O 为坐标原点,以链环与链轮接触点处的切向接触力所在直线为 x 轴,以链环与链轮接触点处的法向接触力所在直线为 y 轴,建立坐标系。

对于链环系统,碰撞过程的运动微分方程为:

$$\mathrm{d}\dot{\boldsymbol{q}}_i = \frac{\boldsymbol{A}_i^{\mathrm{n}}\mathrm{d}P_{\mathrm{n}} + \boldsymbol{A}_i^{\mathrm{t}}\mathrm{d}P_{\mathrm{t}}}{\boldsymbol{A}} \quad (i=1,2,\cdots,n) \tag{4.18}$$

式中:$\mathrm{d}P_{\mathrm{n}}=F_{\mathrm{n}}\mathrm{d}t, \mathrm{d}P_{\mathrm{t}}=F_{\mathrm{t}}\mathrm{d}t$ 分别为接触点处的法向力冲量和切向力冲量,其中 F_{n}、F_{t} 分别为接触点处法向接触力和切向接触力;$\boldsymbol{A}$ 为链环系统的动能二次项系数矩阵;$\boldsymbol{A}_i^{\mathrm{n}}$ 为链环上接触点处法向力冲量的二次系数矩阵;$\boldsymbol{A}_i^{\mathrm{t}}$ 为链轮上接触点处切向力冲量的二次系数矩阵。有

$$\boldsymbol{A} = \begin{bmatrix} a_{11} & a_{12} & \cdots & a_{1n} \\ a_{21} & a_{22} & \cdots & a_{2n} \\ \vdots & \vdots & & \vdots \\ a_{n1} & a_{n2} & \cdots & a_{nn} \end{bmatrix}, \quad \boldsymbol{A}_i^{\mathrm{n}} = \begin{bmatrix} a_{11}a_{12}\cdots a_{1(i-1)} & \frac{\partial \dot{y}_{\mathrm{C}}}{\partial \dot{\boldsymbol{q}}_1} & a_{1(i+1)}a_{1(i+2)}\cdots a_{1n} \\ a_{21}a_{22}\cdots a_{2(i-1)} & \frac{\partial \dot{y}_{\mathrm{C}}}{\partial \dot{\boldsymbol{q}}_2} & a_{2(i+1)}a_{2(i+2)}\cdots a_{2n} \\ \vdots & \vdots & \vdots \\ a_{n1}a_{n2}\cdots a_{n(i-1)} & \frac{\partial \dot{y}_{\mathrm{C}}}{\partial \dot{\boldsymbol{q}}_n} & a_{n(i+1)}a_{n(i+2)}\cdots a_{nn} \end{bmatrix}$$

$$A_i^t = \begin{bmatrix} a_{11}\,a_{12}\cdots a_{1(i-1)} & \dfrac{\partial \dot{x}_C}{\partial \dot{\boldsymbol{q}}_1}\,a_{1(i+1)}\,a_{1(i+2)}\cdots a_{1n} \\[3mm] a_{21}\,a_{22}\cdots a_{2(i-1)} & \dfrac{\partial \dot{x}_C}{\partial \dot{\boldsymbol{q}}_2}\,a_{2(i+1)}\,a_{2(i+2)}\cdots a_{2n} \\[3mm] \vdots & \vdots \\[3mm] a_{n1}\,a_{n2}\cdots a_{n(i-1)} & \dfrac{\partial \dot{x}_C}{\partial \dot{\boldsymbol{q}}_n}\,a_{n(i+1)}\,a_{n(i+2)}\cdots a_{nn} \end{bmatrix} \qquad (4.19)$$

式中：$\dot{x}_C$ 为链环上接触点的切向速度；$\dot{y}_C$ 为链环上接触点的法向速度。

对于链轮系统，碰撞过程的运动微分方程为：

$$\mathrm{d}\dot{\boldsymbol{q}}'_s = \frac{-\boldsymbol{B}_s^n \mathrm{d}P_n - \boldsymbol{B}_s^t \mathrm{d}P_t}{\boldsymbol{B}} \qquad (s = 1,2,\cdots,n) \qquad (4.20)$$

式中：$\boldsymbol{B}$ 为系统的动能二次项系数矩阵；$\boldsymbol{B}_s^n$ 为链轮上接触点处法向力冲量的二次系数矩阵；$\boldsymbol{B}_s^t$ 为链轮上接触点处切向力冲量的二次系数矩阵。有

$$\boldsymbol{B} = \begin{bmatrix} a'_{11} & a'_{12} & \cdots & a'_{1n} \\ a'_{21} & a'_{22} & \cdots & a'_{2n} \\ \vdots & \vdots & & \vdots \\ a'_{n1} & a'_{n2} & \cdots & a'_{nn} \end{bmatrix}, \qquad \boldsymbol{B}_s^n = \begin{bmatrix} a'_{11}\,a'_{12}\cdots a'_{1(i-1)} & \dfrac{\partial \dot{y}_C}{\partial \dot{\boldsymbol{q}}_1}\,a'_{1(i+1)}\,a'_{1(i+2)}\cdots a'_{1n} \\[3mm] a'_{21}\,a'_{22}\cdots a'_{2(i-1)} & \dfrac{\partial \dot{y}_C}{\partial \dot{\boldsymbol{q}}_2}\,a'_{2(i+1)}\,a'_{2(i+2)}\cdots a'_{2n} \\[3mm] \vdots & \vdots \\[3mm] a'_{n1}\,a'_{n2}\cdots a'_{n(i-1)} & \dfrac{\partial \dot{y}_C}{\partial \dot{\boldsymbol{q}}_n}\,a'_{n(i+1)}\,a'_{n(i+2)}\cdots a'_{nn} \end{bmatrix}$$

$$\boldsymbol{B}_s^t = \begin{bmatrix} a'_{11}\,a'_{12}\cdots a'_{1(i-1)} & \dfrac{\partial \dot{x}'_C}{\partial \dot{\boldsymbol{q}}_1}\,a'_{1(i+1)}\,a'_{2(i+2)}\cdots a'_{1n} \\[3mm] a'_{21}\,a'_{22}\cdots a'_{2(i-1)} & \dfrac{\partial \dot{x}'_C}{\partial \dot{\boldsymbol{q}}_2}\,a'_{2(i+1)}\,a'_{2(i+2)}\cdots a'_{2n} \\[3mm] \vdots & \vdots \\[3mm] a'_{n1}\,a'_{n2}\cdots a'_{n(i-1)} & \dfrac{\partial \dot{x}'_C}{\partial \dot{\boldsymbol{q}}_n}\,a'_{n(i+1)}\,a'_{n(i+2)}\cdots a'_{nn} \end{bmatrix}$$

式中：$\dot{x}'_C$ 为链轮上接触点处的切向速度；$\dot{y}'_C$ 为链轮上接触点处的法向速度。

由于在链轮与链环接触过程中会发生相对滑动和黏滞现象，所以可以通过库仑摩擦定律将接触点处的法向力及切向力联系在一起。链轮与链环接触点

处的切向相对速度和法向相对速度分别为：

$$v_t = \dot{x}_C - \dot{x}'_C \tag{4.21}$$

$$v_n = \dot{y}_C - \dot{y}'_C \tag{4.22}$$

因此，

$$dP_t = -\operatorname{sign}(v_r)\mu\, dP_n \qquad (v_t \neq 0) \tag{4.23}$$

$$-\mu\, dP_n < dP_t < \mu\, dP_n \qquad (v_t = 0) \tag{4.24}$$

相对滑动阶段的微分方程为：

$$dv_t = \left[\sum_{i=1}^{n} \frac{\partial \dot{x}_C}{\partial \dot{\boldsymbol{q}}_i} \frac{\boldsymbol{A}_i^n - \operatorname{sign}(v_t)\mu \boldsymbol{A}_i^t}{\boldsymbol{A}} - \sum_{s=1}^{m} \frac{\partial \dot{x}'_C}{\partial \dot{\boldsymbol{q}}'_s} \frac{-\boldsymbol{B}_s^n + \operatorname{sign}(v_t)\mu \boldsymbol{B}_s^t}{\boldsymbol{B}} \right] dP_n \tag{4.25}$$

$$dv_n = \left[\sum_{i=1}^{n} \frac{\partial \dot{y}_C}{\partial \dot{\boldsymbol{q}}_i} \frac{\boldsymbol{A}_i^n - \operatorname{sign}(v_t)\mu \boldsymbol{A}_i^t}{\boldsymbol{A}} - \sum_{s=1}^{m} \frac{\partial \dot{y}'_C}{\partial \dot{\boldsymbol{q}}'_s} \frac{-\boldsymbol{B}_s^n + \operatorname{sign}(v_t)\mu \boldsymbol{B}_s^t}{\boldsymbol{B}} \right] dP_n \tag{4.26}$$

发生黏滞现象的必要条件为：

$$dv_t = \sum_{i=1}^{n} \frac{\partial \dot{x}_C}{\partial \dot{\boldsymbol{q}}_i} d\dot{\boldsymbol{q}}_i - \sum_{s=1}^{m} \frac{\partial \dot{x}'_C}{\partial \dot{\boldsymbol{q}}'_s} d\dot{\boldsymbol{q}}'_i = 0 \tag{4.27}$$

令

$$\frac{dP_t}{dP_n} = -\frac{\displaystyle\sum_{i=1}^{n} \frac{\partial \dot{x}_C}{\partial \dot{\boldsymbol{q}}_i} \frac{\boldsymbol{A}_i^n}{\boldsymbol{A}} + \sum_{s=1}^{m} \frac{\partial \dot{x}'_C}{\partial \dot{\boldsymbol{q}}'_s} \frac{\boldsymbol{B}_s^n}{\boldsymbol{B}}}{\displaystyle\sum_{i=1}^{n} \frac{\partial \dot{x}_C}{\partial \dot{\boldsymbol{q}}_i} \frac{\boldsymbol{A}_i^t}{\boldsymbol{A}} + \sum_{s=1}^{m} \frac{\partial \dot{x}'_C}{\partial \dot{\boldsymbol{q}}'_s} \frac{\boldsymbol{B}_s^n}{\boldsymbol{B}}} = \overline{\mu} \tag{4.28}$$

则黏滞阶段的微分方程为：

$$dv_t = \left[\sum_{i=1}^{n} \frac{\partial \dot{x}_C}{\partial \dot{\boldsymbol{q}}_i} \frac{\boldsymbol{A}_i^n + \overline{\mu} \boldsymbol{A}_i^t}{\boldsymbol{A}} - \sum_{s=1}^{m} \frac{\partial \dot{x}'_C}{\partial \dot{\boldsymbol{q}}'_s} \frac{-\boldsymbol{B}_s^n - \overline{\mu} \boldsymbol{B}_s^t}{\boldsymbol{B}} \right] dP_n \tag{4.29}$$

$$dv_n = \left[\sum_{i=1}^{n} \frac{\partial \dot{y}_C}{\partial \dot{\boldsymbol{q}}_i} \frac{\boldsymbol{A}_i^n + \overline{\mu} \boldsymbol{A}_i^t}{\boldsymbol{A}} - \sum_{s=1}^{m} \frac{\partial \dot{y}'_C}{\partial \dot{\boldsymbol{q}}'_s} \frac{-\boldsymbol{B}_s^n - \overline{\mu} \boldsymbol{B}_s^t}{\boldsymbol{B}} \right] dP_n \tag{4.30}$$

分别令

$$\lambda_1 = \sum_{i=1}^{n} \frac{\partial \dot{x}_C}{\partial \dot{\boldsymbol{q}}_i} \frac{\boldsymbol{A}_i^n - \operatorname{sign}[v_t(0)]\mu \boldsymbol{A}_i^t}{\boldsymbol{A}} - \sum_{s=1}^{m} \frac{\partial \dot{x}'_C}{\partial \dot{\boldsymbol{q}}'_s} \frac{-\boldsymbol{B}_s^n + \operatorname{sign}[v_t(0)]\mu \boldsymbol{B}_s^t}{\boldsymbol{B}}$$

$$\lambda_2 = \sum_{i=1}^{n} \frac{\partial \dot{y}_C}{\partial \dot{\boldsymbol{q}}_i} \frac{\boldsymbol{A}_i^n - \operatorname{sign}[v_t(0)]\mu \boldsymbol{A}_i^t}{\boldsymbol{A}} - \sum_{s=1}^{m} \frac{\partial \dot{y}'_C}{\partial \dot{\boldsymbol{q}}'_s} \frac{-\boldsymbol{B}_s^n + \operatorname{sign}[v_t(0)]\mu \boldsymbol{B}_s^t}{\boldsymbol{B}}$$

$$\lambda'_1 = \sum_{i=1}^{n} \frac{\partial \dot{x}_C}{\partial \dot{\boldsymbol{q}}_i} \frac{\boldsymbol{A}_i^n + \operatorname{sign}[v_t(0)]\mu \boldsymbol{A}_i^t}{\boldsymbol{A}} - \sum_{s=1}^{m} \frac{\partial \dot{x}'_C}{\partial \dot{\boldsymbol{q}}'_s} \frac{-\boldsymbol{B}_s^n - \operatorname{sign}[v_t(0)]\mu \boldsymbol{B}_s^t}{\boldsymbol{B}}$$

$$\lambda_2' = \sum_{i=1}^{n} \frac{\partial \dot{y}_C}{\partial \dot{q}_i} \frac{\boldsymbol{A}_i^n + \mathrm{sign}[v_t(0)]\mu \boldsymbol{A}_i^t}{\boldsymbol{A}} - \sum_{s=1}^{m} \frac{\partial \dot{y}_C'}{\partial \dot{q}_s'} \frac{-\boldsymbol{B}_s^n - \mathrm{sign}[v_t(0)]\mu \boldsymbol{B}_s^t}{\boldsymbol{B}}$$

$$\lambda_3 = \sum_{i=1}^{n} \frac{\partial \dot{x}_C}{\partial \dot{q}_i} \frac{\boldsymbol{A}_i^n + \overline{\mu} \boldsymbol{A}_i^t}{\boldsymbol{A}} - \sum_{s=1}^{m} \frac{\partial \dot{x}_C'}{\partial \dot{q}_s'} \frac{-\boldsymbol{B}_s^n - \overline{\mu} \boldsymbol{B}_s^t}{\boldsymbol{B}}$$

$$\lambda_4 = \sum_{i=1}^{n} \frac{\partial \dot{y}_C}{\partial \dot{q}_i} \frac{\boldsymbol{A}_i^n + \overline{\mu} \boldsymbol{A}_i^t}{\boldsymbol{A}} - \sum_{s=1}^{m} \frac{\partial \dot{y}_C'}{\partial \dot{q}_s'} \frac{-\boldsymbol{B}_s^n - \overline{\mu} \boldsymbol{B}_s^t}{\boldsymbol{B}}$$

$$\tan\theta_0 = \frac{v_t(0)}{v_n(0)}$$

式中：$v_t(0)$ 和 $v_n(0)$ 分别为链轮与链环接触时接触点处的初始切向速度和法向速度。根据式(4.17)，能量恢复系数的表达式为：

$$e_*^2 = \begin{cases} f\left(-\dfrac{[v_0(0)]^2}{2\lambda_2}\right) & \left(\dfrac{\lambda_1}{\lambda_2}\tan\theta_0 < 1\right) \\[2ex] f\left(\dfrac{[v_n(0)]^2}{2}\left[\left(\dfrac{\lambda_2}{\lambda_1^2} - \dfrac{\lambda_2^2}{\lambda_1^2\lambda_4}\right)\tan^2\theta_0 + \left(\dfrac{2\lambda_2}{\lambda_1\lambda_4} - \dfrac{2}{\lambda_1}\right)\tan\theta_0 - \dfrac{1}{\lambda_4}\right]\right) & \left(\dfrac{\lambda_1}{\lambda_2}\tan\theta_0 \geqslant 1, \mu < |\overline{\mu}|\right) \\[2ex] f\left(\dfrac{[v_n(0)]^2}{2}\left[\left(\dfrac{\lambda_2}{\lambda_1^2} - \dfrac{\lambda_2^2}{\lambda_1^2\lambda_2'}\right)\tan^2\theta_0 + \left(\dfrac{2\lambda_2}{\lambda_1\lambda_2'} - \dfrac{2}{\lambda_1}\right)\tan\theta_0 - \dfrac{1}{\lambda_2'}\right]\right) & \left(\dfrac{\lambda_1}{\lambda_2}\tan\theta_0 \geqslant 1, \mu < |\overline{\mu}|\right) \end{cases}$$

$$(4.31)$$

4.1.3 链传动系统动力学方程构建

利用 ADAMS 软件，可以根据物理模型进行动力学微分方程的建立与求解，也可以基于笛卡儿坐标系定义各子坐标系，构建系统的运动学方程和动力学方程组并进行求解。

ADAMS 的坐标系系统由静坐标系——地面坐标系(ground coordinate system)和浮动坐标系——标记坐标系(marker coordinate system)组成。静坐标系相对地面固定不动，而浮动坐标系则固定于各构件之上，随构件一起运动。在多永磁电机串联驱动刮板输送机链传动系统中，以链轮固定铰为基础建立地面坐标系，在各链环中心位置建立浮动坐标系。

以链轮和链环的质心代表刚体，通过笛卡儿坐标系中欧拉角的变化反映链轮与链环的位姿，所以构件的广义坐标为：

$$\boldsymbol{q} = \begin{bmatrix} x & y & z & \psi & \theta & \varphi \end{bmatrix}^T$$

并令

$$\boldsymbol{R} = [x \quad y \quad z]^{\mathrm{T}}, \quad \boldsymbol{\gamma} = [\psi \quad \theta \quad \varphi]^{\mathrm{T}}, \quad \boldsymbol{q} = [\boldsymbol{R}^{\mathrm{T}} \quad \boldsymbol{\gamma}^{\mathrm{T}}]^{\mathrm{T}}$$

根据第一类 Lagrange(拉格朗日)方程可以得出动力学方程:

$$\frac{\mathrm{d}}{\mathrm{d}t}\left(\frac{\partial E_{\mathrm{k}}}{\partial \dot{\boldsymbol{q}}_j}\right) - \frac{\partial E_{\mathrm{k}}}{\partial \boldsymbol{q}_j} = \boldsymbol{Q}_j + \sum_{i=1}^{n} \lambda_i \frac{\partial \boldsymbol{\Phi}}{\partial \boldsymbol{q}_j} \qquad (4.32)$$

式中:E_{k} 为链传动系统中各部件在广义坐标中的动能项;$\boldsymbol{q}_j$ 为构件 j 的广义坐标;$\boldsymbol{Q}_j$ 为链传动系统在广义坐标 $\boldsymbol{q}_j$ 方向上的广义力;$\boldsymbol{\Phi}$ 为界面约束矩阵;λ_i 为拉格朗日乘子。式(4.32)中等号右边第二项约束多项式为 $\boldsymbol{q}_j$ 方向的约束反力,可简化表示为

$$\boldsymbol{F}_j = -\sum_{i=1}^{n} \lambda_i \frac{\partial \boldsymbol{\Phi}}{\partial \boldsymbol{q}_j}$$

进一步引入广义动量 $\boldsymbol{P}_j$:

$$\boldsymbol{P}_j = \frac{\partial E_{\mathrm{k}}}{\partial \dot{\boldsymbol{q}}_j} \qquad (4.33)$$

则式(4.32)可简化为:

$$\dot{\boldsymbol{P}}_j - \frac{\partial E_{\mathrm{k}}}{\partial \boldsymbol{q}_j} = \boldsymbol{Q}_j - \boldsymbol{F}_j \qquad (4.34)$$

动能 E_{k} 在笛卡儿坐标系中表示为:

$$E_{\mathrm{k}} = \frac{1}{2} \dot{\boldsymbol{R}}^{\mathrm{T}} \boldsymbol{M} \dot{\boldsymbol{R}} + \frac{1}{2} \dot{\boldsymbol{\gamma}}^{\mathrm{T}} \boldsymbol{B}^{\mathrm{T}} \boldsymbol{J} \boldsymbol{B} \dot{\boldsymbol{\gamma}} \qquad (4.35)$$

式中:$\boldsymbol{M}$ 为链传动系统中各部件质量构成的质量矩阵;$\boldsymbol{J}$ 为各部件在质心系下的惯量构成的惯量矩阵。

简化后的动力学方程(4.34)在移动方向和转动方向上的表达式分别为:

$$\dot{\boldsymbol{P}}_R - \frac{\partial E_{\mathrm{k}}}{\partial \boldsymbol{q}_R} = \boldsymbol{Q}_R - \boldsymbol{F}_R \qquad (4.36)$$

$$\dot{\boldsymbol{P}}_\gamma - \frac{\partial E_{\mathrm{k}}}{\partial \boldsymbol{q}_\gamma} = \boldsymbol{Q}_\gamma - \boldsymbol{F}_\gamma \qquad (4.37)$$

式中:

$$\dot{\boldsymbol{P}}_R = \frac{\mathrm{d}}{\mathrm{d}t}(\partial E_{\mathrm{k}}/\partial \dot{\boldsymbol{q}}_R) = \frac{\mathrm{d}}{\mathrm{d}t}(\boldsymbol{M}\dot{\boldsymbol{R}}) = \boldsymbol{M}\dot{\boldsymbol{V}}$$

$$\frac{\partial E_{\mathrm{k}}}{\partial \boldsymbol{q}_R} = \boldsymbol{0}$$

所以,链传动系统动力学方程在移动方向上的表达式可简化为:

$$\boldsymbol{M}\dot{\boldsymbol{V}} = \boldsymbol{Q}_R - \boldsymbol{F}_R \qquad (4.38)$$

则链传动系统中各部件的约束方程如下：

$$
\begin{cases}
M\dot{V} = Q_R - F_R \\
V = \dot{R} \\
\dot{P}_\gamma - \dfrac{\partial E_k}{\partial q_\gamma} = Q_\gamma - F_\gamma \\
P_\gamma = B^T JB\omega_e \\
\omega_e = \dot{\gamma}
\end{cases}
\tag{4.39}
$$

所以链传动系统的动力学方程如下：

$$
\begin{cases}
\dot{P} - \partial E_k/\partial q + \Phi_q^T\lambda + H^T F = 0 \\
P = \partial E_k/\partial \dot{q} \\
u = \dot{q} \\
\Phi(q,t) = 0 \\
F = f(u,q,t)
\end{cases}
\tag{4.40}
$$

式中：H 为外力坐标转换矩阵。

4.2　链传动系统接触特性分析

多永磁电机串联驱动刮板输送机链传动系统的动力传递是通过各部件之间的碰撞接触实现的，主要碰撞接触过程包括相邻立环与平环的接触，链条与机头、机尾链轮的接触，链条与中间链轮的接触。利用有限元方法对各接触位置进行非线性接触分析，研究各部件在碰撞过程中的应力应变规律，得到链环之间的静力学接触特性和链条与链轮之间的瞬态接触特性，进而通过计算得出安全的接触刚度范围，可以为动力学模型的构建及接触参数的确定提供数据支撑。

4.2.1　链环接触特性分析

链环单元作为链传动系统最基本的组成单元，其性能将直接影响刮板输送机的运输效率。在多永磁电机串联驱动刮板输送机启、制动及运行过程中，链条将承受较大的突增或恒定拉力，这就对链环的抗拉性能提出了一定的要求。

1. 链环接触模型的构建

利用三维建模软件 SolidWorks 建立多永磁电机串联驱动刮板输送机链传动系统的零部件模型,如图 4.6 所示。为研究多永磁电机串联驱动刮板输送机链传动系统的接触力学特性,将系统分为三个基本的接触单元,对各接触单元机型进行研究。三个基本的接触单元包括:由三个相邻链环串联组成的基本的仿真单元——链环单元;由机头(机尾)链轮和与其相啮合的链环组成的仿真单元——机头(机尾)链轮啮合单元;中间链轮和与其相啮合的链环组成的仿真单元——中间链轮啮合单元。将以上仿真单元中的机头、机尾链轮和中间链轮分别与链环进行装配,得到各基本单元的接触模型。

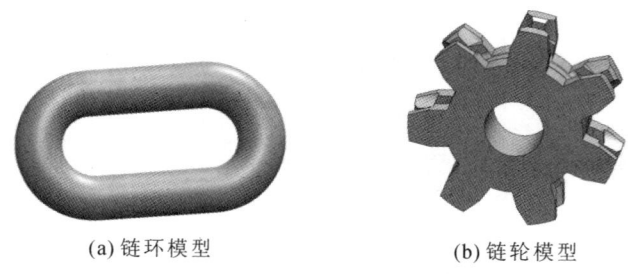

(a) 链环模型   (b) 链轮模型

图 4.6　链传动系统零部件模型

基于有限元方法对链环单元、机头链轮啮合单元和中间链轮啮合单元进行静力学和瞬态动力学分析(由于机头与机尾链轮在结构对称性和载荷分布上具有相似性,且机尾链轮主要承担空载区链条回程牵引及余煤清理功能,接触力较小,故不对机尾链轮啮合单元进行分析),具体流程如图 4.7 所示。

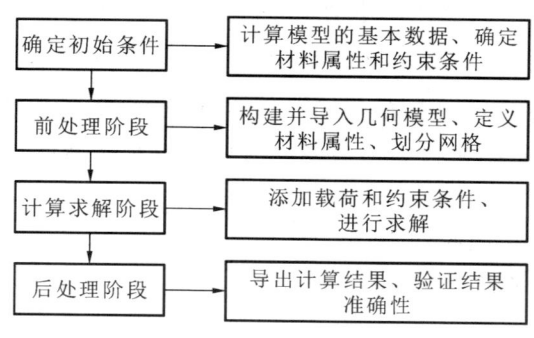

图 4.7　有限元分析流程

1) 定义接触关系

将链环单元接触模型(见图 4.8)导入 ANSYS/Workbench,定义材料属性并进行网格划分。由于多永磁电机串联驱动刮板输送机链传动系统是多体系统,在进行有限元分析之前需要确定各部件之间的相互作用关系。Workbench 中零部件之间的运动约束关系包括 Weld(焊接)、Contact(接触);接触关系主要包括 Bonded(绑定)、No Separation(不分离)、Frictionless(无摩擦)、Frictional(摩擦)、Rough(粗糙)。链传动系统中链条是通过链环与链环依次相扣来传递拉力的,相邻链环之间的运动只有相对滑动和转动,所以这里采用 Frictional 接触方式,将 Frictional coefficient(摩擦系数)设置为 0.15。由于在所构建的模型中相邻链环是接触在一起的,没有间隙,所以将 Interface Treatment(接触界面处理项)设置为 Add Offset,No Ramping(以阶跃方式调整接触偏移量),计算模型采用 Augmented Lagrange(增广拉格朗日)模型,其他参数采用默认值。

2) 网格划分

Workbench 是有限元分析软件 ANSYS 中的独立网格划分平台,网格划分的数量影响着模型的计算精度、结果的收敛性和求解速度。综合考虑链环单元的结构特点,在链环单元的网格划分中采用自动划分网格的方法,在保证计算精度的同时提高求解速度。将 Element Size(网格单元的平均边长)设置为 2.0 mm。经过计算,将链环单元划分为 225396 个单元,其中包含 325695 个节点。链环单元网格划分如图 4.9 所示。

图 4.8　链环单元接触模型　　　　　图 4.9　链环单元网格划分

3) 添加约束

考虑到刮板输送机的运行负载较大,且运行过程可能受突加载荷的影响,导致链环所受拉力突增,瞬间拉力值可达正常运行时的数倍。如图 4.10 所示,对链环单元一端的链环添加固定约束,对另一端链环沿链条运行方向分别施加大小为 3.5 kN、7.0 kN、10.5 kN、14.0 kN 的水平拉力。将仿真时间设置为 0.2 s,进行链环单元的静力学拉伸仿真试验,模拟在运行过程中链环所受拉力情况,进而分析链环的抗拉强度。

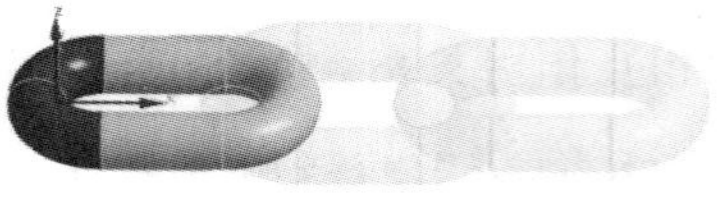

(a) 固定端约束    (b) 承载端约束

图 4.10　链环单元约束

2. 链环单元仿真结果分析

在 Static Structural 模块中对链环单元进行有限元分析和计算,分析链环单元在不同拉力作用下的变形情况和应力应变规律,进而研究链环的静力学拉伸特性。链环单元在不同拉力作用下的有限元分析结果如图 4.11 所示,其中包括链环单元的形变云图、剖面变形图、等效应变云图和等效应力云图。

(a) $F=3.5$ kN时链环单元的形变云图    (b) $F=3.5$ kN时链环单元的剖面变形图

(c) $F=3.5$ kN时链环单元的等效应变云图 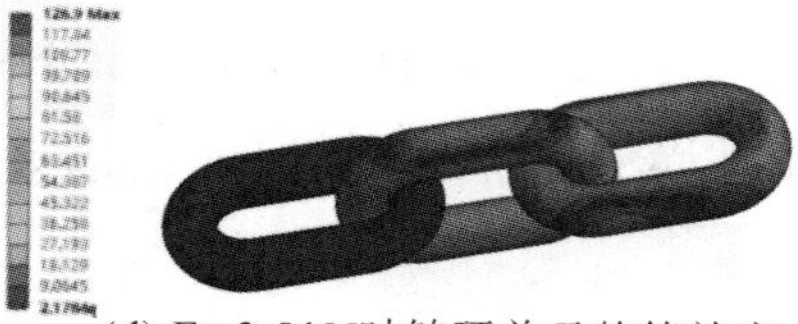   (d) $F=3.5$ kN时链环单元的等效应力云图

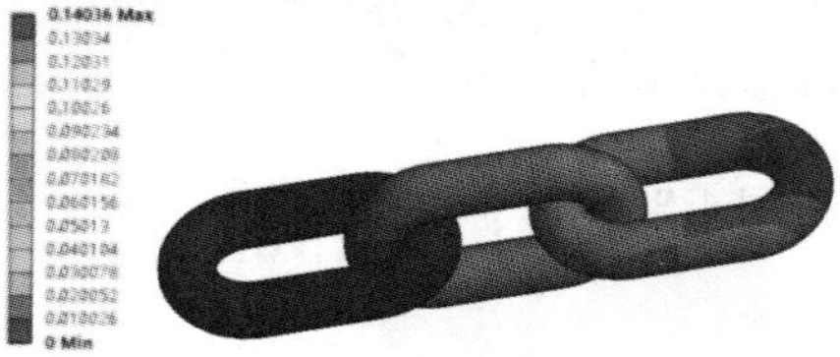

(e) $F=7.0$ kN时链环单元的形变云图    (f) $F=7.0$ kN时链环单元的剖面变形图

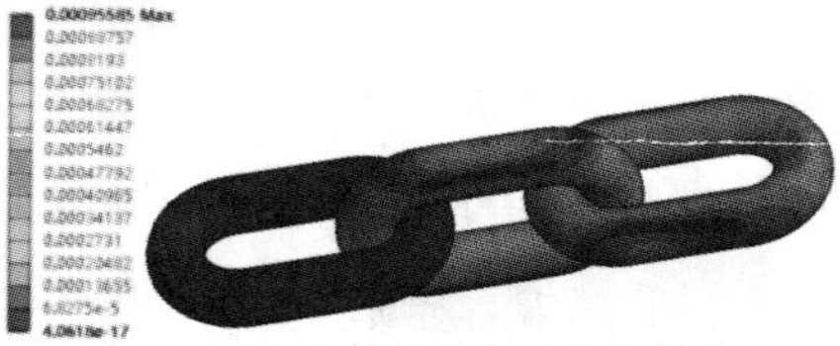

(g) $F=7.0$ kN时链环单元的等效应力云图 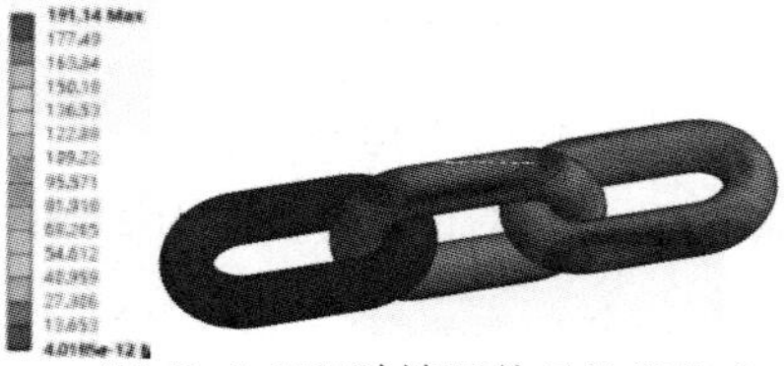   (h) $F=7.0$ kN时链环单元的等效应力云图

图 4.11　链环单元静力拉伸有限元分析结果

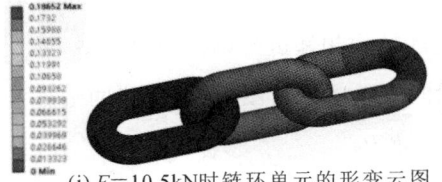
(i) $F=10.5$kN时链环单元的形变云图

(j) $F=10.5$kN时链环单元的剖面变形图

(k) $F=10.5$kN时链环单元的等效应变云图

(l) $F=10.5$kN时链环单元的等效应力云图

(m) $F=14.0$kN时链环单元的形变云图

(n) $F=14.0$kN时链环单元的剖面变形图

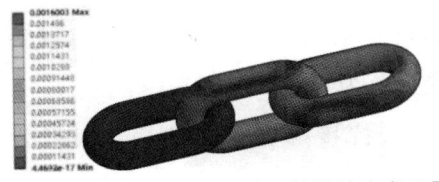
(o) $F=14.0$kN时链环单元的等效应变云图

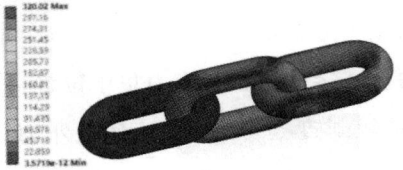
(p) $F=14.0$kN时链环单元的等效应力云图

续图 4.11

当水平拉力 $F=3.5$ kN 时：由链环单元的形变云图可以看出，固定端链环由于添加了固定约束而未发生形变，沿拉力方向链环形变逐渐变大，最大形变出现在拉力施加位置和链环之间的接触位置，最大形变量为0.093974 mm；由链环单元的等效应变云图可以看出，在两链环接触位置发生应变，且主要发生区域为相邻链环内侧接触区域，最大应变量为 0.0006346 mm/mm。由链环单元的等效应力云图可以看出，两链环接触位置为应力集中位置，最大应力值为126.9 MPa。

当水平拉力 $F=7.0$ kN 时：由链环单元的形变云图可以看出，固定端链环未发生形变，沿拉力方向链环形变逐渐变大，最大形变出现在拉力施加位置和链环之间的接触位置,最大形变量为 0.14036 mm;由链环单元的等效应变云图可以看出,在两链环接触位置发生应变,且主要发生区域为相邻链环内侧接触区域,最大应变量为 0.00095585 mm/mm;由链环单元的等效应力云图可以看出,两链环接触位置为应力集中位置,最大应力值为 191.14 MPa。

当水平拉力 $F=10.5$ kN 时:由链环单元的形变云图可以看出,固定端链环未发生形变,沿拉力方向链环形变逐渐变大,最大形变出现在拉力施加位置和链环之间的接触位置,最大形变量为 0.18652 mm;由链环单元的等效应变云图可以看出,在两链环接触位置发生应变,且主要发生区域为相邻链环内侧接触区域,最大应变量为 0.0012779 mm/mm;由链环单元的等效应力云图可以看出,两链环接触位置为应力集中位置,最大应力值为 255.54 MPa。

当水平拉力 $F=14.0$ kN 时:由链环单元的形变云图可以看出,固定端链环未发生形变,沿拉力方向链环形变逐渐变大,最大形变出现在拉力施加位置和链环之间的接触位置,最大形变量为 0.2325 mm;由链环单元的等效应变云图可以看出,在两链环接触位置发生应变,且主要发生区域为相邻链环内侧接触区域,最大应变量为 0.0016003 mm/mm;由链环单元的等效应力云图可以看出,两链环接触位置为应力集中位置,最大应力值为 320.2 MPa。

接触刚度是零件结合面在外力作用下抵抗接触变形的能力。根据式(4.41)可以计算链环单元在不同负载力作用下的接触刚度:

$$k = \frac{F}{\Delta H} \tag{4.41}$$

式中:F 为施加在链环单元上的水平拉力;ΔH 为相邻链环接触位置的最大变形量。

通过计算得出在 3.5 kN、7.0 kN、10.5 kN、14.0 kN 的作用力下链环单元的接触刚度分别为 3.7×10^7 N/m、4.9×10^7 N/m、5.6×10^7 N/m、6.1×10^7 N/m。链环单元在不同接触力下的接触刚度变化情况如图 4.12 所示。根据链环的静力学拉伸仿真试验,在 3.5 kN、7.0 kN、10.5 kN、14.0 kN 的作用力下链环之间的应力应变值均在链环材料的屈服极限内,所以在 ADAMS 中链环单元的接触刚度可以根据负载变化情况在 $(3.7 \sim 6.1) \times 10^7$ N/m 的范围内取值。

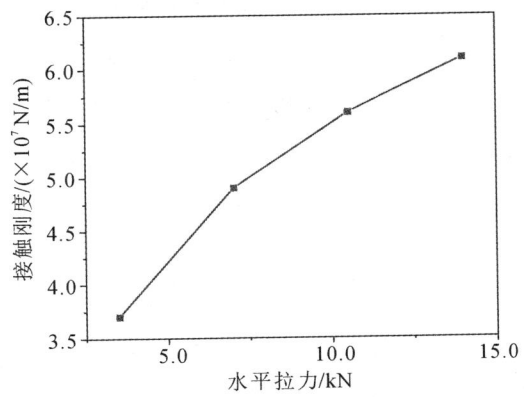

图 4.12　链环单元的接触刚度

4.2.2　机头链轮与链环接触分析

机头、机尾链轮作为多永磁电机串联驱动刮板输送机的主要驱动链轮,其动力传递方式为平环啮入齿窝,链轮轮齿推动链环向前运动。在动力传递过程中,链轮与链环之间,以及链环与链环之间会发生碰撞接触和相对滑动,其接触特性和规律将直接影响刮板输送机的运输性能和使用寿命,所以研究机头、机尾链轮的啮合接触特性对多永磁电机串联驱动刮板输送机启、制动等工况的动力学特性分析具有重要意义,并且可以为后续链传动系统在不同二况下的动力学分析提供相应的数据支撑。

1. 机头链轮模型的构建

利用 SolidWorks 建立机头链轮啮合单元模型,通过干涉检查后导出.x_t文件,进而导入 Workbench 中进行瞬态接触动力学分析。机头链轮啮合单元模型如图 4.13所示。

链轮选用的材料为 30CrMnTi,具体材料参数如表 4.1 所示。机头链轮啮合单元中的链轮与链环材料需要通过添加材料库分别定义。

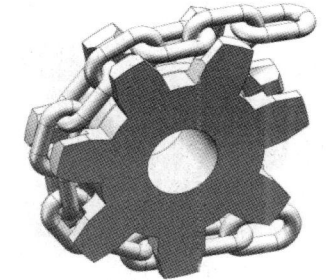

图 4.13　机头链轮啮合单元模型

表 4.1   链轮和链环材料参数

属性	23MnNiMoCr	30CrMnTi
密度	$7.84 \times 10^{-6}\,kg/mm^3$	$7.86 \times 10^{-6}\,kg/mm^3$
弹性模量	$2.16 \times 10^{11}\,Pa$	$2.06 \times 10^{11}\,Pa$
剪切模量	$5.6 \times 10^5\,Pa$	$5.6 \times 10^5\,Pa$
泊松比	0.33	0.3
屈服极限	$9.2 \times 10^8\,Pa$	$2.3 \times 10^9\,Pa$

1）定义接触关系

机头链轮与链环的接触过程主要是齿窝与平环接触，克服滑动摩擦而实现动力的传送，所以链环与链轮之间、链环之间的接触方式均选用 Frictional 方式，将 Frictional coefficient 设置为 0.05。将 Behavior 设置为 Symmetric（对称接触行为），以保证接触面（contact）和目标面（target）不能相互穿透。这样做虽然会产生较大的计算量，但能够提高模型的准确性。由于建模过程中链条与链轮之间存在间隙，在建立摩擦接触关系时相邻部件之间不能存在间隙，所以将 Interface Treatment（接触界面处理）设置为 Adjust to touch（调整为接触状态），在 Simulation（仿真）中设置合理的偏移量以消除间隙，保证仿真计算过程中链环与链轮是接触的。默认的计算模型为 Pure Penalty（罚函数法）。在链传动系统中存在大变形和大范围的摩擦接触，需要选用灵活性较高的 Augmented Lagrange 模型，其他参数则采用默认值。

2）网格划分

综合考虑链轮与链环结构的复杂性，链环的网格划分采用自动划分方式，而对链轮则采用自动划分结合局部加密的方式来进行网格划分，使链轮与链环接触位置的网格精度更高，在保证计算精度的同时提高求解速度。将 Element Size 设置为5.0 mm，添加 Face sizing（网格参数）将链窝周围的网格尺寸设置为 3.0 mm。经过计算，将机头链轮啮合单元划分为 346971 个单元，其中包含 511762 个节点。机头链轮啮合单元网格划分如图 4.14 所示。

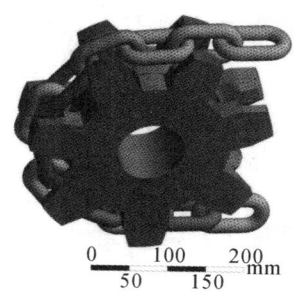

图 4.14   机头链轮啮合单元网格划分

3）添加约束

由于在刮板输送机运行过程中，链条承载端和非承载端均存在运行阻力，所以在承载端分别添加 3.5 kN、7.0 kN、10.5 kN、14.0 kN 的水平拉力，在非承载端添加 2000 N 的水平拉力，模拟链环与中部槽的摩擦阻力。在链轮中心位置添加旋转副，将链轮与地面铰接，并为链轮添加驱动角速度 $\omega = 0.1$ rad/s。具体约束添加位置如图 4.15 所示。

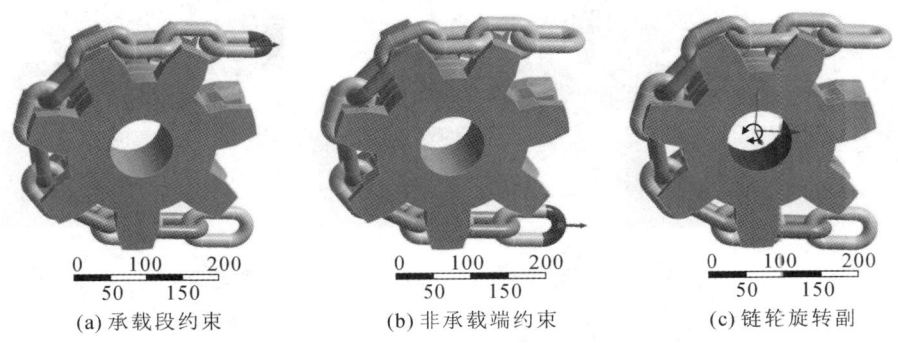

(a) 承载段约束　　　　(b) 非承载端约束　　　　(c) 链轮旋转副

图 4.15　机头链轮啮合单元约束

2. 机头链轮啮合单元的仿真结果分析

在 Transient Structural 模块中对机头链轮啮合单元进行有限元分析计算，分析机头链轮啮合单元在不同拉力作用下的变形情况和应力应变规律，进而研究机头链轮与链环的啮合规律和瞬态接触特性。机头链轮啮合单元在不同拉力作用下的有限元分析结果如图 4.16 所示，其中包括机头链轮啮合单元的形变云图、等效应变云图和等效应力云图。

当水平拉力 $F = 3.5$ kN 时：由机头链轮啮合单元的形变云图可以看出，在驱动转矩的作用下，链轮从中心轴到轮齿外侧的形变量逐渐增大。最大形变出现在链环与轮齿的啮合位置，最大形变量为 22.127 mm。由机头链轮啮合单元的等效应力、应变云图可以看出，应变主要发生在链环与轮齿的接触位置，接触过程中出现的最大应力值为 297.58 MPa，最大应变值为 0.0017192 mm/mm。

当水平拉力 $F = 7.0$ kN 时：由机头链轮啮合单元的形变云图可以看出，在驱动转矩的作用下，链轮从中心轴到轮齿外侧的形变量逐渐增大。最大形变出现在链环与轮齿的啮合位置，最大形变量为 22.001 mm。由机头链轮啮合单元的等效应力、应变云图可以看出,应变主要发生在链环与轮齿的接触位置,接触过程中出现的最大应力值为 313.47 MPa,最大应变值为 0.0017517 mm/mm。

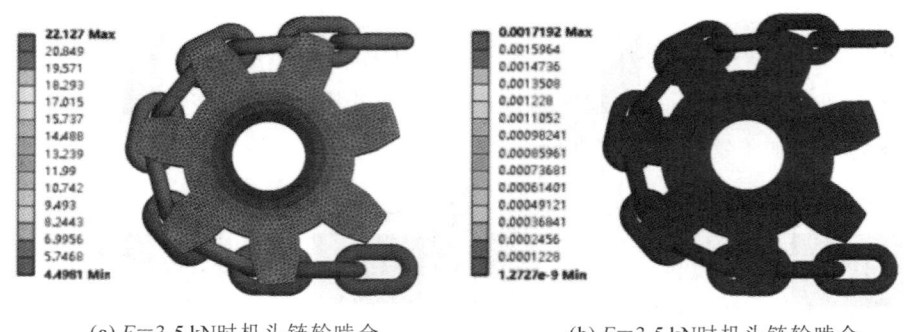

（a）$F=3.5$ kN时机头链轮啮合
单元的形变云图

（b）$F=3.5$ kN时机头链轮啮合
单元的等效应变云图

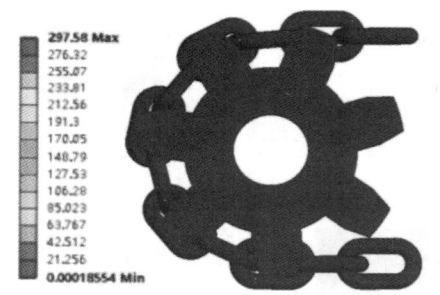

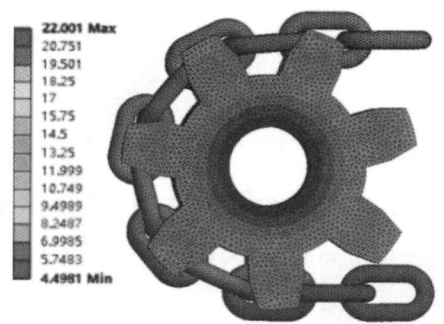

（c）$F=3.5$ kN时机头链轮啮合
单元的等效应力云图

（d）$F=7.0$ kN时机头链轮啮合
单元的形变云图

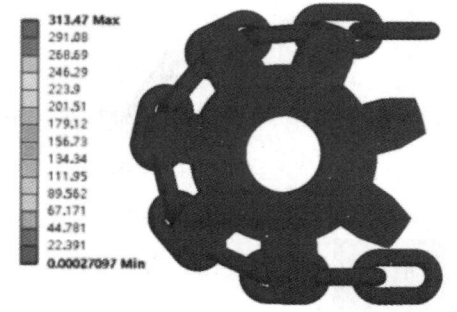

（e）$F=7.0$ kN时机头链轮等效
应变云图

（f）$F=7.0$ kN时机头链轮啮合
单元的等效应力云图

图 4.16　机头链轮啮合单元的瞬态接触有限元分析结果

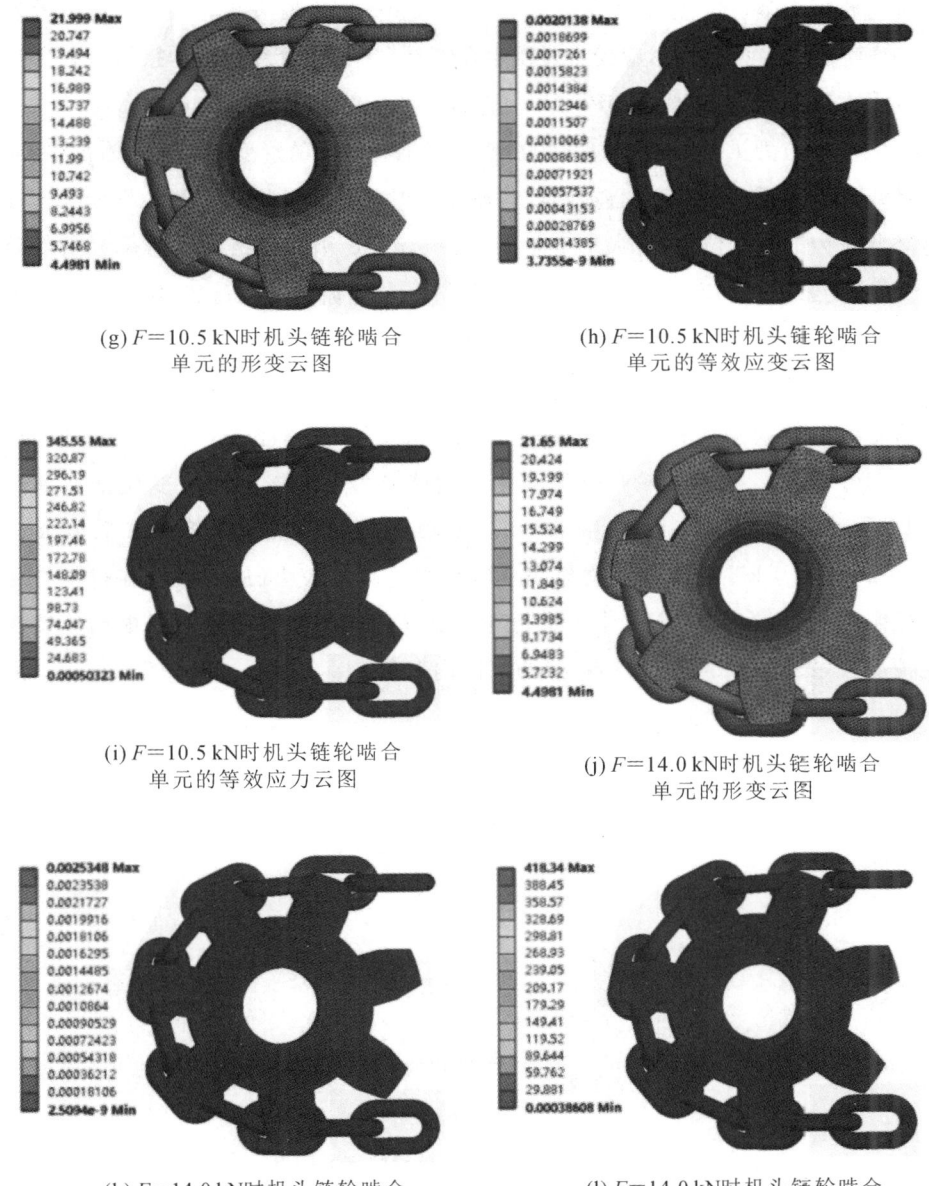

(g) $F=10.5$ kN时机头链轮啮合
单元的形变云图

(h) $F=10.5$ kN时机头链轮啮合
单元的等效应变云图

(i) $F=10.5$ kN时机头链轮啮合
单元的等效应力云图

(j) $F=14.0$ kN时机头链轮啮合
单元的形变云图

(k) $F=14.0$ kN时机头链轮啮合
单元的等效应变云图

(l) $F=14.0$ kN时机头链轮啮合
单元的等效应力云图

续图 4.16

当水平拉力 $F=10.5$ kN 时：由机头链轮啮合单元的形变云图可以看出，在驱动转矩的作用下，链轮从中心轴到轮齿外侧的形变量逐渐增大。最大形变出现在

113

链环与轮齿的啮合位置,最大形变量为 21.999 mm。由机头链轮啮合单元的等效应力、应变云图可以看出,应变主要发生在链环与轮齿的接触位置,接触过程中出现的最大应力值为 345.55 MPa,最大应变值为 0.0020138 mm/mm。

当水平拉力 $F=14.0$ kN 时:由机头链轮啮合单元的形变云图可以看出,在驱动转矩的作用下,链轮从中心轴到轮齿外侧的形变量逐渐增大。最大形变出现在链环与轮齿的啮合位置,最大形变量为 21.65 mm。由机头链轮啮合单元的等效应力、应变云图可以看出,应变主要发生在链环与轮齿的接触位置,接触过程中出现的最大应力值为 418.34 MPa,最大应变值为0.0025348 mm/mm。

通过计算得出在 3.5 kN、7.0 kN、10.5 kN、14.0 kN 的作用力下机头链轮啮合单元的接触刚度分别为 $2.32×10^5$ N/m、$3.7×10^5$ N/m、$4.5×10^5$ N/m、$5.4×10^5$ N/m。机头链轮啮合单元在不同接触力下的接触刚度变化情况如图4.17 所示。根据机头链轮啮合瞬态接触仿真试验,在 3.5 kN、7.0 kN、10.5 kN、14.0 kN 的水平拉力作用下链轮与链环的应力、应变值均在材料的屈服极限内,所以在 ADAMS 中机头链轮与链环之间的接触刚度可以根据负载变化情况在$(2.32~5.4)×10^5$ N/m 的范围内取值。

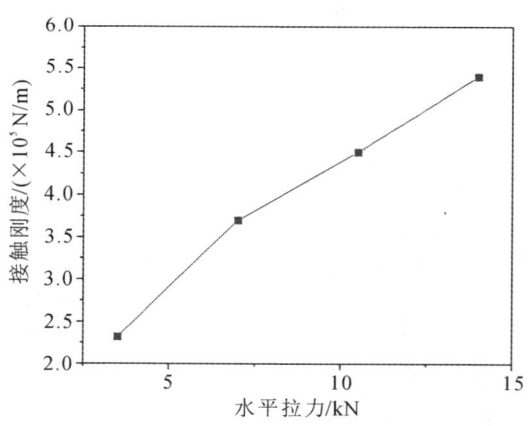

图 4.17　机头链轮啮合单元的接触刚度

4.2.3　中间链轮与链环接触分析

多永磁电机串联驱动刮板输送机与传统刮板输送机的结构区别就在于其添加了中间链轮来分担机头链轮的负载压力。其动力传递方式与机头、机尾链轮相同,均由轮齿推动链环实现动力的传送,但中间链轮与链条接触时的包角较小,链环与链轮啮合过程中可能会发生相对滑动,导致动力损失甚至发生跳链情况。因此研究中间链轮与链环的接触特性具有重要意义。

1. 中间链轮模型的构建

利用 SolidWorks 建立中间链轮啮合单元模型,通过干涉检查后导出.x_t文件,进而导入 Workbench 进行瞬态接触动力学分析。中间链轮啮合单元模型如图 4.18 所示。

图 4.18　中间链轮单元啮合模型　　　图 4.19　中间链轮啮合单元网格划分

中间链轮与链环的接触过程主要是齿窝与平环接触,链环克服滑动摩擦并实现动力的传送,各部件间接触类型和接触参数均与机头链轮啮合单元相同。

中间链轮啮合单元的网格划分方式与机头链轮啮合单元的划分方式相同,即链环采用自动划分方式,链轮采用自动划分结合局部加密的方式(对链环与链轮的接触位置采用局部加密方式)。将 Element Size 设置为 5.0 mm,添加 Face sizing 将链窝周围的网格尺寸设置为 3.0 mm。经过计算,将中间链轮啮合单元划分为 302290 个单元,其中包含 437033 个节点。中间链轮啮合单元网格划分如图 4.19 所示。

中间链轮前后方均有负载,但其只能拖动其运动方向后方的载荷,所以将中间链轮啮合单元的链条前方固定,另一端分别施加 3.5 kN、7.0 kN、10.5 kN、14.0 kN 的水平拉力。在链轮中心位置添加旋转副,将链轮与地面铰接,并为链轮添加驱动转速 $\omega = 0.1$ rad/s。具体约束添加位置如图 4.20 所示。

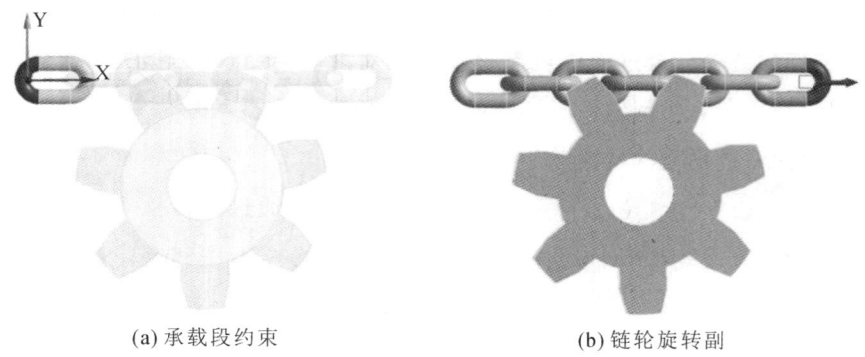

(a) 承载段约束   (b) 链轮旋转副

图 4.20　中间链轮啮合单元约束

2. 中间链轮啮合单元的仿真结果分析

在 Transient Structural 模块中对中间链轮啮合单元进行有限元分析计算，分析中间链轮啮合单元在不同拉力作用下的变形情况和应力应变规律，进而研究中间链轮与链环的啮合规律和瞬态接触特性。中间链轮啮合单元在不同水平拉力作用下的有限元分析结果如图 4.21 所示，其中包括中间链轮啮合单元的形变云图、等效应变云图、等效应力云图和中间链条的剖面形变云图。

当水平拉力 $F = 3.5$ kN 时，通过中间链轮啮合单元的形变云图和链条的剖面形变云图可以看出，链条左端由于添加固定副而未发生形变，链条最大形变发生在相邻链环之间内侧的接触位置，局部形变进一步引发链条的显著应变集中，最大应变值为 0.0011192 mm/mm。中间链轮啮合过程中的最大形变发生在链轮与链环的接触位置，最大形变量为 31.669 mm，最大应力值为 224.93 MPa。在 $F = 3.5$ kN 水平拉力作用下，链条相对链轮发生较大的纵向位移，这说明两部件在接触过程中克服摩擦力时发生了跳链现象。

当水平拉力 $F = 7.0$ kN 时，通过中间链轮啮合单元的形变云图和链条的剖面形变云图可以看出，链条最大形变发生在相邻链环之间内侧的接触位置，最大应变值为 0.0015541 mm/mm。中间链轮啮合过程中的最大形变发生在链轮与链环的接触位置，最大形变量为 31.354 mm，局部形变进一步引发链条的显著应变集中，最大应力值为 282.68 MPa。链条相对链轮滑动而产生的位移较 $F = 3.5$ kN 时有一定程度减小，但轮齿的接触应力值增大程度不明显，这说明链轮与链环之间的相对滑动严重影响了刮板输送机动力的传送。

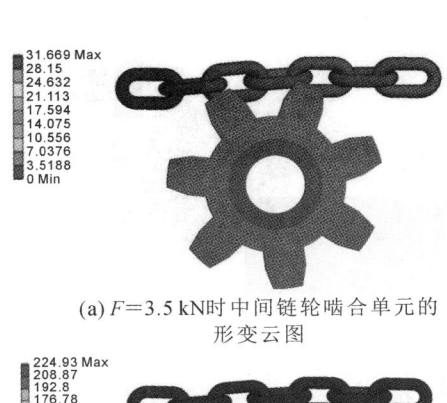

(a) $F=3.5$ kN时中间链轮啮合单元的
形变云图

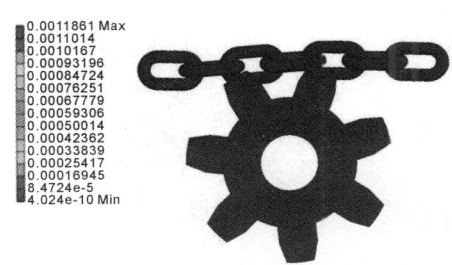

(b) $F=3.5$ kN时中间链轮啮合单元的
等效应变云图

(c) $F=3.5$ kN时中间链轮啮合单元的
等效应力云图

(d) $F=3.5$ kN时中间链条的等效剖面
形变云图

(e) $F=7.0$ kN时中间链轮啮合单元的
形变云图

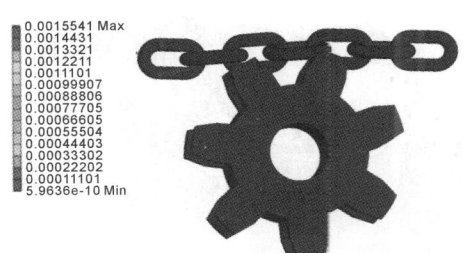

(f) $F=7.0$ kN时中间链轮啮合单元的
等效应变云图

(g) $F=7.0$ kN时中间链轮啮合单元的
等效应力云图

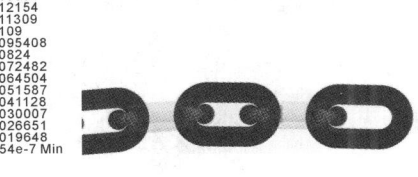

(h) $F=7.0$ kN时中间链条的等效剖面
形变云图

图 4.21　中间链轮单元瞬态接触的有限元分析结果

(i) $F=10.5$ kN时中间链轮啮合单元的形变云图

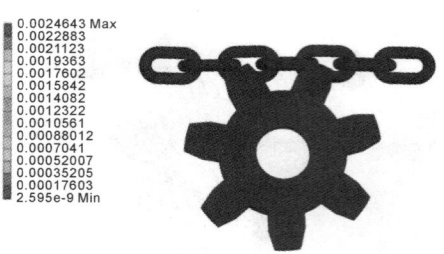

(j) $F=10.5$ kN时中间链轮啮合单元的等效应变云图

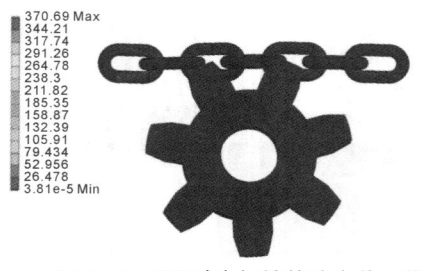

(k) $F=10.5$ kN时中间链轮啮合单元的等效应力云图

(l) $F=10.5$ kN时中间链条的等效剖面形变云图

(m) $F=14.0$ kN时中间链轮啮合单元的形变云图

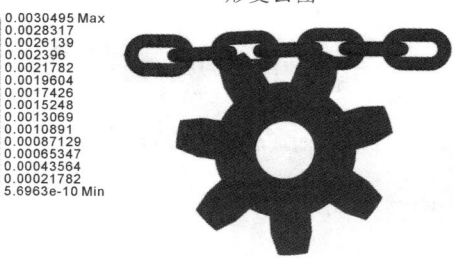

(n) $F=14.0$ kN时中间链轮啮合单元的等效应变云图

(o) $F=14.0$ kN时中间链轮啮合单元的等效应力云图

(p) $F=14.0$ kN时中间链条的等效剖面形变云图

续图 4.21

当水平拉力 $F=10.5\ kN$ 时,通过中间链轮啮合单元的形变云图和链条的剖面形变云图可以看出,链条最大形变发生在相邻链环之间内侧的接触位置,局部形变进一步引发链条的显著应变集中,最大应变值为 0.0019323 mm/mm。中间链轮啮合过程中的最大形变发生在链轮与链环的接触位置,最大形变量为 31.359 mm,最大应力值为 370.69 MPa。链条相对链轮滑动而产生的位移较 $F=3.5\ kN$ 时有明显减小,轮齿的接触应力值大幅度增加,这说明链环与链轮的动力传递效率提高。

当水平拉力 $F=14.0\ kN$ 时,通过中间链轮啮合单元的形变云图和链条的剖面形变云图可以看出,链条左端由于添加固定副而未发生形变,链条最大形变发生在相邻链环之间内侧的接触位置,局部形变进一步引发链条的显著应变集中,最大应变值为 0.0025736 mm/mm。中间链轮啮合过程中的最大形变发生在链轮与链环的接触位置,最大形变量为 28.898 mm,最大应力值为 560.17 MPa。链条相对链轮未发生明显的纵向位移,齿轮的最大接触应力值增加量与 $F=10.5\ kN$ 时持平,可以实现动力的有效传递。

根据以上应力云图的计算结果,链轮与链环在接触过程中产生的最大应力值均在材料的屈服极限内。通过计算负载力与接触最大变形量的比值,可以分别得出在 3.5 kN、7.0 kN、10.5 kN、14.0 kN 的水平拉力作用下链轮与链环接触过程的接触刚度,如图 4.22 所示,接触刚度范围为 $(1.10\sim4.84)\times10^5\ N/m$。

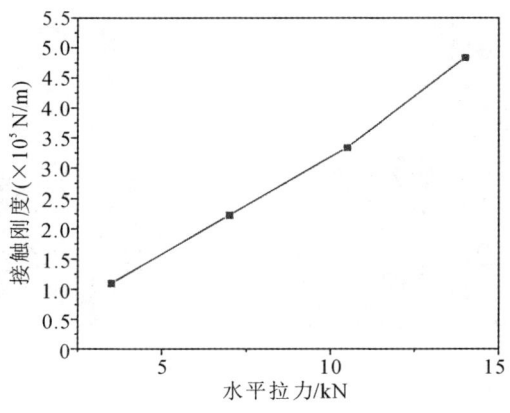

图 4.22　中间链轮啮合单元接触刚度

4.3 链传动系统启制动特性分析

基于前面对链环单元、机头链轮啮合单元和中间链轮啮合单元进行啮合接触特性分析,得到各驱动单元在不同接触力作用下的整体形变及应力应变规律,为接下来利用 ADAMS 构建动力学模型及接触刚度等参数的确定提供数据支撑。刮板输送机启、制动困难一直是煤矿企业面临的突出问题,而中部槽堆积的煤料是影响其启、制动的重要因素。刮板输送机的启动和制动通常都是在带载的情况下进行的,且载荷的分布具有不均匀性。以下基于 ADAMS 构建多永磁电机串联驱动刮板输送机的动力学模型,研究不同负载下多永磁电机串联驱动刮板输送机启制动过程中的接触力学特性和启制动状态下各部件的速度及加速度变化规律,分析载荷分布对各驱动单元接触力的影响。

4.3.1 多永磁电机串联驱动刮板输送机链传动系统动力学模型构建

1. 模型简化及预处理

多永磁电机串联驱动刮板输送机采用多个如图 4.23 所示的驱动单元串联组合提供驱动力,采用驱动链轮嵌入中部槽的方式安装链轮,将驱动电机水平放置在液压支架间隙,跟随液压支架水平推移。

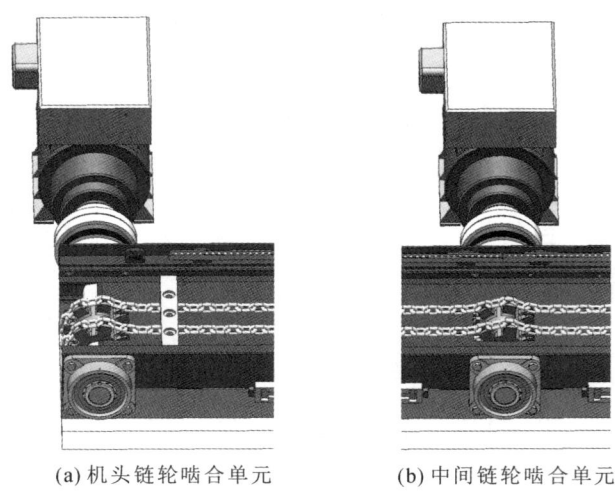

(a) 机头链轮啮合单元　　　　　(b) 中间链轮啮合单元

图 4.23　多永磁电机串联驱动刮板输送机驱动单元

　　由于多永磁电机串联驱动刮板输送机的运输距离在 450 m 以上,若构建整机的虚拟样机模型并进行模拟分析计算,计算过程将十分复杂。所以需对链传动系统进行简化,在不影响仿真结果的基础上,将中部槽、链轮轴等对整机动力学特性影响较小的部分进行简化省略,确定模型主要由四个驱动链轮、三个质量块及单链条构成。

　　首先利用 SolidWorks 完成链传动系统中各部件与质量块的建立和装配,确定各部件的初始位置,导出 .x_t 文件,然后将文件导入 ADAMS/View 软件。由于 .x_t 文件不能保留配合方式,所以在仿真计算之前需要进行前处理。前处理过程主要包括设置系统材料参数、添加各部件约束、设置接触形式、定义驱动方式及负载力大小等条件,流程如图 4.24 所示。

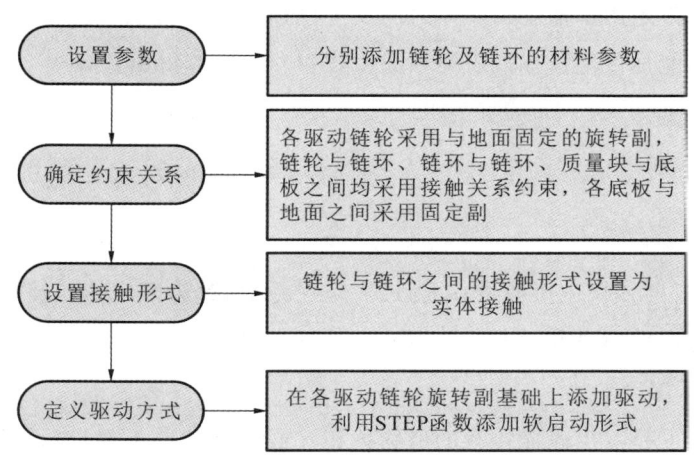

图 4.24　ADAMS 前处理流程

　　经前处理的多永磁电机串联驱动刮板输送机链传动系统虚拟样机模型如图 4.25 所示,为方便分析对链轮进行编号。

图 4.25　链传动系统虚拟样机模型

2. 接触参数的选取

由于多永磁电机串联驱动刮板输送机链传动系统各部件之间的接触均为实体接触,接触力为两实体碰撞过程的法向接触力,ADAMS 利用 Impact 函数计算各部件之间的接触力。影响接触力计算的参数主要有以下几个。

1) 接触刚度

接触刚度为两实体在碰撞过程中抵抗变形的能力,受各部件弹性模量及碰撞位置几何外形的影响。由于不同载荷条件下接触刚度也不同,所以需要计算各负载下的接触刚度,并应用到仿真工况当中。接触刚度可通过各驱动单元链轮与链环形变量与接触力的比值计算得出。

2) 阻尼系数

阻尼系数是用于描述两实体之间发生碰撞后产生的能量耗散的参数,影响接触过程的能量传递情况。阻尼系数由式(4.42)计算得出:

$$c = \text{STEP}(X,0,0,\delta_{\mathrm{m}}) = \begin{cases} 0 & (X \leqslant 0) \\ c_{\mathrm{m}} \left(\dfrac{X}{\delta}\right)^2 \left(3 - \dfrac{2X}{\delta}\right) & (0 < X < \delta_{\mathrm{m}}) \\ c_{\mathrm{m}} & (\delta_{\mathrm{m}} \leqslant X) \end{cases} \quad (4.42)$$

式中:X 为碰撞体挤压形变量;c_{m} 为最大阻尼系数;δ_{m} 为两实体碰撞接触过程中的最大穿透深度;δ 为两实体碰撞接触过程中的实时穿透深度。

3) 穿透深度

穿透深度是发生碰撞接触的两物体相互嵌入的几何重叠量,通常取值范围为 0.1~1 mm,在仿真过程中所取的值为 0.1 mm。

4) 摩擦力

负载模型是基于质量块与底板之间产生的摩擦阻力而建立的,所以摩擦力类型选用库仑摩擦,摩擦力由式(4.42)所示的 STEP 函数确定:

$$F_{\mathrm{f}} = - F_{\mathrm{N}} \cdot \text{STEP}(v_{\mathrm{d}}, 0^-, -1, 0^+, 1) \cdot \text{STEP}(\text{abs}(v), 0, \mu_{\mathrm{s}}, v_{\mathrm{d}}, \mu_{\mathrm{d}})$$

$$(4.43)$$

式中:F_{f} 为底板与质量块发生相对运动而产生的摩擦力;F_{N} 为底板对质量块的支撑力;$\text{abs}( )$ 为取绝对值的函数;v_{d} 为底板与质量块的相对运行速度;μ_{s} 为静摩擦系数;μ_{d} 为动摩擦系数。

4.3.2　链传动系统启动特性分析

刮板输送机的启动过程会对链轮及链环造成巨大冲击,可能会导致部件的表面受损,影响刮板输送机的正常运行。多永磁电机串联驱动刮板输送机采用多电机串联驱动的方式,通过增设驱动单元将负载分散到各驱动单元,减轻启动过程中对各部件的冲击力。根据多永磁电机串联驱动刮板输送机不同煤料的分布情况与电机启动顺序,分别研究不同载荷分布条件下链传动系统的启动特性和不同驱动单元启动顺序对启动过程的影响。

1. 不同载荷条件下的启动特性

由于所构建的多永磁电机串联驱动刮板输送机链传动系统模型包含四个驱动单元和三个代替负载的质量块,分别以质量块的数量和整体质量为自变量,对链传动系统的启动过程进行分析。

1) 空载工况

将链传动系统的煤料负载取消,仅考虑链条本身与中部槽的摩擦阻力,如图4.26所示。由于每段链条的链环接触力变化规律相同,所以选取各段链条中的一对链环进行接触力响应规律分析,并对所研究的链环分别进行命名。分析空载工况下多永磁电机串联驱动刮板输送机链传动系统的启动规律,为带载工况下的启动规律研究提供数据参考。

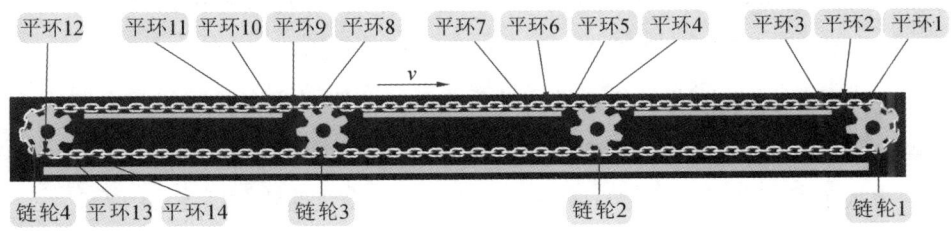

图 4.26　空载工况下的链传动系统模型

在四链轮驱动的多永磁电机串联驱动刮板输送机链传动系统模型中,链轮1、2、3提供承载端的驱动力,而链轮4则提供拖动链条及刮板空载回程端驱动力。链轮运行时均顺时针方向转动,驱动转速为2 rad/s,使链条水平向右运行。通过仿真试验,分析各驱动链轮与链环的接触力学特性和不同位置链环之间的速度及张力变化规律。

空载工况下各链轮之间链条张力变化曲线如图 4.27 所示。

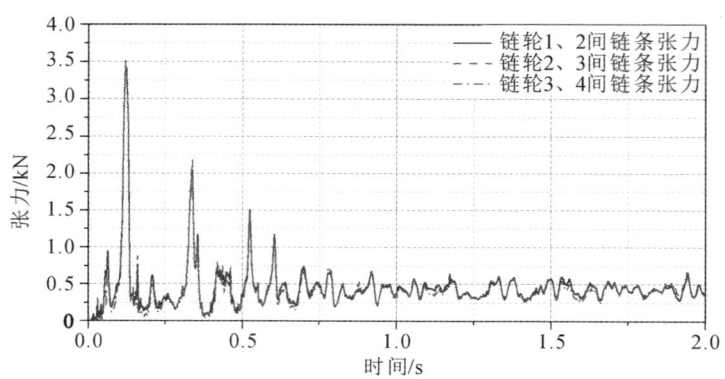

图 4.27　空载工况下各位置链条的张力

从图 4.27 中可以看出,在没有煤料负载时,各位置的链条张力在启动阶段(第 0~0.5 s)波动较大,启动完成后张力稳定值相差不大,未出现局部链条张力过大的现象,这说明各驱动单元均能拖动其区间的负载运行。各位置的链条张力始终处于波动状态,这是链轮的多边形效应,以及链轮与链环在啮合过程中的碰撞或相对滑动造成的。链条张力在系统刚启动时波动较大,峰值达到 3.5 kN 左右,这是因为链条预紧力值较小,链条在重力作用下下垂,对链轮产生了一定的波动冲击。0.5 s 后张力开始逐渐稳定,各位置链条张力均稳定在 500 N 左右,这说明链传动系统自身产生的负载力在 500 N 左右。

在空载运行时,刮板输送机链传动系统的运行阻力主要是刮板与中部槽接触、链条与中部槽底板接触而产生的摩擦力。

空载工况下各驱动链轮与链环之间的接触力变化曲线如图 4.28 所示。

从图 4.28 中可以看出,机头、机尾链轮与链环之间的接触力变化规律相似,从链环进入啮合到脱离啮合的过程中,接触力一直连续增大,稳定后逐渐减小。如图 4.28(a)所示,链轮 1 在 0.5 s 后与平环 1 相啮合,接触力稳定值在 370 N 左右,在大约 2.0 s 后链轮与链环之间的接触力逐渐减小至 0 N,脱离啮合,这说明平环参与动力传递的一个循环周期为 1.5 s。如图 4.28(b)(c)所示,链轮 2、3 为中间链轮,在中间链轮啮合过程中接触力出现大幅度的波动,接触

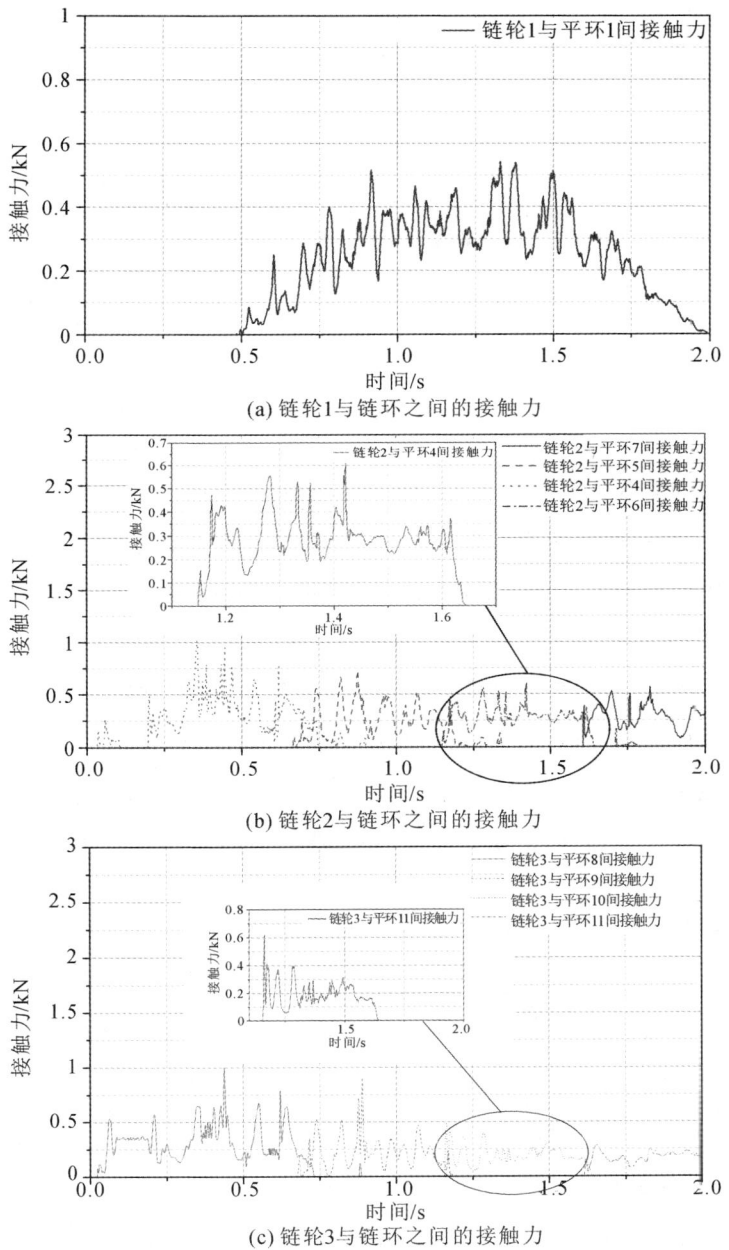

(a) 链轮1与链环之间的接触力

(b) 链轮2与链环之间的接触力

(c) 链轮3与链环之间的接触力

图 4.28　空载工况下各驱动链轮与链环之间的接触力

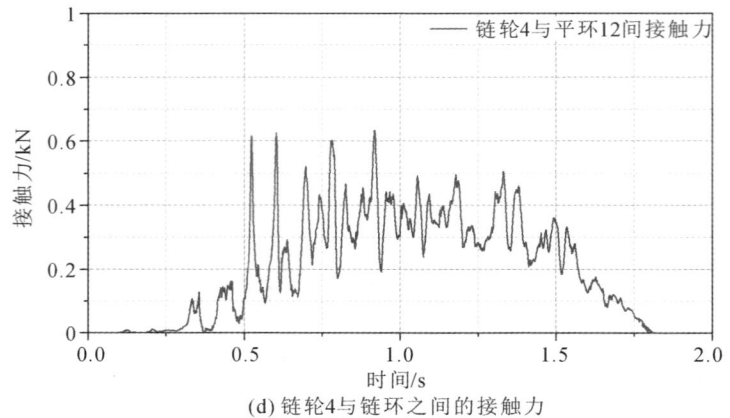

(d) 链轮4与链环之间的接触力

续图 4.28

力稳定值为 300 N 左右。接触力产生大幅度波动是因为缺少运行负载导致链条张力较小,受链轮接触力影响大。图 4.28(d)反映了链轮 4 与平环 12 的完整啮合过程中的接触力变化。平环 12 在约 0.3 s 后进入啮合,约 0.7 s 后进入平稳状态,接触力稳定在 370 N 左右;在 1.8 s 后链轮 4 与平环 12 脱离啮合。

在空载工况下,链轮与链环的接触力波动较大,中间两链轮较机头、机尾链轮进入啮合稳定状态快,啮合过程短,中间链轮的动力传递由 1～2 个轮齿交替与链条接触来实现,机头、机尾链轮的 3～4 个轮齿与链环啮合进行动力传递。

通过仿真计算得出空载工况下各位置链条的速度变化曲线,如图 4.29 所示。

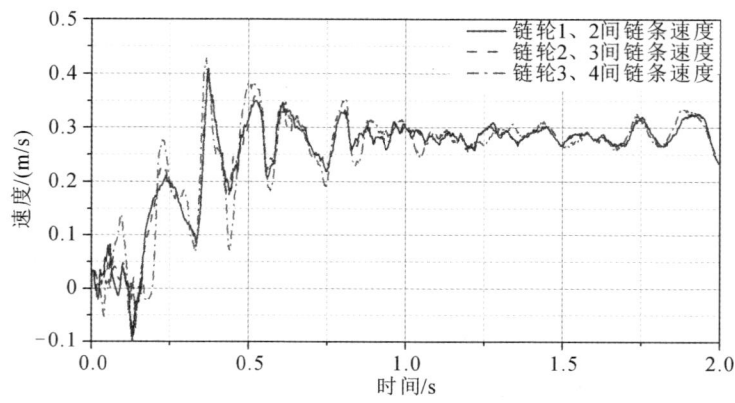

图 4.29　空载工况下各位置链条的速度

链轮的转速为 2 rad/s,节圆半径为 144 mm,则各驱动链轮的运行速度为 0.288 m/s。由图 4.29 可以看出,各位置链条的运行速度变化基本相同。刚进入啮合时各段链条均出现较大的冲击波动,后逐渐以相对平稳的速度运行。在第 0.5 s 前,由于各部件之间所存在的间隙和链条自身重力,链条速度出现大幅波动。0.5 s 后相邻链条张紧,运行速度趋于稳定状态,稳定值约为 0.29 m/s,与驱动链轮的运行速度保持一致。

通过图 4.27、图 4.28、图 4.29 可以看出,空载启动时多永磁电机串联驱动刮板输送机链传动系统各段链条的速度、张力及链轮与链条的接触力波动较大,经过 0.5 s,系统完全启动后各部件的接触力及运行速度进入相对稳定状态。

2)满载工况

在各驱动链轮之间添加质量块负载,使链传动系统处于满载状态,负载力为质量块重力和链条与底板摩擦而产生的摩擦阻力,如图 4.30 所示。分析链传动系统在满载工况下的启动规律。

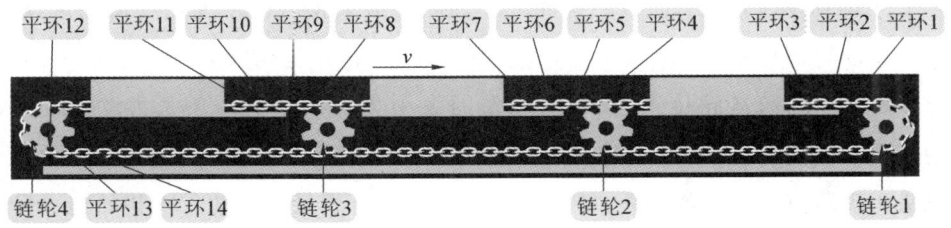

图 4.30 满载工况下的链传动系统模型

各驱动链轮的运行参数与空载时保持一致。为便于进行数据对比,选择与空载工况相同的接触关系进行研究,分析满载条件下各驱动链轮与链环的接触力学特性和各段链条的张力变化规律。多永磁电机串联驱动刮板输送机采用多电机驱动方式的目的是使负载分散,以降低链条张力,减少断链故障的发生。通过大量仿真分析发现,实现运行时分散负载的前提是各驱动链轮初始安装角保持一致,即各驱动链轮同步运行。由于链轮齿窝与平环的大小并不完全一致,齿窝略大于平环的外径,若链轮初始安装角不一致,则会出现负载跨链轮传递的现象。添加载荷后,链条的张紧力也随之增大,链环之间的接触力变化规律发生变化,链轮运行不同步对链传动系统的动力学响应规律产生的影响被进一步放大。

链轮运行不同步时满载工况下各位置链条张力的变化曲线如图 4.31 所示。

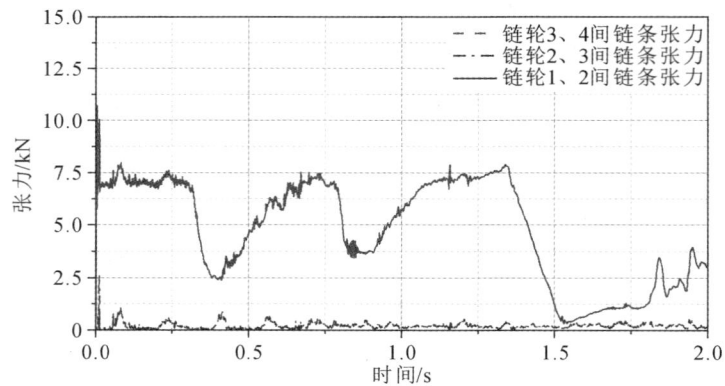

图 4.31　链轮运行不同步时满载工况下各位置链条张力

由图 4.31 可以看出,各驱动链轮的初始安装角未保持一致时,各段链条的张力变化规律存在较大差异。链轮 1、2 之间的链条张力存在大幅波动现象,接触力波动峰值稳定在 7.0 kN 左右,其原因是:两相邻链轮安装角预设值不同,导致链条张力跨链轮传递,预设值偏差的大小会直接影响链条张力的波动周期,使相邻链轮在动力传递过程中产生动力间隙。链条张力大幅度波动,导致机头出现跨链轮驱动的现象,即机头链轮承担两个质量块负载。在初始启动阶段($t=0$ s),因链轮与链环之间存在显著的运动滞后效应,系统产生瞬时冲击载荷。该冲击载荷引发链环间动态响应失谐现象,因此相邻链环存在加速度响应差异以及速度同步误差,这种非线性动力学现象致使链传动系统中产生周期性张力波动。当系统运行约 $t=1.3$ s 时,张紧补偿过程结束,各链环速度逐渐收敛至稳态,链条平均加速度趋于一致,张力减小。

机头链轮啮合性能较好,能够在短时间内迅速提供驱动力,而中间链轮仅与单链环啮合,所以其初始安装角会影响其动力的传递效率。由于存在安装角度或者预紧力偏差,中间链轮与机头、机尾链轮的初始安装角不一致,因此机头链轮需承担中间链轮负载,而中间链轮只间歇性提供驱动力。若初始安装角度相差较大,则可能会导致中间链轮始终不能与链环啮合,甚至对前一驱动链轮的运行造成阻碍。

将模型中各链轮的初始安装角调整一致,重新计算各链轮之间的链条张力,此时各位置链条张力的变化曲线如图 4.32 所示。

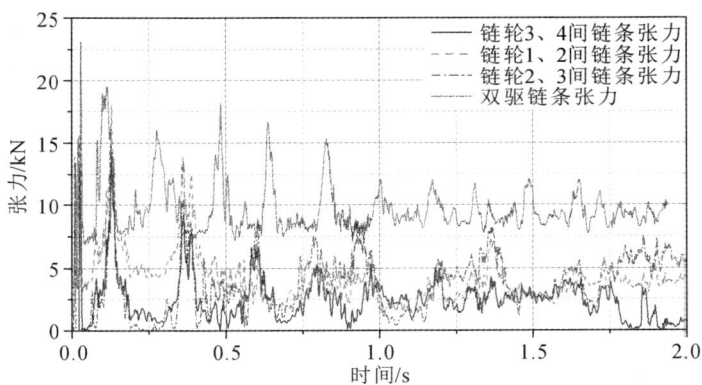

图 4.32 链轮同步运行时满载工况下各位置链条张力

由图 4.32 进行动力学特性分析后可知,尽管在系统预紧阶段对各驱动链轮实施了安装角同步校准,但在启动瞬态过程中,各啮合节点的链条张力仍呈现显著非均衡分布特征,这种动态失谐现象导致链环啮入阶段的动能传递延迟,并且相邻链轮系统转动惯量出现差异,从而引发链条的惯性张力波动。当系统进入稳态运行阶段时,各链轮-链环接触力收敛至一致的水平。此时链条张力呈现周期性波动特征,这主要是因为链轮的多边形效应导致链节横向振动与系统惯性力发生了耦合。

在满载工况下,双驱刮板输送机链传动系统的承载端链条张力波动规律与多驱刮板输送机链传动系统基本一致,双驱时链条张力约为多驱时的 3 倍,所以多永磁电机串联驱动刮板输送机能将负载分散到各驱动单元,从而降低链条张力。

满载工况下各驱动链轮与链环之间的接触力变化曲线如图 4.33 所示。

通过图 4.33(a) 可以看出,链轮 1 与平环 1 发生接触的时刻是第 0.5 s 左右,脱离啮合的时刻是第 2.0 s 左右,所以机头链轮与链环的完整啮合时间为 1.5 s。机头链轮与链环之间的接触力稳定阶段大致可以分为两部分:第一部分是第 0.6 s~1.1 s,此时链轮与链环啮合,接触力均值在 5.2 kN 左右;第二部分是第 1.1 s~1.6 s,此时接触力大幅度降低,接触力均值在 3.5 kN 左右。这是因为平环 1 刚进入啮合时,部件之间会产生一定的冲击力,同时多边形效应使

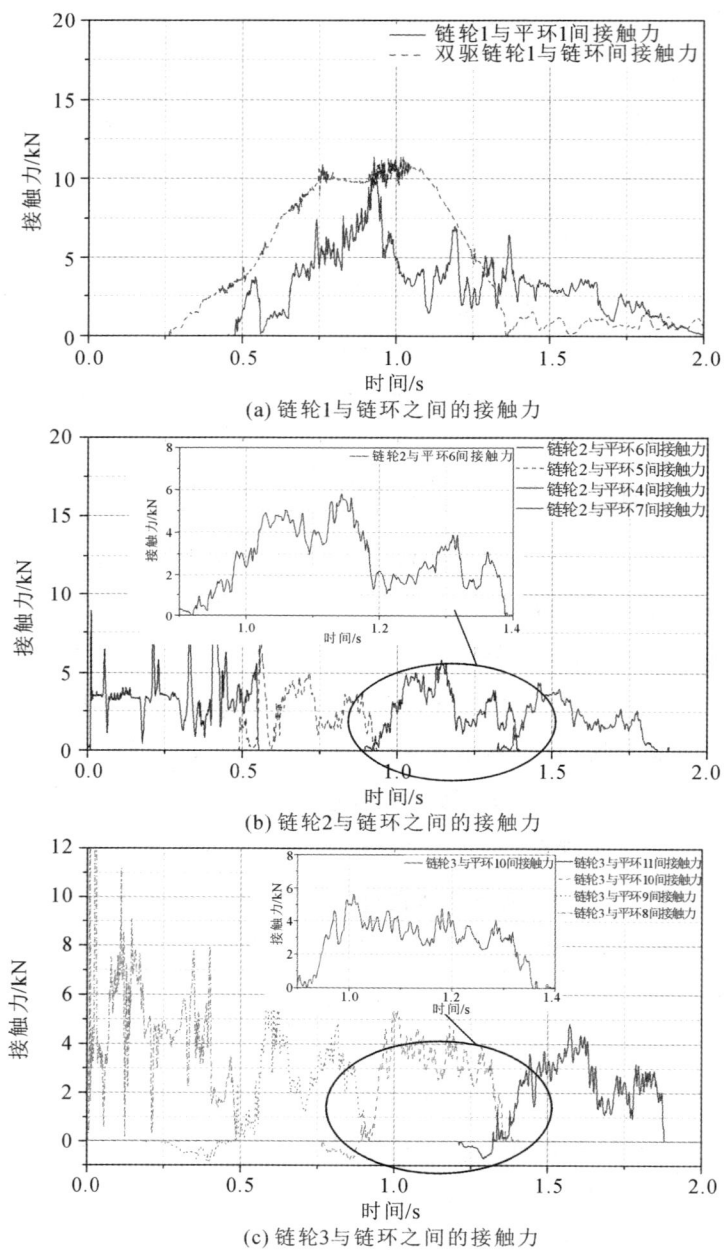

(a) 链轮1与链环之间的接触力

(b) 链轮2与链环之间的接触力

(c) 链轮3与链环之间的接触力

图 4.33 满载工况下各链轮与链环之间的接触力

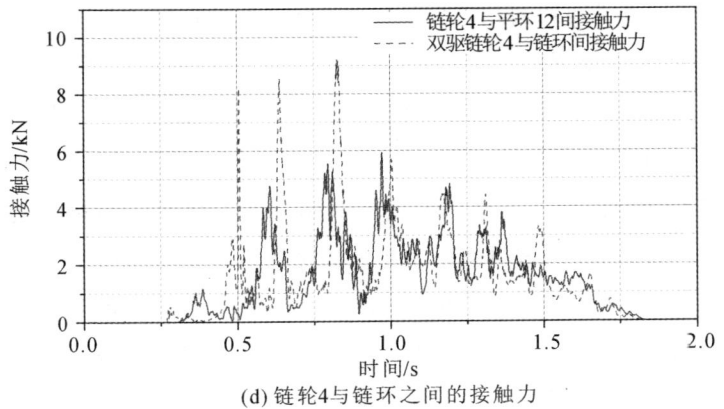

(d) 链轮4与链环之间的接触力

续图 4.33

此时的中间链轮与链环处于接触空档期,中间链轮所提供的驱动力下降,导致机头链轮短时间承担中间负载。而接触力变化曲线一直处于小幅度波动状态,这是各部件之间的刚性碰撞及相对滑动造成的。在启动阶段,采用多驱方式时,链轮1与链环之间的接触力明显小于采用双驱方式时,多驱链传动系统的接触力变化曲线更加稳定。

由图 4.33(b)(c)可以看出,链轮 2、链轮 3 与相邻链环的啮合时间均在 0.5 s 左右,与空载状态下的接触时间基本一致,约为机头链轮与链环啮合时间的 1/3。中间链轮与链环之间的接触力曲线变化同机头链轮与链环之间的接触力相似,稳定阶段也分为两个部分。从链轮 2 与平环 6 之间的接触力变化曲线可以看出,第 1.0~1.2 s 平环刚进入啮合时的接触力稳定值在 5 kN 左右,第 1.2~1.4 s 链轮与链环之间的接触力稳定在 3.5 kN 左右,这说明 1.0 s 后中间链轮进入单齿驱动状态,1.2 s 后一个平环进入啮合,分担了前一个平环产生的运行阻力。中间链轮进入啮合和脱离啮合的时间较短,但在相邻平环交替啮合时仍存在接触空档期,如第 0.8~1.0 s 中间两个链轮与链条之间的接触力出现了明显下降的现象(呈现波谷),造成这一现象的原因是链轮齿窝略大于平环外径,导致平环运行至链轮中间位置时出现短时间的断触情况。若将齿窝尺寸减小,则会使啮合过程中轮齿与链环发生干涉,造成动力传递失效。中间链轮轮齿与链条刚接触时接触力会出现负值,说明受多边形效应的影响,后一轮齿在初始啮合阶段的运行速度慢于链条运行速度,造成链条拖动轮齿运动的现象。

根据图 4.33(d)可以看出,链轮 4 与链环之间的接触力变化曲线存在大幅度波动,接触力峰值约为 6 kN,均值为 2.2 kN。分析其中原因:链轮 4 作为机尾链轮,其运行负载为刮板输送机回程端链条重力和刮板与中部槽底板摩擦产生的运行阻力,回程端链条由于自身重力会产生自发的下垂波动现象,导致链轮 4 与链环之间的接触力也出现波动。双驱方式下链轮 4 与链条的接触力变化规律基本一致,启动时多驱链传动系统的接触力变化更加稳定。

通过图 4.33 可以看出,采用多电机驱动的方式可大幅度降低启动过程中刮板输送机机头链轮与链环啮合时的接触力,实现负载的分散化,使运行过程中链条接触力的稳定性明显提高,降低断链的风险。

满载工况下各位置链条的速度变化曲线如图 4.34 所示。

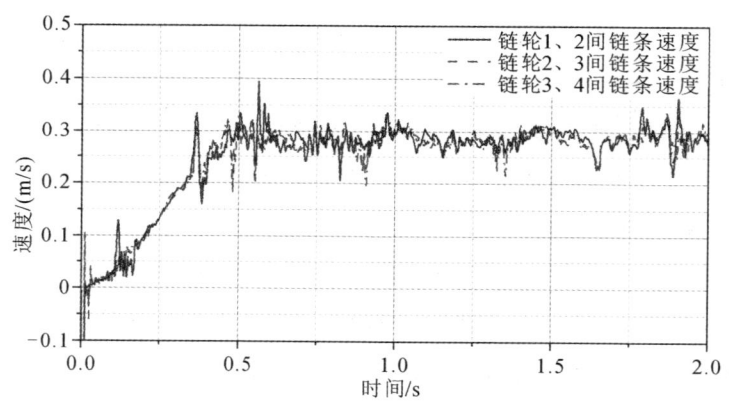

图 4.34　满载工况下各位置链条的速度

通过图 4.34 可以看出,不同位置链条在启动阶段的运行速度波动幅度有所差异,但整体速度变化趋势相同。第 0.5 s 前链条处于加速状态,之后速度进入相对稳定的运行状态,三个位置的链条速度最终稳定在 0.3 m/s 左右。由空载工况下和满载工况下的接触力及速度变化曲线可以看出:在空载工况下的启动阶段,各部件之间的接触力及速度波动幅度较大,这说明缺少负载导致链传动系统运行稳定性较差;在满载工况下的启动阶段,各部件之间的接触力曲线更加平滑,从接触初始阶段接触力稳定上升,未出现大幅度波动,链传动系统运行更加稳定。

3)偏置载荷启动

通常工作面的刮板输送机载荷分布具有一定的不均匀性。这里采用在链传动系统中添加局部质量块的方式来简化模拟偏置载荷工况（见图 4.35），分析在偏置载荷工况下多永磁电机串联驱动刮板输送机链传动系统启动特性和各部件之间的接触力变化规律。

图 4.35　偏置载荷工况下链传动系统模型

在链轮 3 与链轮 4 之间添加质量块，模拟刮板输送机在运输过程中出现偏置载荷的工况，分析各驱动链轮与链条的接触力学特性和不同位置的链条速度及张力变化规律。

图 4.36 所示为偏置载荷工况下各位置链条张力。

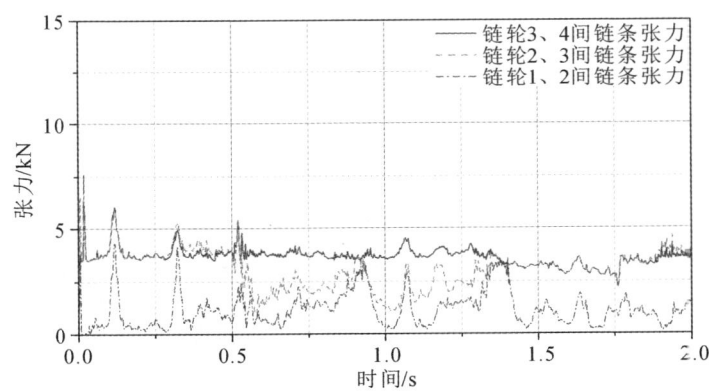

图 4.36　偏置载荷工况下各位置链条张力

由图 4.36 可以看出，当煤料分布不均匀时，链轮 3 和链轮 4 间的链条张力，即质量块所产生的负载力约为 3.5 kN。链轮 2 和链轮 3 之间的链条张力略高于链轮 1 和链轮 2 间的链条张力，这是因为链轮多边形效应导致了短时间的跨链轮拖动现象。

由图 4.37 可以看出，在偏置载荷作用下，启动阶段链轮 1 与链环之间的接触力突增，接触力峰值可达 3.2 kN，启动结束后接触力逐渐恢复到平稳状态。

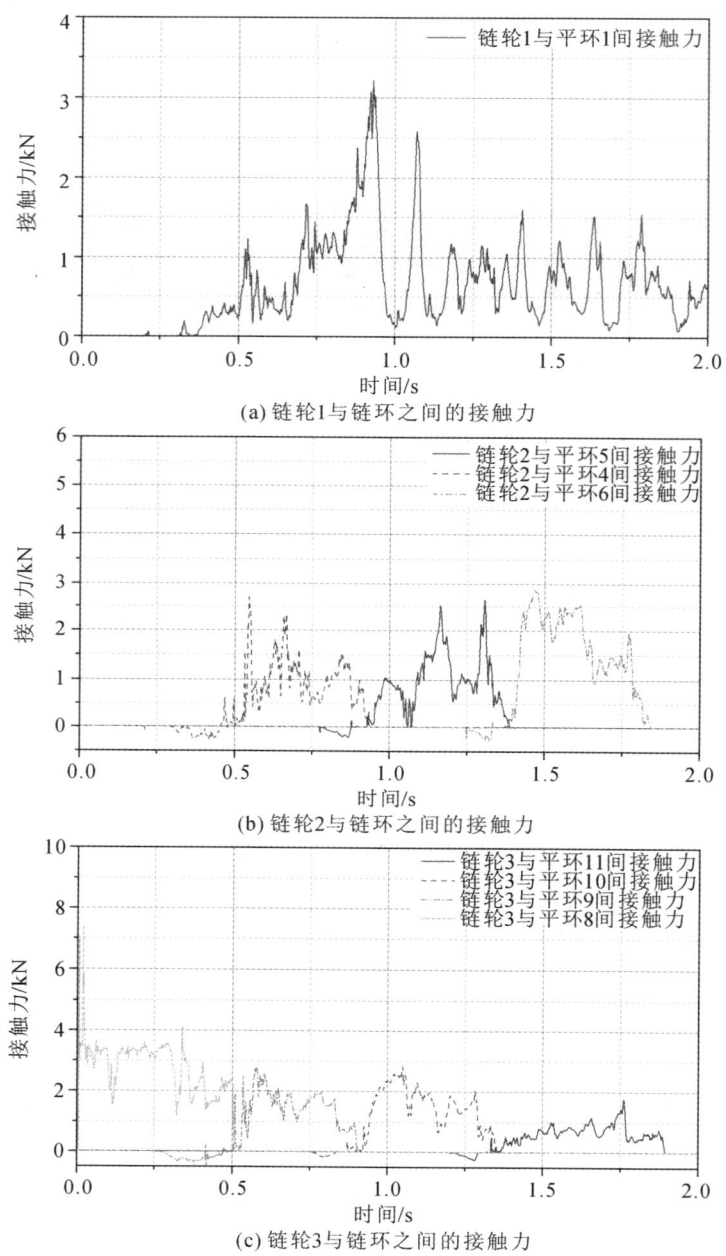

(a) 链轮1与链环之间的接触力

(b) 链轮2与链环之间的接触力

(c) 链轮3与链环之间的接触力

图 4.37　偏置载荷工况下各链轮与链环之间的接触力

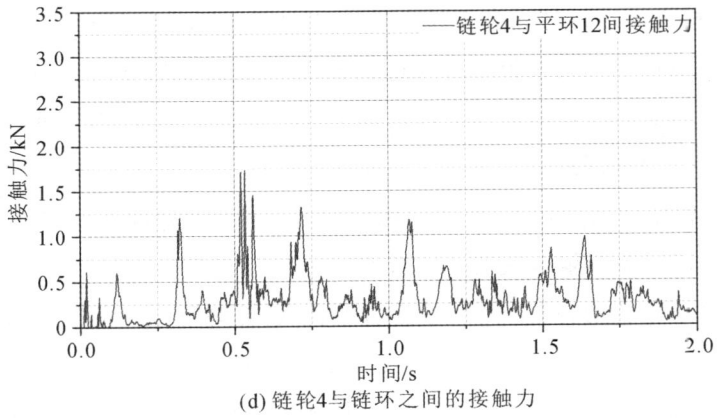

(d) 链轮4与链环之间的接触力

续图 4.37

在启动阶段链轮 3 与链环之间的接触力保持在 3.5 kN 左右,随着负载变化至下一区间链轮 3 与链环之间的接触力逐渐降低。链轮 4 与链环之间的接触力与空载工况下的变化规律基本一致。

偏置载荷工况下各位置链条的速度变化曲线如图 4.38 所示。

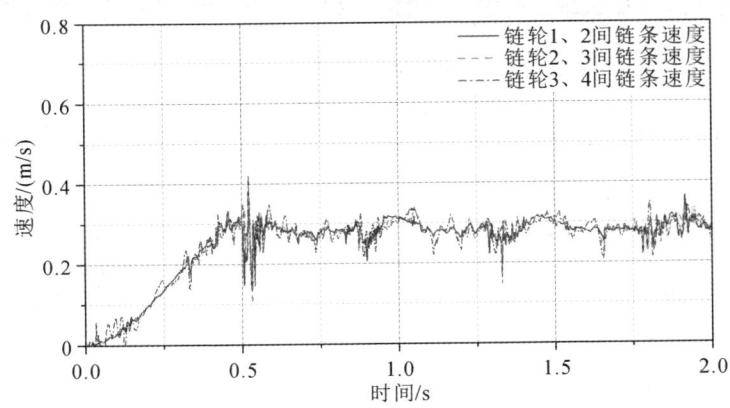

图 4.38　偏置载荷工况下各位置链条的速度

由图 4.38 可以看出,各段链条在启动结束(第 0.5 s)后,运行速度基本维持在 0.3 m/s 左右,为正常运行速度,可见载荷的不均匀分布对多驱刮板输送机的运行速度不会产生较大影响。

2. 顺序启动特性

由于多永磁电机串联驱动刮板输送机采用多电机串联布置的方式进行驱

动,众多电机启动运行时可能会对电网造成较大冲击,造成启动故障,有必要针对多永磁电机串联驱动刮板输送机驱动电机分级启动的方式进行研究和分析。

对于所构建四电机驱动刮板输送机链传动系统模型,采用分级启动的方式可以减小启动对电网的冲击。优先对链轮1和链轮3进行启动,链轮2和链轮4作为从动轮跟随转动,当转速达到稳定状态后再启动链轮2、4,由此实现多永磁电机串联驱动刮板输送机的分级启动。

链轮2、4在从动时会成为系统运行的负载,此时可结合电磁联轴器及控制器对后启动电机进行短时间切除,从而减小启动运行阻力。

进行分级启动时,链轮1和链轮3优先启动,此时链轮1承担两段煤料负载,链轮3承担一段煤料负载和回程段负载,如图4.39所示。

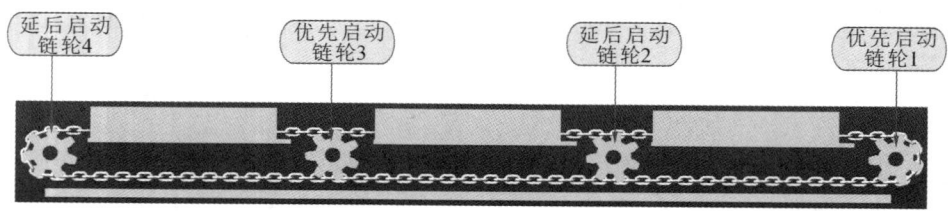

图 4.39　分级启动示意图

在分级启动模式下,多永磁电机串联驱动刮板输送机链传动系统各位置链条的张力变化曲线如图4.40所示。

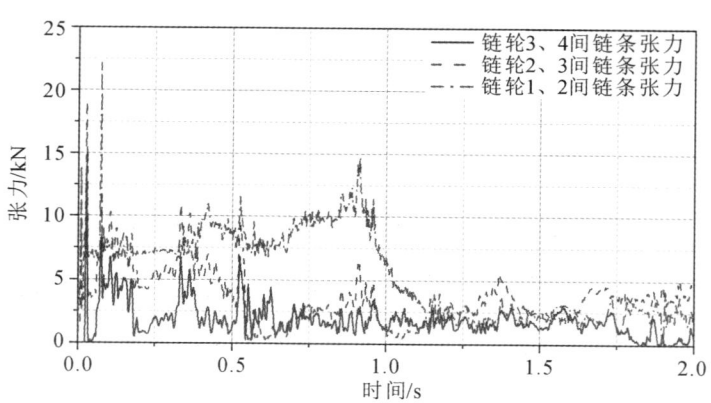

图 4.40　分级启动时各位置的链条张力

由图 4.40 可以看出,前 0.6 s 为链轮 1 和链轮 3 的启动阶段,各段链条张力曲线的变化规律与满载启动时基本一致,差别在于分级启动时的链条张力较大。链轮 2 和链轮 4 启动后,由于转速及初始安装角未与链轮 1 和链轮 3 保持一致,链轮 2 和链轮 4 在其启动阶段会成为负载,所以局部链条张力存在短时间增加的趋势,1.1 s 后各链轮完全启动,各位置链条张力恢复正常波动。

通过计算得到多永磁电机串联驱动刮板输送机在分级启动模式下各链轮与链环之间的接触力变化曲线,如图 4.41 所示。

在电机分级启动工况下,启动顺序的不同会导致链条张力分布和动态响应的差异,从而影响链轮与链环的接触力变化。通过图 4.41 可以看出,优先启动的电机 1 和电机 3 率先施加转矩,使链条在电机 1 和电机 3 对应的链轮处产生初始张力,此时,链条在未启动的电机 2 和电机 4 位置处于相对松弛状态。当电

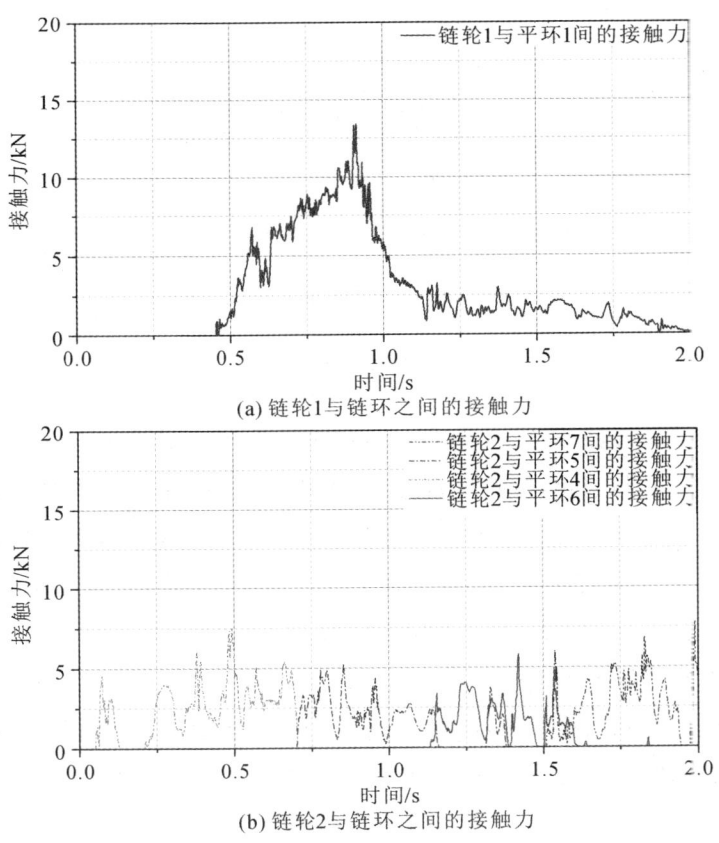

(a) 链轮1与链环之间的接触力

(b) 链轮2与链环之间的接触力

图 4.41　分级启动时各链轮与链环之间的接触力

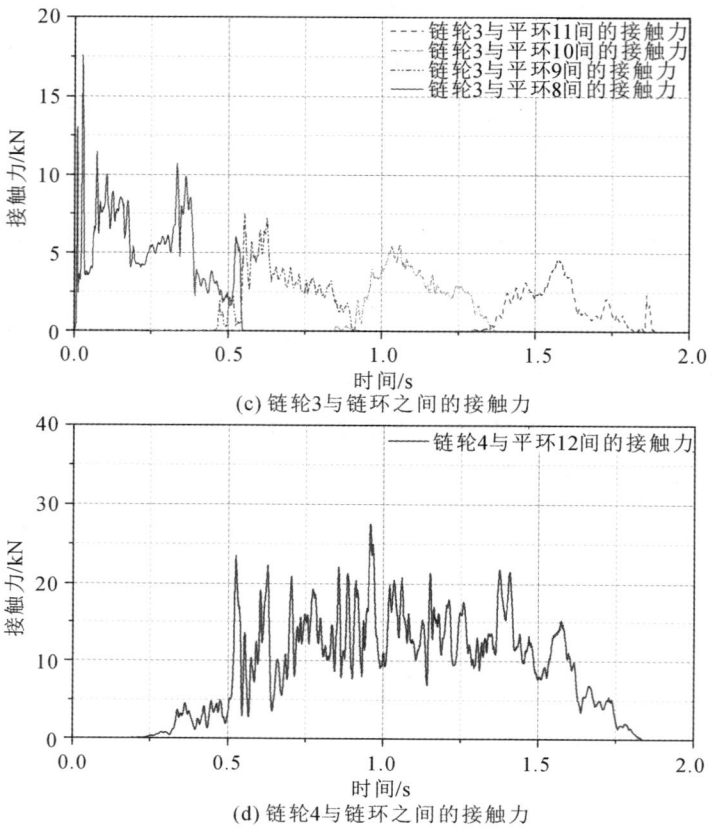

(c) 链轮3与链环之间的接触力

(d) 链轮4与链环之间的接触力

续图 4.41

机2和电机4加入时,链条已因电机1和电机3的驱动形成非均匀张力分布,从图4.41(a)(c)可以看出,链轮1和链轮3与链环之间的接触力相较于同步启动时增大。电机2和电机4需要额外克服已有的非均匀张力和负载惯性力的合力,由图4.41(b)发现链轮2相较于同步启动时接触力减小,这是因为链条已被电机1和电机3部分拉紧,形成的非均匀张力补偿了一部分负载惯性力,导致其所在位置的接触力因相邻区域的合力减小而降低。由图4.41(d)可以发现,链轮4与链环之间的接触力相较于同步启动时大幅增加,这是因为电机4位于链条末端,启动时需补偿先前链条因电机1和电机3驱动产生的张力差,导致张力增大。

分级启动时各位置链条的速度变化曲线如图4.42所示。

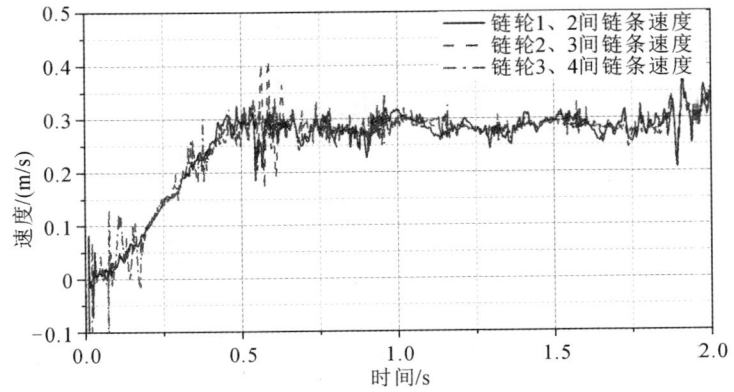

图 4.42　分级启动时各位置链条的速度

通过图 4.42 可以看出,在前 0.6 s 内各段链条的启动速度存在一定幅度的波动,且链轮 3 和链轮 4 之间的链条速度波动幅度最大。0.6 s 后链轮 2 和链轮 4 启动时,各位置链条均出现小范围的速度波动,之后迅速稳定至 0.29 m/s 左右的正常运行速度。可见,采用多电机驱动的方式时,局部链轮的啮入虽然对链条张力及链轮与链环的接触力有一定的影响,但对刮板输送机链传动系统的整体运行速度基本不会造成影响。

4.3.3　链传动系统制动特性分析

刮板输送机停机通常采用断电自动停机方式,靠摩擦力实现制动。若采用主动制动则会对链轮及链条产生较大冲击力,甚至会对链轮及链环表面造成严重磨损,导致出现断链等故障。多永磁电机串联驱动刮板输送机在停机制动时,将煤料由于惯性而产生的冲击载荷分散到各驱动单元,以降低冲击载荷对机尾链轮及链条的冲击。

1. 自由停机

刮板输送机在运行时,其所携带的负载会产生较大惯性力,切断电源自由停机可以在一定程度上降低惯性力对链传动系统各部件带来的冲击。同时,多永磁电机串联驱动刮板输送机在自由停机时各驱动链轮可以分散煤料产生的惯性力,进一步降低停机带来的影响。在 ADAMS 中将第 0～0.5 s 设置为链传动系统的软启动阶段,第 0.5～1.5 s 设置为稳定运行阶段,1.5 s 后停止驱动各链轮,使系统自由停机。通过计算得到多永磁电机串联驱动刮板输送机链传动系统自由停机时各位置链条的张力变化曲线,如图 4.43 所示。

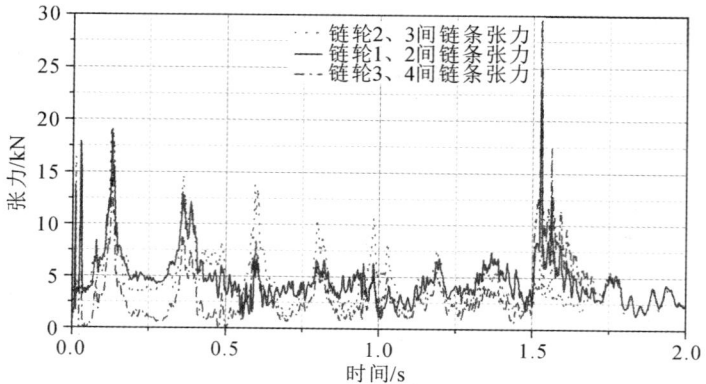

图 4.43　自由停机时各位置链条的张力

　　通过图 4.43 可知,第 1.5 s 前各位置链条均处于稳定的启动与运行阶段,且进入稳定状态后各位置链条的张力值相近,1.5 s 后停止驱动各链轮,煤料的惯性力对各位置链条均造成一定的冲击,此时链轮 3、4 间产生的链条张力最大,约为 30 kN。随后各段链条的张力值在 0.25 s 内发生小幅度的波动并逐渐稳定在 3.0 kN 左右。

　　自由停机时各链轮与链环之间的接触力变化曲线如图 4.44 所示。

　　通过图 4.44 可知,在驱动链轮未断电时,各链轮与链环之间的接触力变化规律与满载工况下基本一致。停止驱动后,各链轮与链环之间的接触力突增。最大瞬时接触力峰值出现在机尾链轮区域,峰值约为 40 kN 左右,中间两链轮受冲击

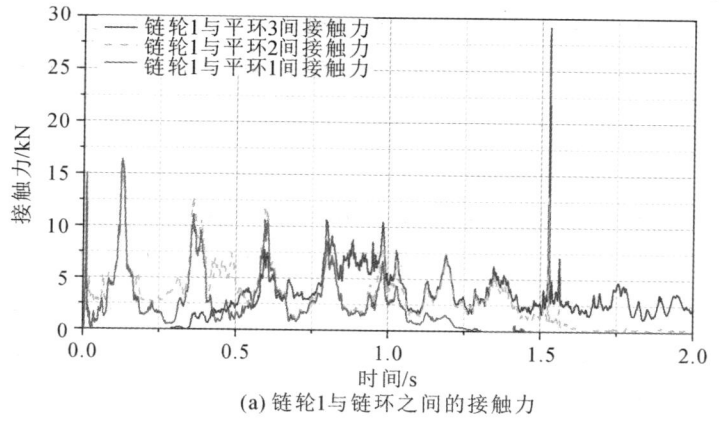

(a) 链轮1与链环之间的接触力

图 4.44　自由停机时各链轮与链环之间的接触力

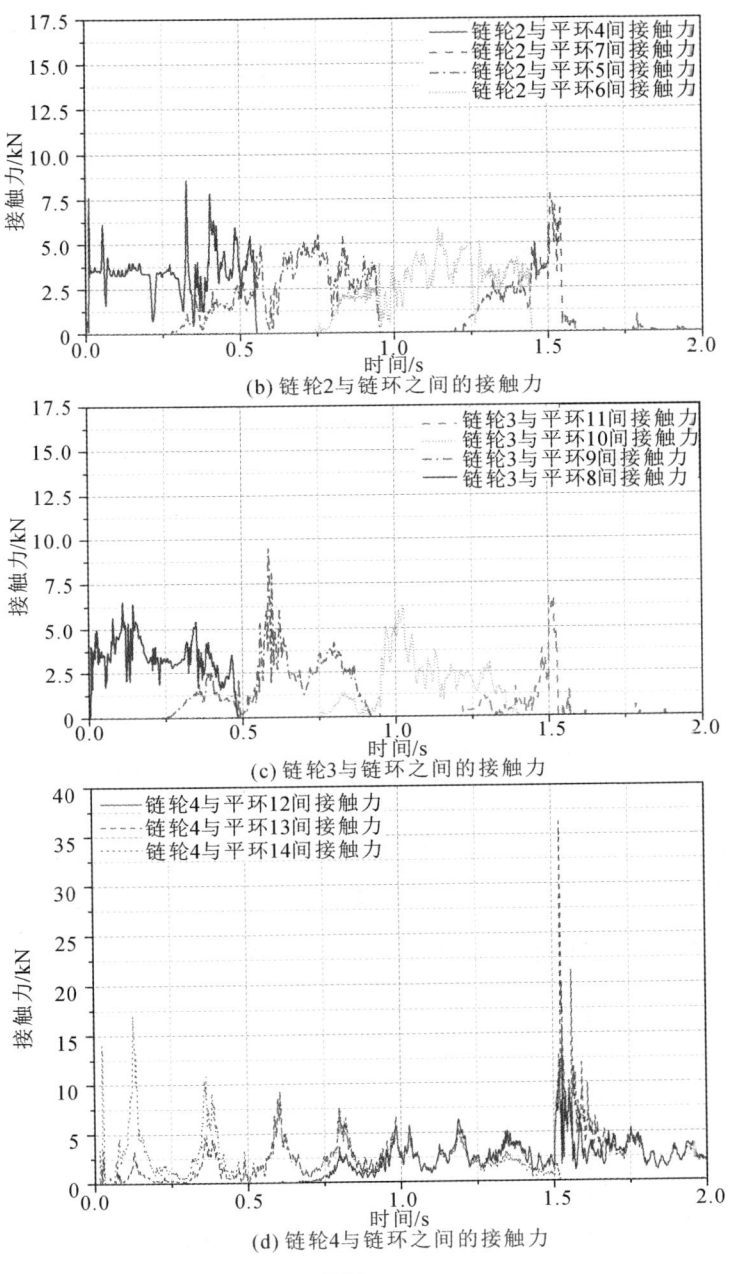

(b) 链轮2与链环之间的接触力

(c) 链轮3与链环之间的接触力

(d) 链轮4与链环之间的接触力

续图 4.44

影响较小,接触力峰值在 7.0 kN 左右并在短时间内降至 0 kN。所以自由停机时,机头、机尾链轮受主要制动冲击,中间链轮在受到短时间冲击后影响消除。

141

由图 4.45 可知,在链轮停机之前的启动及稳定运行阶段,各位置的链条速度基本保持一致,1.5 s 后停止驱动链轮,各位置的链条速度出现大幅度波动并在 0.25 s 时间内逐渐降低,最终在 0 m/s 左右振荡,并未完全停机。由自由停机时各位置的链条速度变化曲线可知,停止驱动链轮后系统会发生一定程度的振荡,并在 0.5 s 左右的时间内实现基本停机。

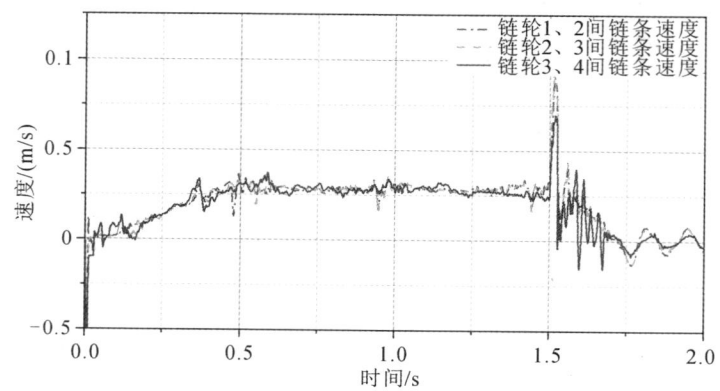

图 4.45 自由停机时各位置的链条速度

2. 主动制动

当遇到突发事件需主动制动停机时,煤料由于惯性会给链传动系统带来冲击载荷,并且可能使系统各部件产生冲击磨损,因此需要对多永磁电机串联驱动刮板输送机链传动系统的主动制动过程进行动力学分析,研究系统的制动。在 AD-AMS 软件中将第 1.5 s 时各驱动链轮转速降至 0 m/s 以模拟主动制动,通过计算得出链传动系统主动制动时各位置链条的张力变化曲线,如图4.46 所示。

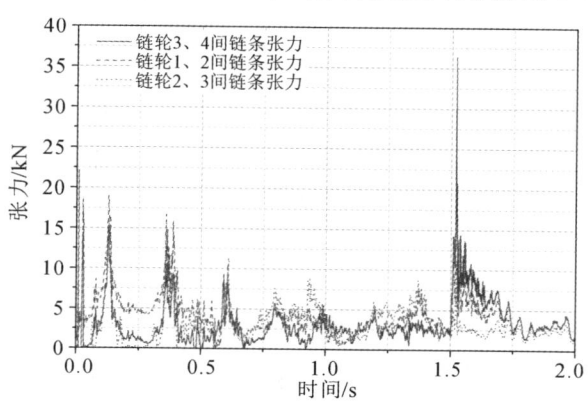

图 4.46 主动制动时各位置链条的张力

由图 4.46 可知,当各链轮主动制动时,各位置链条的张力出现瞬时突增现象,最大冲击力峰值达到 30 kN 以上,与自由停机时产生的冲击峰值接近。随后各位置链条的张力在 0.25 s 内缓慢降至 3.0 kN 左右。

采用主动制动方式停机时较自由停机时的链条张力更大,即主动制动会对系统各部件产生较大冲击,但冲击结束后各位置链条的张力变化规律与自由停机时相近,张力值均在 0.25 s 内降至 2.5 kN 左右。

根据计算结果绘制多永磁电机串联驱动刮板输送机链传动系统在主动制动时各驱动链轮与链条之间的接触力变化曲线,如图 4.47 所示。

由图 4.47 可知,制动之前各链轮与链条之间的接触力变化与满载工况下的接触力变化规律一致,中间链轮轮齿在啮合阶段初期接触力会出现短时间的负值,这是因为轮齿刚进入啮合时,其运行速度的水平分速度小于链条运行速度,

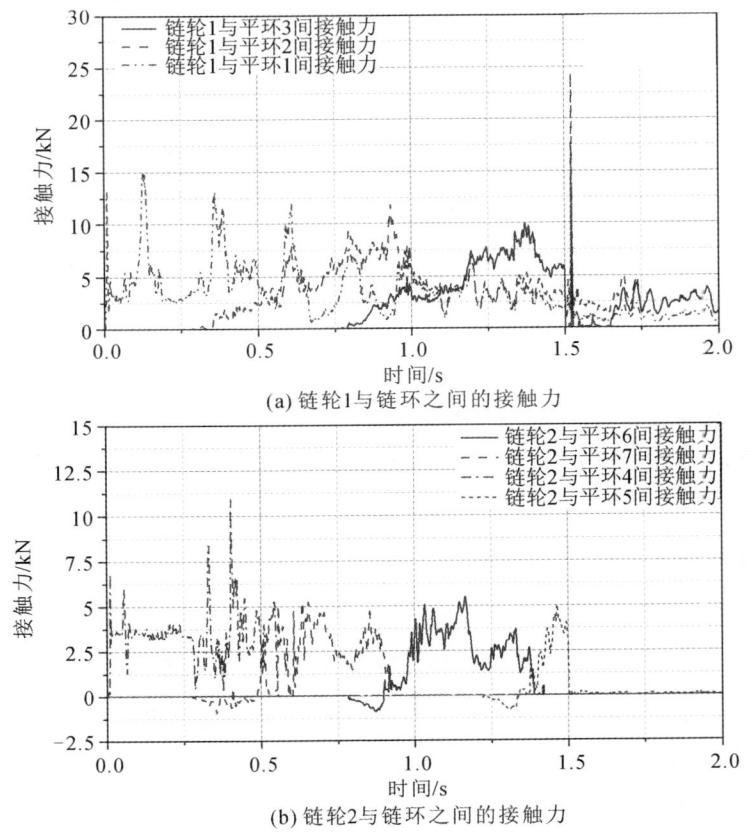

(a) 链轮1与链环之间的接触力

(b) 链轮2与链环之间的接触力

图 4.47　主动制动时各链轮与链环之间的接触力

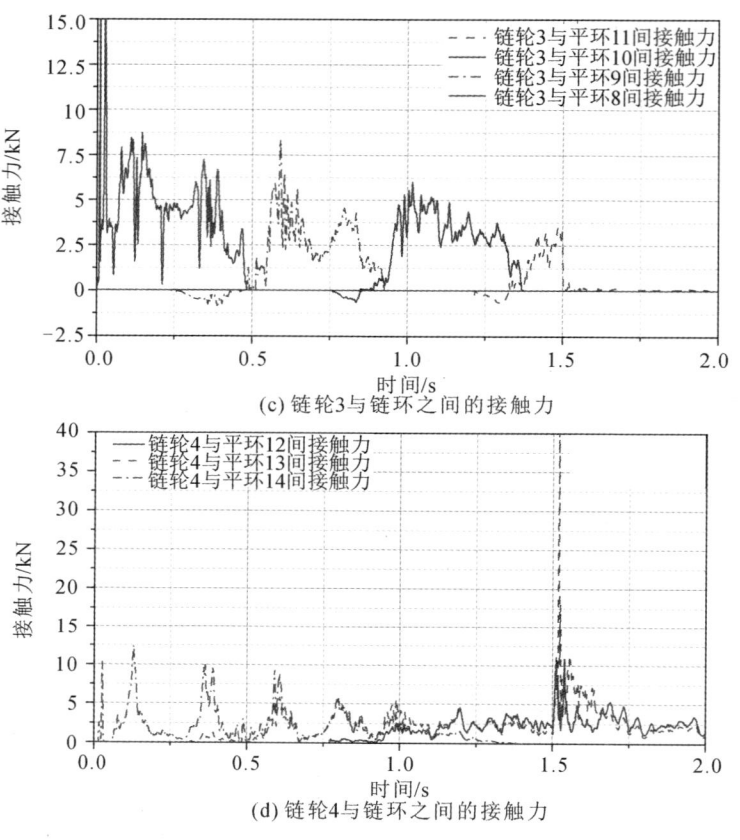

(c) 链轮3与链环之间的接触力

(d) 链轮4与链环之间的接触力

续图 4.47

导致链条拖动链轮运行。1.5 s 后主动制动时,最大瞬时接触力峰值出现在机尾链轮区域,冲击力峰值达到 40.0 kN,而中间链轮接触力达到 5.0 kN 左右后突降至零。

主动制动时各位置链条速度的变化情况如图 4.48 所示。

由图 4.48 可知,主动制动时各位置链条的速度发生瞬时突增,随后进入小幅振荡,并在 0.2 s 内快速降至零。主动制动与自由停机时不同位置链条速度的突变峰值相近,但主动制动时链条速度波动幅度较小,并且可快速稳定,实现停机。

综上所述:自由停机是通过分散冲击载荷来实现停机的,属于常规停机方式;主动制动方式虽然能实现快速停机,但会带来更高的瞬时冲击力。因此,在实际应用中需根据工况选择合适的制动策略。

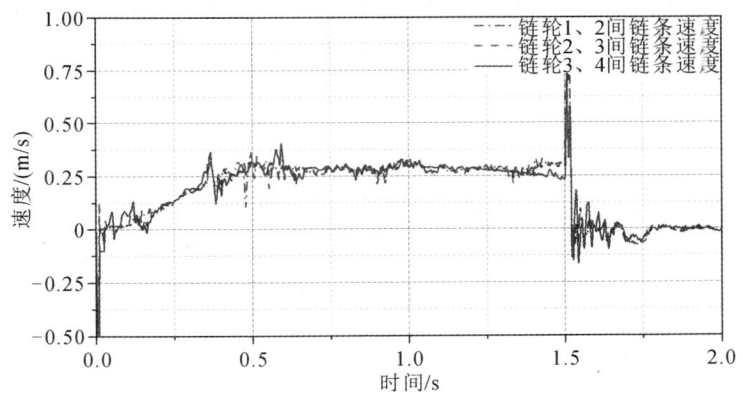

图 4.48　主动制动时各位置链条的速度

4.4　异常工况下链传动系统的动力学特性分析

　　刮板输送机作为煤矿井下的重要运输装备,其运行的稳定性会直接影响煤矿的生产效率。由于地质条件的差异,刮板输送机在运行工程中面临着复杂的工况条件,所以,开展多永磁电机串联驱动刮板输送机异常工况的动力学响应规律研究具有重要意义。刮板输送机运行稳定性的影响因素主要包括:链轮多边形结构导致链轮与链环啮合过程中出现的周期性波动、液压支架推移导致刮板输送机出现的弯曲段运输、煤壁片帮或大块煤矸石脱落造成的冲击载荷等。考虑到多永磁电机串联驱动刮板输送机采用多电机驱动的方式,电机运行的可靠性也成为重点关注的问题。本节主要是对多永磁电机串联驱动刮板输送机在局部电机失效、卡链、出现冲击载荷等异常工况下链传动系统的动力学特性进行研究,构建异常工况下的虚拟样机模型,分析链传动系统在运行过程中遇到异常工况时的动力学响应规律。

4.4.1　局部电机失效动力学分析

　　局部电机失效是出现在多永磁电机串联驱动刮板输送机上的新型工况,失效后电机无法为负载提供驱动力。局部电机失效的原因可能是负载过大或某一部件的卡阻导致电机过载、井下环境潮湿或粉尘浓度过大造成电机短路等。

由于多永磁电机串联驱动刮板输送机是由众多驱动电机进行串联驱动的,若某一电机出现故障而导致整机停机,将会严重影响综采工作面的生产和输送效率,所以在控制策略中增设故障电机自动识别和切除系统,防止故障电机造成卡阻,影响整机生产。

故障电机切除后由前端驱动电机拖动故障电机所携带的负载,这会导致前端驱动电机的动力学响应规律发生改变。所以基于4.3节所构建的动力学模型对中间驱动链轮进行失效处理,建立局部单电机和局部双电机失效的动力学模型。

图4.49所示为局部单电机失效模型。

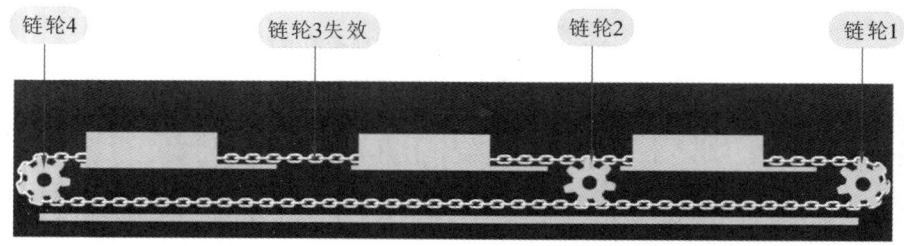

图 4.49　局部单电机失效模型

1. 局部单电机失效

将链轮3工作状态设置为失效状态,其他驱动链轮仍以顺时针0.2 rad/s的转速水平向右运行,模拟局部单电机失效工况,此时各位置链条的张力变化曲线如图4.50所示。

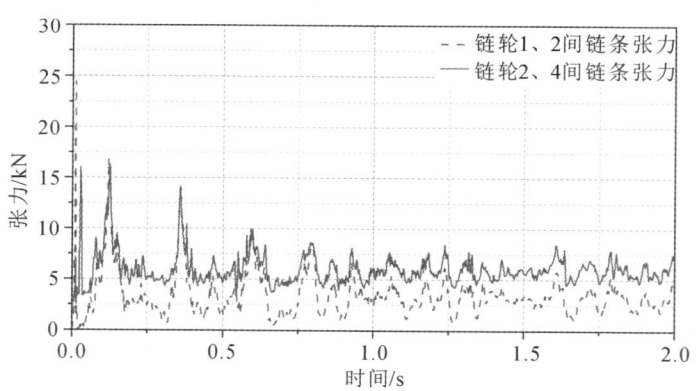

图 4.50　局部单电机失效时各位置链条张力

由图4.50可以看出,在启动阶段(前0.5 s),链轮1、2之间的链条张力出现大范围的波动,0.5 s后波动幅度逐渐减小。启动阶段的链条张力波动峰值达到24 kN,这是因为链传动系统各部件发生了刚性碰撞,以及链条在自身重力作用下发生了下垂波动现象。达到稳定状态后链条张力均值为3.5 kN,这说明中间链轮3的失效未对链轮1、2之间的链条张力产生影响。

中间链轮3失效后,链轮2、4之间链条的张力变化规律与其他位置链条张力变化规律一致,即在启动阶段链条张力出现大范围波动,0.5 s后波动幅度逐渐减小。链轮2、4之间链条张力出现波动的原因与链轮1、2之间链条张力出现波动的原因相同。张力波动峰值为17 kN,达到稳定状态后链条的张力值在6.2 kN上下波动。这说明中间链轮3失效后,其所驱动的负载由其前一链轮(链轮2)承担,可以保证单个故障电机被切除后多永磁电机串联驱动刮板输送机系统的正常运行。

局部单电机失效时,各驱动链轮与链环之间接触力的变化曲线如图4.52所示。

由图4.51(a)可以看出,链轮1与平环1在约0.5 s后进入啮合,约2.0 s后脱离啮合,整个啮合过程时长约为1.5 s。其中链轮1与链环的接触力变化过程包含两个相对平稳阶段:第一阶段是0.75 s后的约0.15 s内,链轮1与链环的接触力峰值达到12 kN,接触力均值为8.0 kN。第二阶段是0.9 s后的约0.6 s内,接触力峰值为7.2 kN,接触力均值为3.5 kN。出现接触力稳定值分段的原因是:由于多边形效应,中间链轮在动力传递过程中出现接触力空档期,导致在短时间内中间链轮的部分负载由机头链轮承担,待下一链环啮入后,机头链轮与链环之间的接触力恢复到正常的负载稳定值3.5 kN。

由图4.51(b)可以看出,链轮2与相邻链环之间的接触力曲线变化规律基本一致,进入啮合和脱离啮合的时间较短,整个啮合接触时长在0.5 s左右。链轮2与相邻链环的接触力变化过程也包含两个相对平稳阶段,就链环1与平环6之间的接触力而言(接触中链环进入啮合的时间为第0.9 s,脱离啮合的时间为第1.4 s):第一阶段是1.0 s后的约0.2 s内,在这个阶段接触力相对平稳,均值为7.0 kN;第二阶段是1.2 s后的约0.1 s内,接触力均值为3.5 kN。相邻链环与链轮2发生啮合的过程中存在接触力空档期,即前一链轮脱离啮合、后

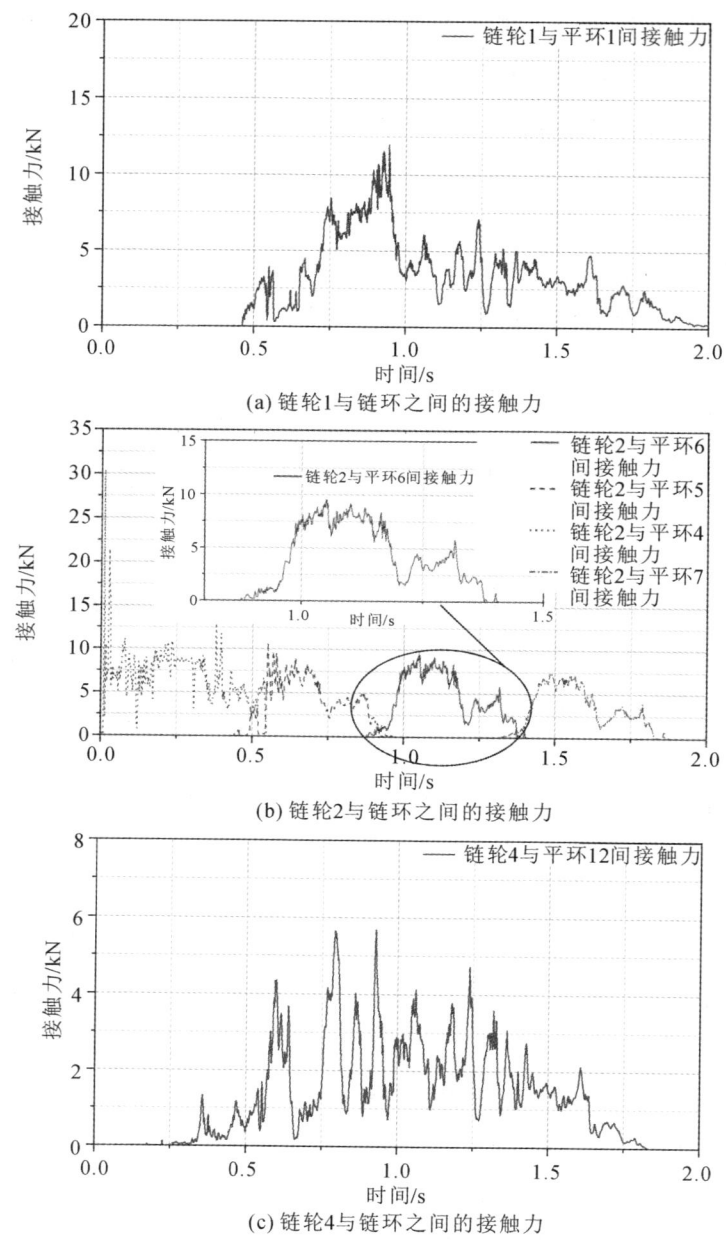

(a) 链轮1与链环之间的接触力

(b) 链轮2与链环之间的接触力

(c) 链轮4与链环之间的接触力

图 4.51 局部单电机失效时链轮与链环接触力

一链轮进入啮合时，链轮 2 为链传动系统所提供的动力会出现大幅度的降低。在接触力空档期内，中间链轮所拖动部分负载均由机头链轮承受。出现接触力稳定值分段及接触力空档期的原因是:中间驱动链轮在为链传动系统提供动力时,出现单轮齿和双轮齿交替推动链环的现象。当单轮齿推动时,该段负载全部由该轮齿单独承受;当双轮齿推动时,该段负载由两轮齿同时承受。

由图 4.52(c)可以看出,链轮 4 与平环 12 之间的接触力在启动阶段存在较大波动,整个啮合接触时长在 1.5 s 左右,接触力峰值为 5.8 kN,均值为 2.2 kN,与其他工况下的接触力均值基本一致,这说明机尾链轮受负载的影响较小。而启动阶段接触力波动较大的原因是链条由于自身重力下沉产生了张力波动。

在局部单电机失效的情况下,各链轮输出转矩的变化曲线如图 4.52 所示。

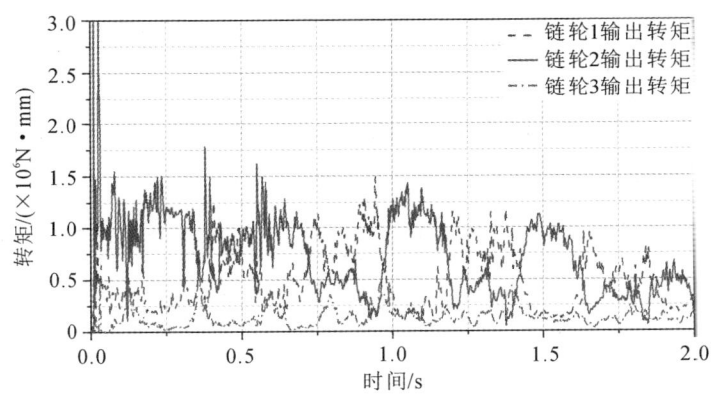

图 4.52 局部单电机失效时的链轮输出转矩

由图 4.52 可以看出,各链轮的输出转矩在启动阶段均保持稳定,链轮 1 启动时的输出转矩在 4.8×10^5 N · mm 上下波动,链轮 2 启动时的输出转矩在 1.1×10^6 N · mm 上下波动,链轮 3 的输出转矩在 5×10^4 N · mm 上下波动。经过 0.5 s 启动完成后,各链轮的输出转矩仍存在一定幅度的波动,但相邻链轮会出现转矩差,使系统的输出转矩保持相对稳定状态。

2. 局部双电机失效

图 4.53 所示为局部双电机失效模型。

将中间链轮 2 和链轮 3 工作状态均设置为失效状态,运行方向及其他参数保持不变,模拟局部双电机失效工况。由于链传动系统模型为四链轮驱动模型,所以当局部双电机失效时,其运行工况与传统双电机驱动时基本一致。此时承载端链条张力变化曲线如图 4.54 所示。

图 4.53　局部双电机失效模型

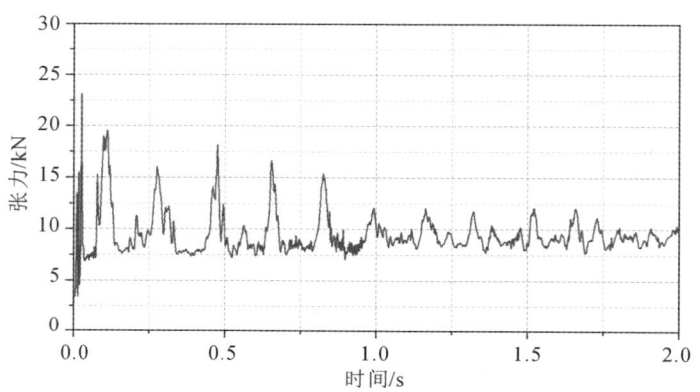

图 4.54　局部双电机失效时承载端链条张力

由图 4.54 可以看出,局部双电机失效时:在启动阶段链条张力出现大幅波动,启动张力峰值达到 23.0 kN,随后峰值不断减小;1.0 s 后承载端链条张力稳定在 10.5 kN 左右。这说明链轮多边形效应及链条重力下沉对链条的张力变化具有一定的影响。在双驱状态下链条张力波动幅度要明显大于多驱状态下的链条张力波动幅度。

局部双电机失效时,链轮与链环之间接触力的变化曲线如图 4.55 所示。

由图 4.55(a)可以看出,平环 1 在 0.2 s 后进入啮合,在 0.5 s 后的 0.25 s 内处于稳定状态(稳定状态接触力维持在 10.5 kN 左右),在 1.8 s 后脱离啮合,整个啮合时长在 1.6 s 左右。但实际上链环启动力传递作用的时长为 0.8 s,1.0 s 后链环与链轮之间的接触力基本趋向于 0 N。这说明在啮合过程中,链轮与链环的有效接触时间在 0.8 s 左右,随着后续链环的不断啮入,平环 1 与链轮之间的接触力逐渐降低。

根据图 4.55(b)中的接触力变化曲线可以看出,平环 12 进入啮合时存在较

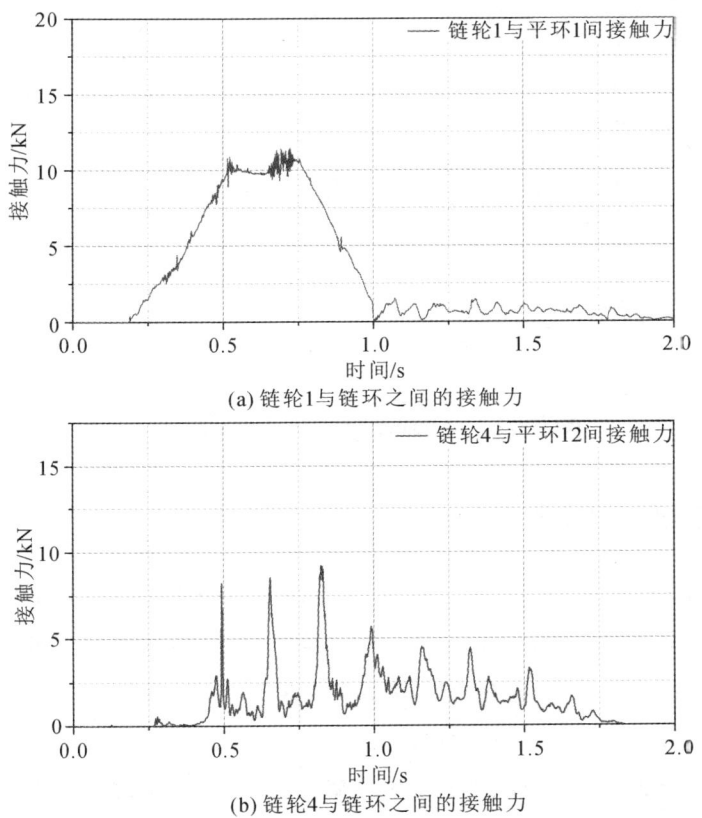

(a) 链轮1与链环之间的接触力

(b) 链轮4与链环之间的接触力

图 4.55 局部双电机失效时链轮与链环之间的接触力

大幅度的接触力波动,接触力波动峰值可达到 9.0 kN,稳定状态下接触力均值在 2.3 kN 左右,与其他工况下链轮 4 与链环的接触力变化规律基本一致。

局部双电机失效时,机头、机尾链轮的输出转矩如图 4.56 所示。

根据图 4.56 可以看出,链轮 1 与链轮 4 在启动阶段会产生较大的峰值转矩。链轮 1 启动时的峰值转矩为 4.1×10^6 N·mm,链轮 4 启动时的峰值转矩为 1.5×10^6 N·mm。链轮 1 启动时的输出转矩较链轮 4 更加平稳,这是因为承载端负载为三个与底板接触的质量块,其处于相对稳定的运动状态,而空载回程端链条由于重力下沉会使张力产生波动,导致链轮 4 的输出转矩也出现小幅度的波动。

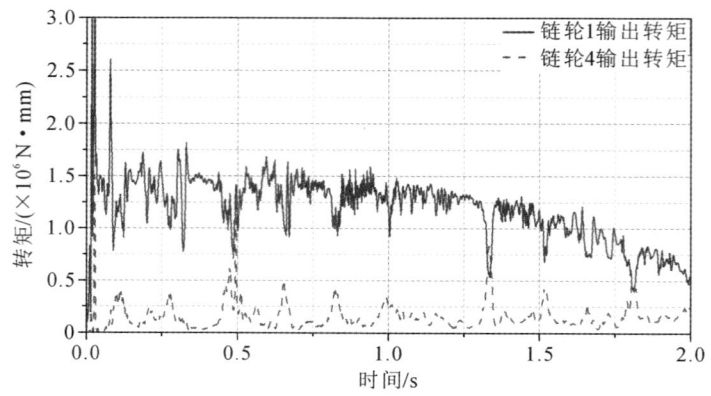

图 4.56   局部双电机失效时的链轮输出转矩

4.4.2   卡链工况动力学分析

刮板输送机在综采工作面运行时,大型煤岩的脱落不仅会对刮板输送机造成严重的冲击,还会造成卡链故障,如图 4.57 所示。若刮板输送机空载回程端出现物料堆积并形成料栓,也会造成卡链现象。卡链故障的出现具有随机性,无法通过人为预测来干预,只能通过提高链传动系统各部件的应力应变强度及疲劳强度来降低系统卡链故障的发生频率,因此进行多永磁电机串联驱动刮板输送机链传动系统卡链工况的动力学特性分析具有十分重要的意义。

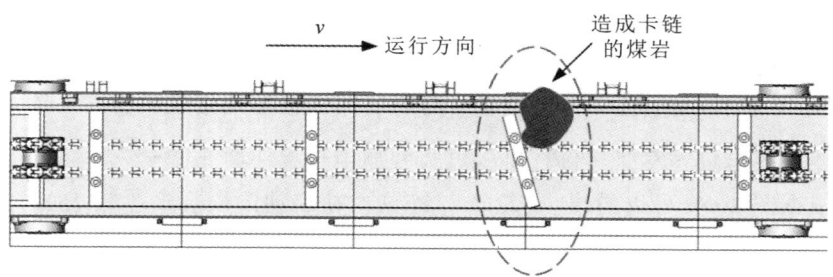

图 4.57   刮板输送机卡链故障示意图

1. 卡链工况异常载荷模型

卡链是刮板输送机的常见故障,导致其产生的原因主要有以下几个:综采工作面煤壁发生片帮现象,导致大块煤岩脱落,链传动系统不能拖动大块煤岩继续运动,从而导致链条卡住;煤料使刮板与中部槽侧帮的摩擦突增或者底板发生较大横向或纵向位移,导致刮板卡住。卡链故障的发生会对链传动系统产生十分严重的影响。

卡链工况主要有两种模拟方式:一种是通过限制刮板的运行速度来模拟卡链工况,如图4.58所示;另一种是通过在卡链位置添加水平方向的异常载荷来模拟卡链工况,如图4.59所示。

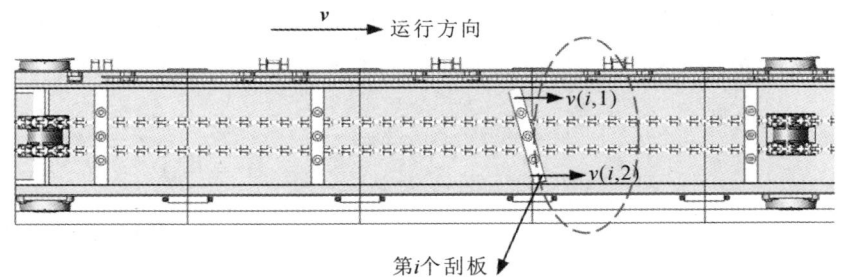

图4.58 限制速度来模拟卡链工况

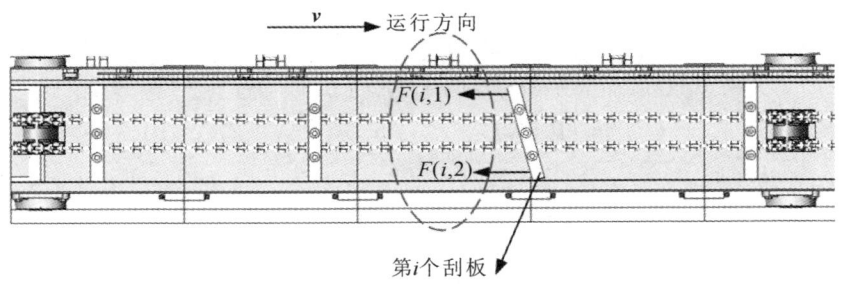

图4.59 添加异常载荷来模拟卡链工况

图4.59中 $v(i,1)$、$v(i,2)$ 为刮板两端的速度,相应运行速度的数学模型有如下三种:

(1)直线型:

$$v(i,j)_{(t)} = \begin{cases} v(i,j)_{(0)} & (t = 0^-) \\ v(i,j)_{(0)}\left(1 - \dfrac{t}{T}\right) & (0^+ < t \leqslant T) \\ 0 & (t > T) \end{cases}$$

(2)指数型:

$$v(i,j)_{(t)} = \begin{cases} v(i,j)_{(0)} & (t=0^-) \\ v(i,j)_{(0)}\left[1-e^{-(t-T)}\right] & (0^+ < t \leqslant T) \\ 0 & (t > T) \end{cases}$$

（3）突变型：

$$v(i,j)_{(t)} = \begin{cases} v(i,j)_{(0)} & (t=0^-) \\ 0 & (t > 0^+) \end{cases}$$

图 4.60 中 $F(i,1)$、$F(i,2)$ 为刮板两端所承受的负载力，相应的负载力数学模型也有三种：

（1）直线型：

$$F(i,j)_{(t)} = \begin{cases} 0 & (t=0^-) \\ F(i,j)_{(0)}\left(1-\dfrac{t}{T}\right) & (0^+ < t \leqslant T) \\ F(i,j)_{(0)} & (t > T) \end{cases}$$

（2）指数型：

$$F(i,j)_{(t)} = \begin{cases} 0 & (t=0^-) \\ F(i,j)_{(0)}\left[1-e^{-(t-T)}\right] & (0^+ < t \leqslant T) \\ F(i,j)_{(0)} & (t > T) \end{cases}$$

（3）突变型：

$$F(i,j)_{(t)} = \begin{cases} 0 & (t=0^-) \\ F(i,j)_{(0)} & (t > 0^+) \end{cases}$$

以上数学模型中：i 是被卡住刮板的序号，j 是卡住刮板的不同端序号，$j=1,2$；$v(i,j)_{(0)}$ 和 $v(i,j)_{(t)}$ 分别表示卡链故障出现前后刮板 i 端部的运行速度；$F(i,j)_{(t)}$ 表示卡链故障出现后刮板 i 端部所承受的负载力。

2. 机头卡链工况

在机头附近底板上添加阻挡柱，使质量块运行至该位置时不能通过，以此模拟实际工况中的卡链现象，同时实现速度及负载力的突变模拟，这样更加符合实际工况。图 4.60 所示为机头卡链工况模型。

通过计算得出机头卡链工况下各位置的链条张力，绘制链条张力变化曲线图，如图 4.61 所示。

图 4.60　机头卡链工况模型

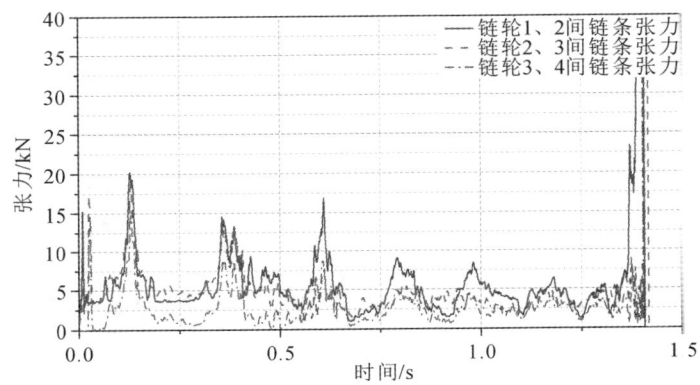

图 4.61　机头卡链工况下各位置的链条张力

同时,列出机头卡链工况下各位置的链条张力峰值,如表 4.2 所示。

表 4.2　机头卡链工况下各位置的链条张力峰值

链　　条	张力峰值/N
链轮 1、2 间链条	8.54×10^8
链轮 2、3 间链条	7.41×10^8
链轮 3、4 间链条	3.13×10^9

由图 4.61 可知:在出现卡链故障之前,各段链条的张力与正常满载时的张力波动规律基本一致,均出现小幅波动,最大张力峰值出现在链轮 1、2 之间,张力达到 20.0 kN。启动结束后各位置链条张力进入平稳状态。1.32 s 后,由于质量块与阻挡柱发生接触,链条停止运行,链条张力出现短时间振荡并快速增大。各位置链条张力突增的时刻基本一致,由表 4.2 可知,张力最大峰值出现在链轮 3、4 之间,为 3.13×10^9 N。

卡链故障的发生不仅会引起刮板输送机停机,还会造成链传动系统链轮及链条表面磨损,严重影响链轮及链条的使用寿命及刮板输送机的生产效率。

多永磁电机串联驱动刮板输送机发生机头卡链故障时,各链轮与链环之间接触力的变化曲线如图 4.62 所示,各链轮与链环之间的接触力峰值如表 4.3 所示。

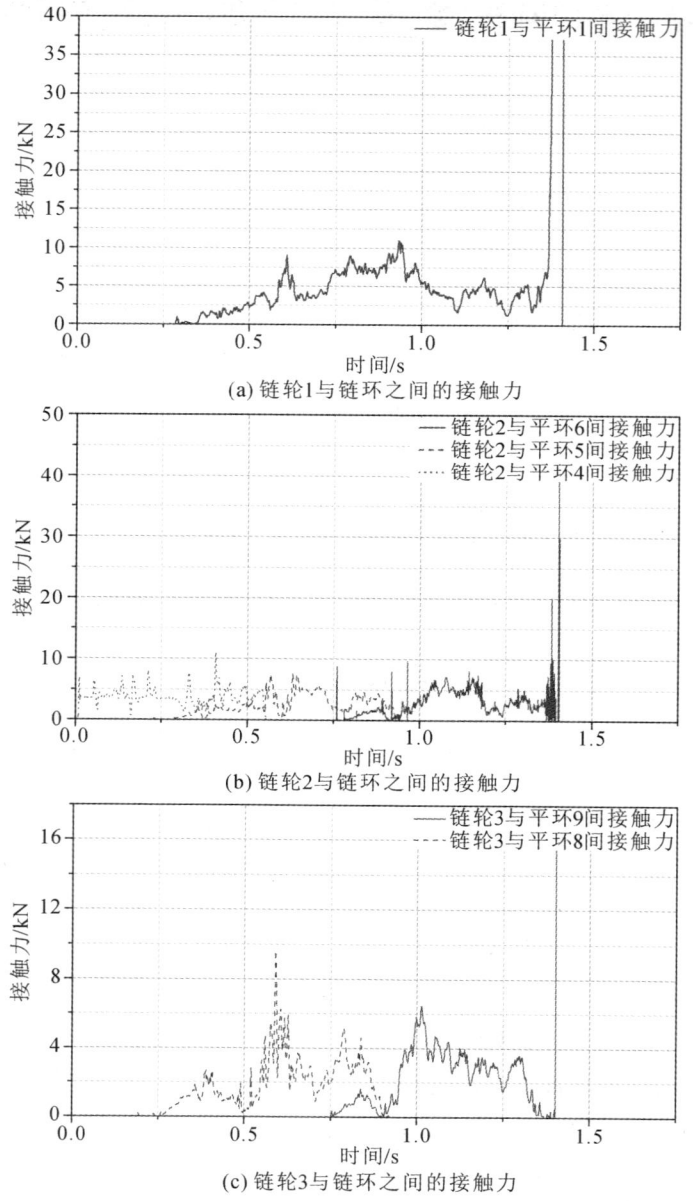

(a) 链轮1与链环之间的接触力

(b) 链轮2与链环之间的接触力

(c) 链轮3与链环之间的接触力

图 4.62　机头卡链工况下各链轮与链环之间的接触力

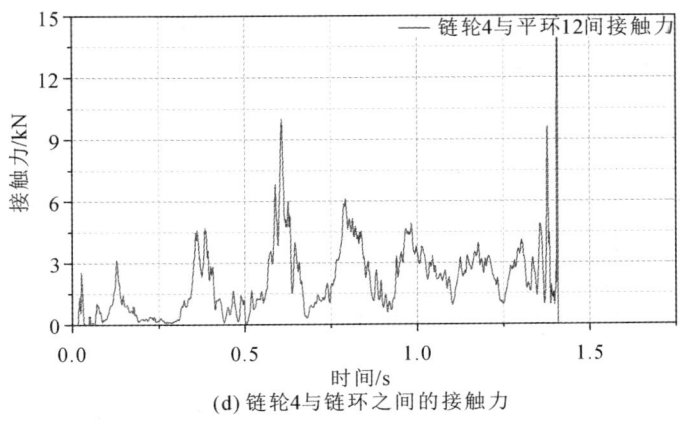

(d) 链轮4与链环之间的接触力

续图 4.62

表 4.3　机头卡链工况下各链轮与链环之间的接触力峰值

链　　轮	接触力峰值/N
链轮 1	2.06×10^8
链轮 2	4.52×10^4
链轮 3	4.37×10^4
链轮 4	9.11×10^7

　　从图 4.62 可以看出,在卡链故障出现之前,各链轮与链环之间的接触力的变化规律与满载时基本一致。卡链故障出现后各链轮与链环之间的接触力出现短时间的振荡,随后快速增大,直至计算停止。由表 4.3 可知:各链轮与链环之间的接触力最大峰值出现在机头链轮 1 与链环啮合处,为 2.06×10^8 N;其次为机尾链轮 4 与链环啮合处,为 9.11×10^7 N;中间链轮 2 和链轮 3 在卡链故障发生后与链环之间的接触力峰值分别为 4.52×10^4 N、4.37×10^4 N。

　　机头卡链工况下各位置链条的速度变化曲线如图 4.63 所示。

　　由图 4.63 可知,在卡链故障发生之前,不同位置链条的启动速度均存在一定幅度的波动。经过 0.5 s,系统完全启动之后,链条的运行速度稳定在 0.29 m/s 左右。在 1.37 s 后卡链故障发生时,各位置链条速度出现短时间的波动,然后迅速降低至 0 m/s。

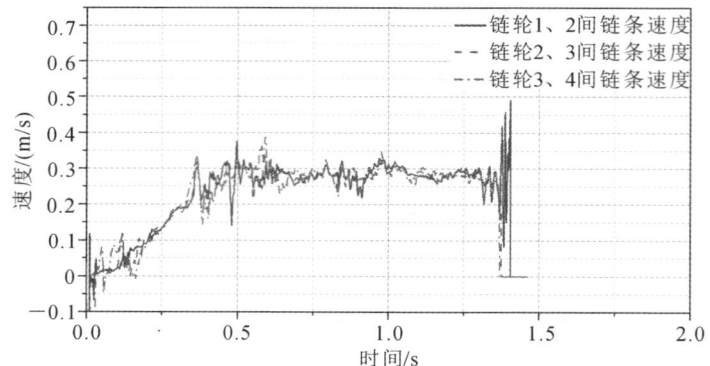

图 4.63　机头卡链工况下各位置链条的速度

3. 中间卡链工况

在中间部位的底板上添加阻挡柱,模拟中间链轮卡链工况。图 4.64 所示为中间卡链工况模型。

图 4.64　中间卡链工况模型

通过计算得出中间卡链工况下各位置的链条张力,绘制链条张力变化曲线,如图 4.65 所示。

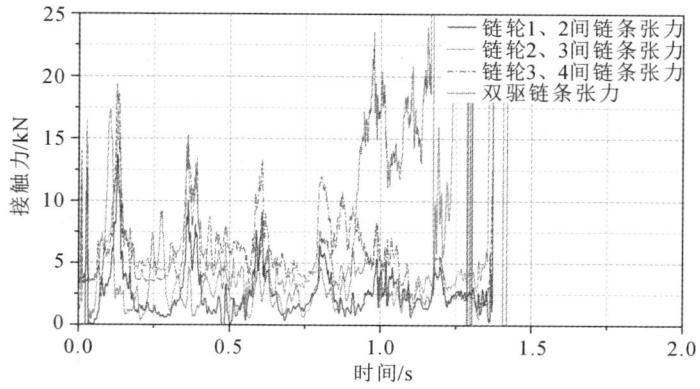

图 4.65　中间卡链工况下各位置的链条张力

同时,列出中间卡链工况下各位置的链条张力峰值,如表 4.4 所示。

表 4.4　中间卡链工况下各位置的链条张力峰值

链　条	接触力峰值/N
链轮 1、2 间链条	8.86×10^7
链轮 2、3 间链条	1.38×10^8
链轮 3、4 间链条	8.46×10^7

由图 4.65 可知:在启动阶段链条张力存在较大波动,张力峰值达到 19.0 kN。启动过程结束后,各位置链条均进入相对稳定状态。中间卡链故障发生时,各位置链条张力同时突增。由表 4.4 可知,张力最大峰值为 1.38×10^8 N,出现在链轮 2、3 之间。双驱链传动系统发生卡链故障时,链条张力在一段时间内也出现大幅度波动,较多级驱动链传动系统缓冲时间更长。

多永磁电机串联驱动刮板输送机发生中间卡链故障时,各链轮与链环之间的接触力变化情况如图 4.66 所示,各链轮与链条之间的接触力峰值如表 4.5 所示。

由图 4.66 可以看出:在卡链故障出现之前,各链轮与链环之间的接触力的变化规律与满载时基本一致。卡链故障出现后,各链轮与链环之间的接触力出现短时间的振荡,随后快速增大,直至计算停止。各链轮与链环之间的接触力最大峰值出现在机头链轮 1 与链环啮合处,接触力峰值为 2.67×10^7 N;其次为

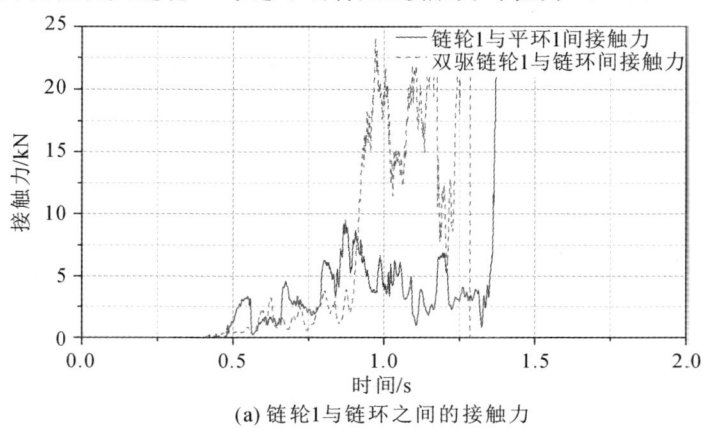

(a) 链轮1与链环之间的接触力

图 4.66　中间卡链工况下各链轮与链环之间的接触力

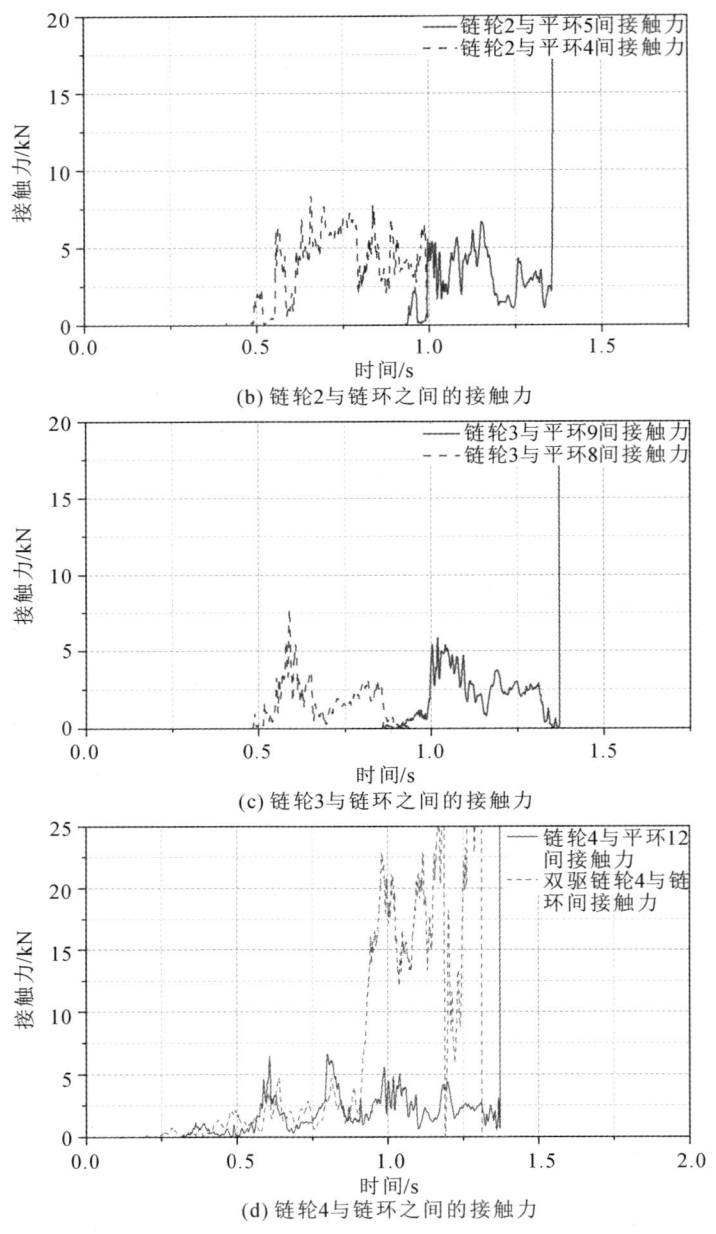

(b) 链轮2与链环之间的接触力

(c) 链轮3与链环之间的接触力

(d) 链轮4与链环之间的接触力

续图 4.66

机尾链轮 4 与链环啮合处,为 2.08×10^7 N;中间链轮 3 和链轮 4 在机头卡链故障发生后与链环之间的接触力峰值分别为 4.21×10^4 N、1.47×10^6 N。双驱链传动系统在卡链工况下,机头、机尾链轮与链条的接触力会在一段时间内产生大幅度波动,然后失效,接触力均值在 20.0 kN 左右。

表 4.5 中间卡链工况下各链轮与链条之间的接触力峰值

链 轮	接触力峰值/N
链轮 1	2.67×10^7
链轮 2	4.21×10^4
链轮 3	1.47×10^6
链轮 4	2.08×10^7

中间卡链工况下不同位置链条速度的变化曲线如图 4.67 所示。

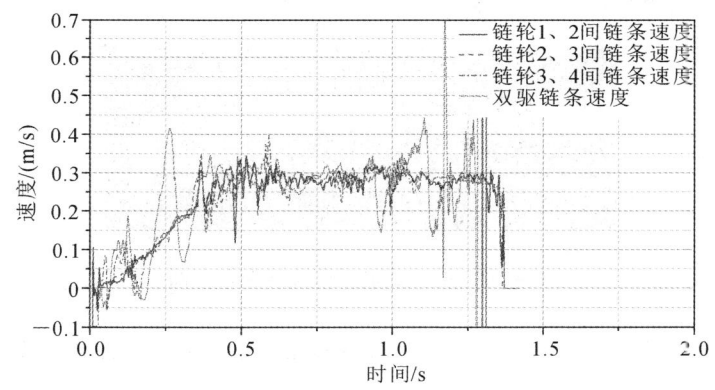

图 4.67 中间卡链工况下不同位置的链条速度

根据图 4.67 得出:在启动阶段各位置的链条速度会有小幅度波动,经过 0.5 s,系统启动完成,链条速度进入平稳阶段。中间卡链故障发生后,各位置链条速度出现小幅度波动并急剧下降至 0 m/s。通过与机头卡链工况对比发现,多驱链传动系统发生卡链故障后,各位置链条速度骤降,链条张力激增,且卡链位置链条张力要远高于其他位置,为断链故障的发生埋下隐患。

4.4.3 异常落煤冲击载荷动力学分析

在刮板输送机运行过程中,煤壁片帮、大块煤岩掉落会对中部槽及整个链传动系统产生较大的冲击载荷。这种冲击载荷难以预测,可严重影响刮板输送机链传动系统的正常运转,甚至造成断链停机的风险。对冲击载荷作用下的多永磁电机串联驱动刮板输送机链传动系统的动态特性进行分析,能够对多永磁电机串联驱动刮板输送机的机械结构优化及故障诊断提供一定的数据支持和理论参考。

根据落煤位置的不同,分两种情况进行落煤冲击研究:机头区域受落煤冲击和中部区域受落煤冲击。为了更好地研究不同区域落煤冲击对多永磁电机串联驱动刮板输送机动态特性的影响,在 ADAMS 中采取空载运行的形式进行仿真。

1. 机头区域受落煤冲击

如图 4.68 所示,利用 ADAMS 在多永磁电机串联驱动刮板输送机机头区域施加空间单向力,模拟煤壁片帮、大块煤岩脱落导致的异常冲击载荷工况,分析该极端工况下链传动系统的运动学及动力学特性。

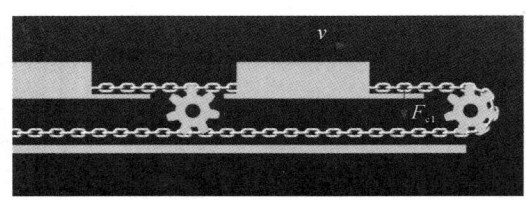

图 4.68　机头区域受落煤冲击示意图

链传动系统空载运行 1.0 s 后受到落煤冲击,受冲击位置的落煤质量 q_m 可表示为:

$$q_m(t) = \begin{cases} 0 & (t = 1.0^- \text{ s}) \\ 500 & (t = 1.0^+ \text{ s}) \end{cases} \tag{4.44}$$

为模拟冲击的瞬时性,选取加载时间为 1.0 s 后的 0.01 s 内,即在 0.01 s 内定点力 SFORCE_5 由 0 kN 突增至 5.0 kN。在冲击过程结束的同时添加水平负载力,添加的冲击力变化曲线如图 4.69 所示。

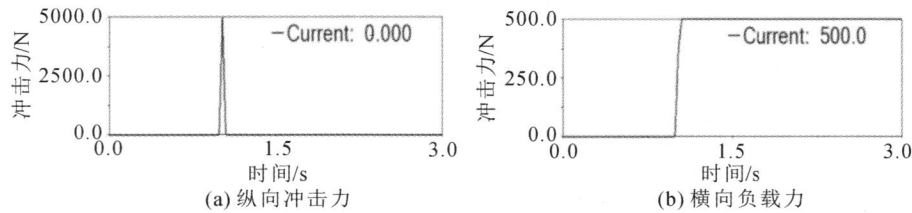

图 4.69　冲击力变化曲线

通过计算得出机头区域受落煤冲击时各位置的链条张力,绘制链条张力变化曲线图,如图4.70所示。

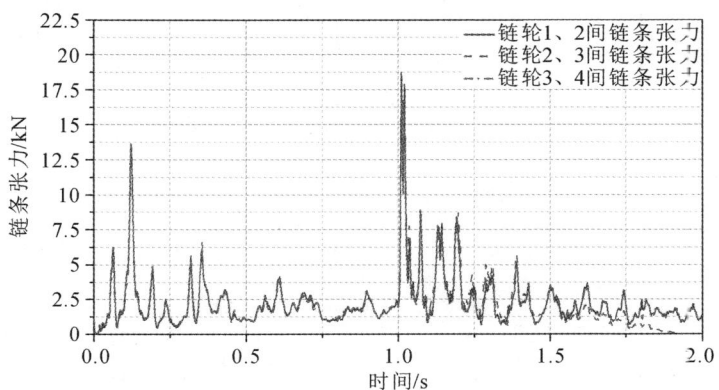

图4.70　机头区域受落煤冲击时各位置的链条张力

根据图4.70所示的链条张力变化曲线可以看出,当机头区域受到异常落煤冲击时,各位置的链条张力突变基本是同时发生的。冲击载荷最大值出现在机头区域,张力峰值达到18.0 kN,从冲击位置到机尾区域的链条张力峰值会有一定程度降低,降幅不超过2.0 kN。冲击发生后,链传动系统的链条张力存在0.5 s左右的缓冲时间,若冲击煤料产生的负载未超过链条屈服强度,则系统将冲击吸收后会拖动冲击煤料继续运行。

机头区域受落煤冲击时各链轮与链环之间的接触力的变化曲线如图4.71所示。

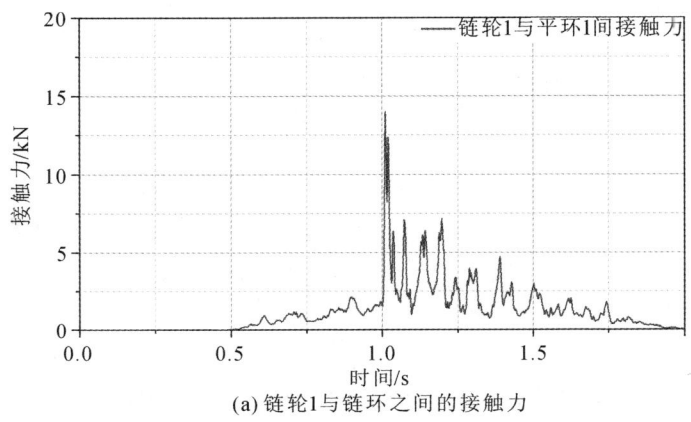

(a) 链轮1与链环之间的接触力

图4.71　机头区域受落煤冲击时各链轮与链环之间的接触力

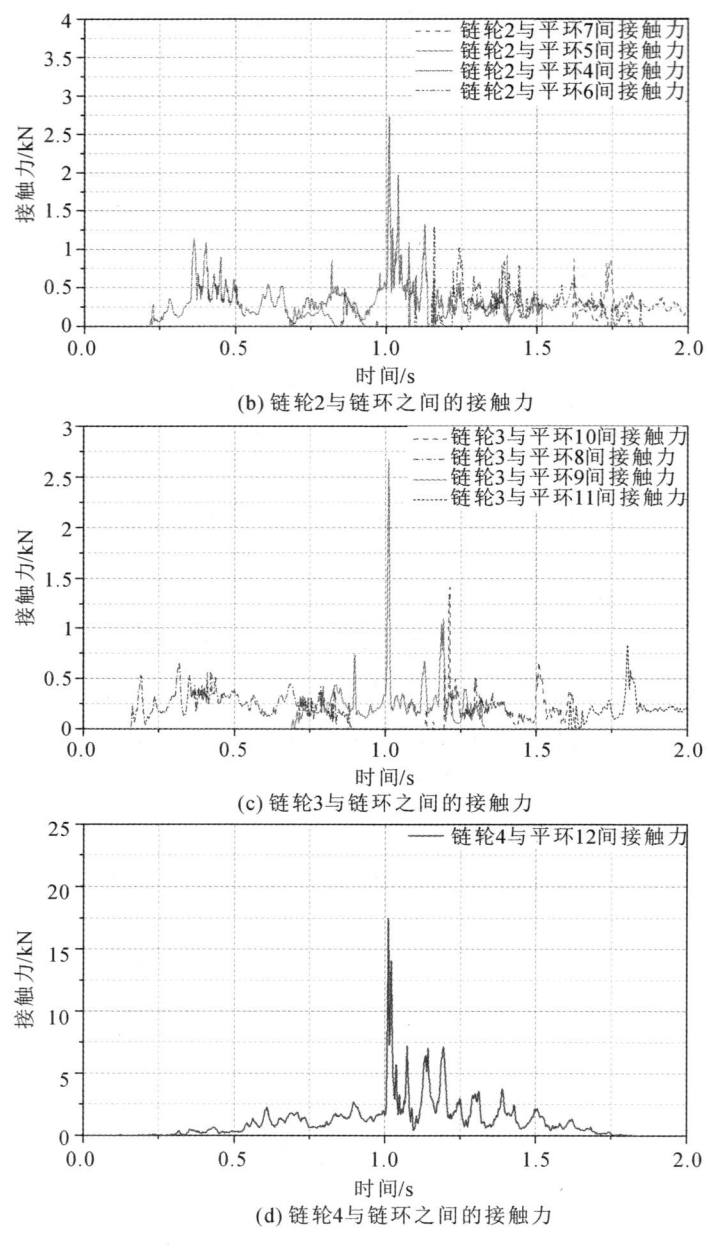

(b) 链轮2与链环之间的接触力

(c) 链轮3与链环之间的接触力

(d) 链轮4与链环之间的接触力

续图 4.71

根据图 4.71 可以看出,落煤冲击发生后各链轮与链环之间的接触力的突变发生时间基本一致,链轮 1、链轮 4 与链环之间的接触力峰值在 13.0 kN 以上,中间链轮 2、链轮 3 与链环之间的接触力峰值在 3.0 kN 以下,远低于机头、机尾链轮与链环之间的接触力峰值。

机头区域受落煤冲击时的链条速度如图 4.72 所示。

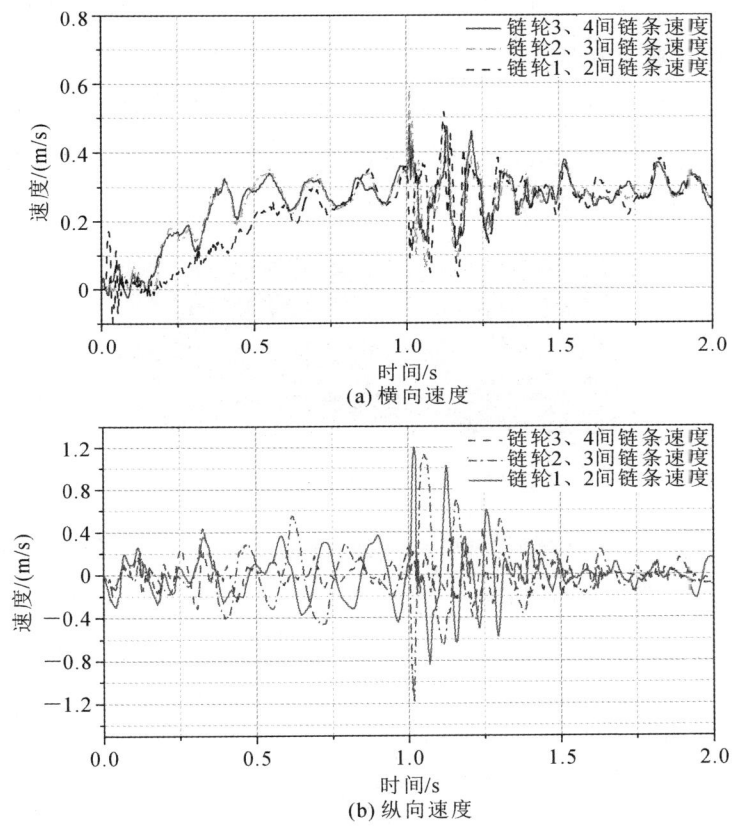

(a) 横向速度

(b) 纵向速度

图 4.72　机头区域受落煤冲击时的链条速度

通过图 4.72(a)可以看出,落煤冲击发生后链传动系统横向运行速度产生了大幅度波动,最大横向速度峰值出现在机头区域,峰值速度约为 0.6 m/s。冲击载荷产生的速度突变值由机头位置向机尾位置逐渐减小,且各段链条速度突变产生的时间相隔不远。各位置链条横向速度在受到冲击后的 0.5 s 时间内恢复到稳定值 0.3 m/s 左右。

根据图 4.72(b)可以观察到,在落煤冲击发生前链条纵向速度存在小幅度的纵向波动,其原因是系统初始位置各部件之间存在一定间隙,链条由于自身重力而产生速度波动。落煤冲击发生后链条纵向速度的波动幅值约是横向速度波动幅值的 2 倍,最大纵向速度波动幅值出现在机头区域,峰值速度达到 1.2 m/s。机头区域及中部区域的纵向速度峰值要远高于机尾区域。各段链条纵向速度在受冲击后的 0.5 s 时间内稳定下来,在 0 m/s 上下小幅度波动。

2. 中间区域受落煤冲击

在中间区域添加与机头区域相同的冲击载荷,如图 4.73 所示,模拟煤壁片帮、大块煤岩脱落对刮板输送机造成的冲击力。冲击完毕后添加水平方向的运行阻力,模拟脱落煤料对链传动系统施加的运行负载。

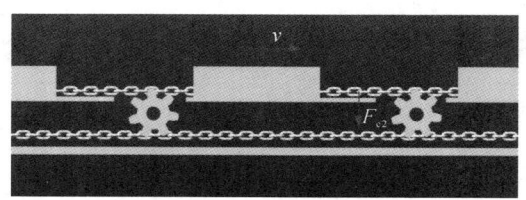

图 4.73 中间区域受落煤冲击示意图

通过计算得出中间区域受落煤冲击时各位置链条产生的张力,绘制链条张力变化曲线图,如图 4.74 所示。

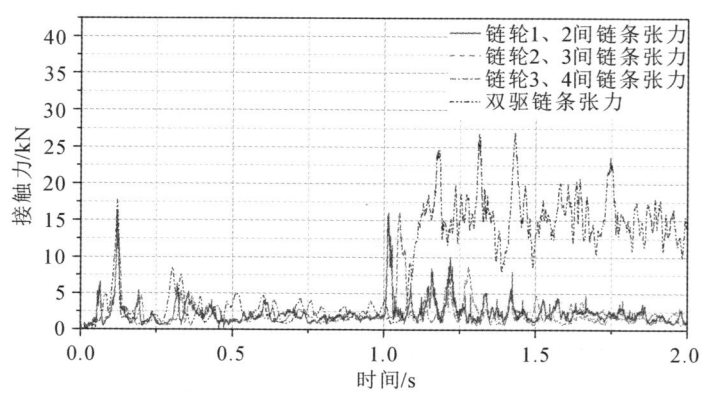

图 4.74 中间区域受落煤冲击时各位置链条张力

通过图 4.74 所示的计算结果可以看出,在受冲击前的启动阶段存在一处载荷突变,这是链条自身重力造成的。在 1.0 s 后发生冲击,各位置链条的张力几乎同时发生突变,张力突变峰值均在 15.0 kN 左右。冲击载荷造成的链条张力波动在冲击发生后的 0.5 s 内逐渐减弱并恢复至正常状态。而双驱刮板输送机在受冲击后链条张力长时间处于大幅波动状态,且链条张力最大值可达 27.0 kN。可见,多驱链传动系统在受冲击载荷作用时的稳定性要远高于双驱链传动系统。

中间区域受落煤冲击时各链轮与链环之间的接触力变化曲线如图 4.75 所示。

由图 4.75 可以看出,在落煤冲击发生后各链轮与链环之间的接触力突变时间一致,链轮 1、链轮 4 与链环之间的接触力峰值在 12.0 kN 以上,中间链轮与链环之间的接触力峰值在 4.0 kN 以下,远低于机头、机尾链轮与链环之间的接触力峰值。冲击发生后,链传动系统在 0.25 s 内将冲击吸收并继续运行。

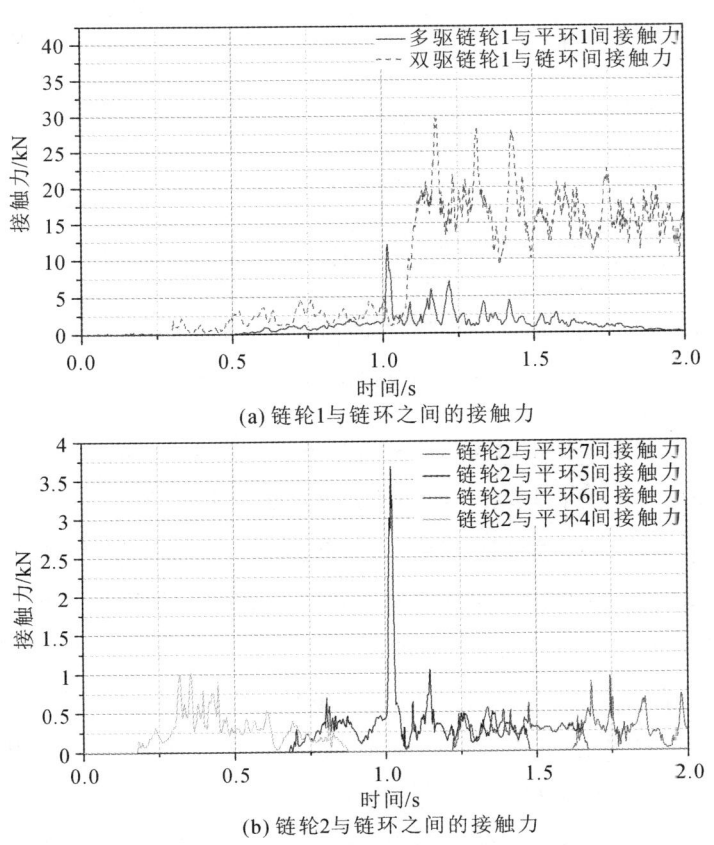

(a) 链轮1与链环之间的接触力

(b) 链轮2与链环之间的接触力

图 4.75 中间区域受落煤冲击时链轮与链环之间的接触力

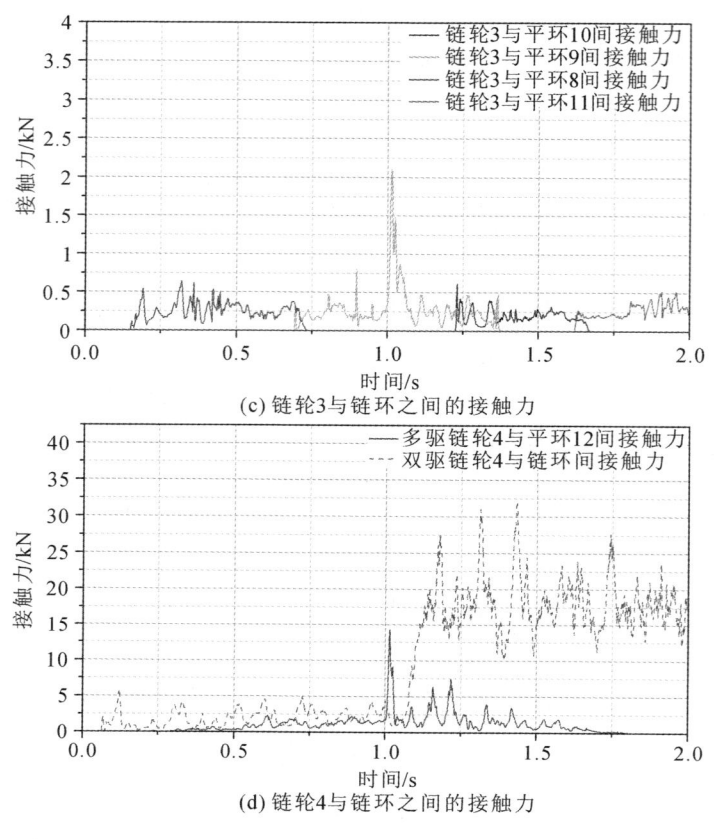

(c) 链轮3与链环之间的接触力

(d) 链轮4与链环之间的接触力

续图 4.75

中间区域受落煤冲击时各位置的链条速度如图 4.76 所示。

通过图 4.76(a)可以看出,各位置链条在受冲击前的启动阶段速度变化规律基本相同,0.5 s 后启动完毕,链条速度进入稳定波动状态。落煤冲击发生后链传动系统的横向运行速度出现大幅度波动,最大横向速度峰值出现在中间区域,达到 0.45 m/s。冲击载荷造成的链条横向速度突变值由中间区域向两侧逐渐减小,各位置链条发生速度突变的时间基本一致。各位置链条横向速度在受冲击后的 0.5 s 时间内恢复到稳定值 0.3 m/s 左右。双驱刮板输送机的横向波动速度变化规律与多驱刮板输送机基本一致。

从图 4.76(b)可以观察到,在落煤冲击发生之后,各位置链条的纵向速度突变基本同一时间发生。冲击发生后纵向速度的波动幅值约是横向速度波动幅

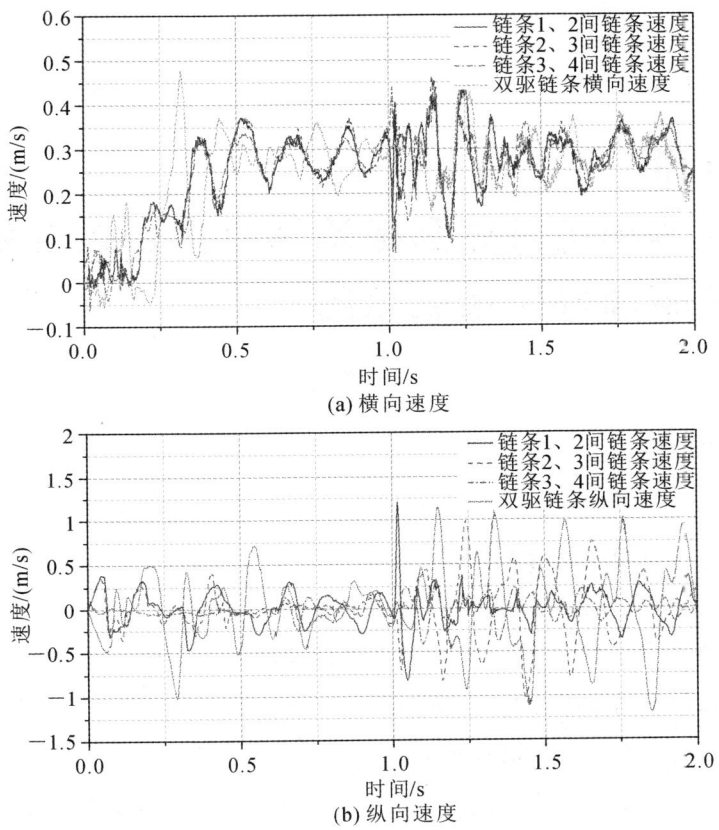

图 4.76　中间区域受落煤冲击时各位置的链条速度

值的 2 倍,最大纵向速度峰值出现在中部区域,达到 1.2 m/s。冲击载荷造成的纵向速度突变值由中间区域向机头、机尾区域逐渐减小,各位置链条纵向速度在受冲击后的 0.5 s 时间内稳定下来(在 0 m/s 上下小幅度波动)。而双驱刮板输送机在受冲击后链条纵向速度在长时间内存在大幅度波动,严重影响了运行的稳定性。

第5章
时空非均匀负载刮板输送机多永磁电机串联驱动协同控制策略

5.1 引言

刮板输送机煤散料输送并不是均匀的,经常出现某一段正常载煤,某一段没有煤或是煤量很少的情况。煤的不均匀分布会造成刮板输送机受力不均匀以及运行不稳定,若刮板输送机一直以满载功率运行,也会伴随着功率的损失与能源的浪费。虽然目前有基于煤量、电流监测的刮板输送机速度调节方法,但是结合煤流输送分析可知,刮板输送机的载煤量是时刻变化的,需要频繁进行速度调节、控制,才能实现其适应于工况的精准功率输出。此外,这种监测控制技术还存在一定的滞后性,这会影响适应式速度、功率调节的准确性。

出于安全、可靠性方面的考虑,目前国内的双链轮刮板输送机大多采用较为保守的原则选型设计方式。设计时会考虑最大煤流量运输情形,即刮板输送机刮板上煤层厚度最大且无空载段,采煤机下行割煤,刮板输送机的刮板链与采煤机同向运行。但实际工作中,刮板输送机在沿工作面完成一趟上行或下行割煤的过程中,仅在一段非常短的时间内近似处于最大煤流量运输状态,采用原则选型设计方式会造成刮板输送机强度与功率的浪费。因此,本章以采煤机沿着工作面上、下行采煤过程中刮板输送机煤散料运输过程为研究对象,分析了刮板输送机在物料运输过程中的煤流以及载荷分布特点,建立了刮板输送机上煤流、载荷分布模型,以进一步指导多点非等强驱动刮板输送机的尺寸、结构参数设计。

5.2 刮板输送机煤流动态分布模型

刮板输送机作为综采工作面的运输设备,其煤流分布及载煤量与采煤机的割煤动作息息相关,因此对刮板输送机煤流、载荷开展分析,需要考虑并结合与其配合工作的采煤机的割煤方式及过程。根据其运行方向,采煤机割煤方式有从回风巷到运输巷的下行割煤和从运输巷至回风巷的上行割煤,这就使得采煤机与刮板输送机在联合工作中存在着同向与反向运行两种输送状态。以采煤机上、下行双向采煤的过程中刮板输送机上的煤流、载荷为分析对象,展开具体的分析。

5.2.1 落煤负载时空分布模型

1. 瞬时煤量分布

根据采煤机与刮板输送机联合工作的实际工况进行适当的模型简化,以求在简化计算的同时,得出不偏离实际的正确结论。考虑理想情况,假定采煤机、刮板输送机分别以沿其工作面的平均工作速度 v_1、v_2 匀速运行,在一个采样周期 T 内采煤机滚筒截割深度(简称割深)为 B,H 为在一个采样周期内采煤机截割高度(简称割高),并假定上述物理量在采煤过程中均保持稳定不变,且刮板输送机能装载采煤机瞬时所采煤炭。图 5.1 所示为采煤机上行割煤时刮板输送机煤量分布模型。

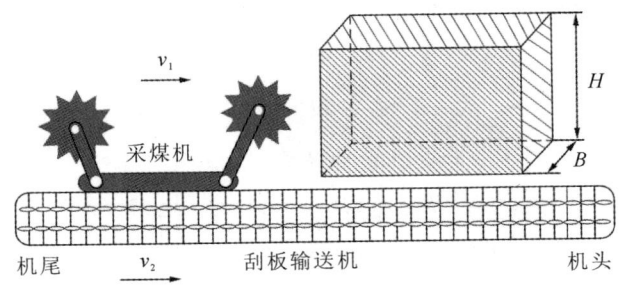

图 5.1 采煤机上行割煤时刮板输送机煤量分布模型

假定在一个采样周期 T 内,采煤机以速度 v_1 匀速运行,割深 B、割高 H 均保持稳定不变,则采煤机在这段时间内的采煤量为:

$$Q_1 = BHv_1T\rho \tag{5.1}$$

式中：ρ 为煤的平均密度。

采煤机与刮板输送机同向而行时，相对速度为：

$$v_{12} = v_1 - v_2 \tag{5.2}$$

采煤机与刮板输送机反向而行时，相对速度为：

$$v_{12} = v_1 + v_2 \tag{5.3}$$

在时间段 T 内，刮板链相对于采煤机移动的距离为：

$$Y = v_{12}T \tag{5.4}$$

由以上各式可得，在一个采样周期 T 内，刮板输送机的煤量分布为：

$$q_1 = \frac{Q_1}{Y} = \frac{BHv_1T\rho}{v_{12}T} = \frac{BHv_1\rho}{v_{12}} \tag{5.5}$$

2. 煤量动态分布

在采煤过程中，采煤机行进速度会发生波动，为使模型接近实际工况，采用滤波方式处理采煤机行进速度波动带来的影响。在实际应用中，一般取多个时刻的速度均值进行滤波。现取采煤机三个采样周期的速度 v_{T1}、v_{T2}、v_{T3}，则平均速度为

$$v_M = \frac{v_{T1} + v_{T2} + v_{T3}}{3} \tag{5.6}$$

考虑真实工况的误差，割深 B 取决于液压缸的推进距离，假设其误差为 ΔB。采煤过程中如遇到较硬的煤层或其他硬物，刀头将产生上下波动，由此引起的割高误差为 ΔH。

因此割深和割高存在波动：

$$B \rightarrow B - \Delta B$$

$$H \rightarrow H - \Delta H$$

在一个时间段 $3T$ 内，采煤机的采煤量为：

$$Q = 3T\rho v_M k(B - \Delta B)(H - \Delta H) \tag{5.7}$$

式中：k 为考虑其他影响因素造成的煤量损失而确定的损失因子，其大小需通过试验数据加以确定。

因此，修正后的煤量分布模型为

$$q = \frac{Q}{3Tv_{12}} = \frac{\rho v_M k(B - \Delta B)(H - \Delta H)}{v_{12}} \tag{5.8}$$

图 5.2 所示为采煤机上行割煤时刮板输送机煤量分布修正模型。

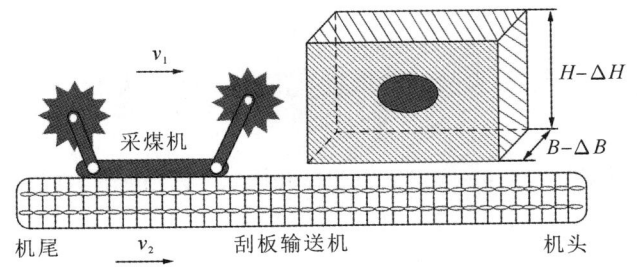

图 5.2 煤量分布修正模型

3. 煤量分布的动态累积

在时间 t 内,刮板输送机上的总煤量分为两部分:未运出的煤量和已运出的煤量。

因此刮板输送机上的总煤量为:

$$Q_{总}(t) = \sum_{i=1}^{N} q_i - \sum_{j=1}^{n_1} q_j \tag{5.9}$$

式中:N 为刮板输送机分段总数,$N = \dfrac{T_{总}}{3T}$;q_i 为第 i 段煤量;n_1 为已运出煤的段数。

每段煤的运出时间为:

$$t_i = \frac{3Tv_{12}}{v_2} \tag{5.10}$$

则在当前时刻已运出煤的段数为:

$$n_1 = \sum_{i=1}^{N} I(t_i \leqslant t_{当前}) \tag{5.11}$$

式中:$I(\ )$ 为指示函数,当条件 $t_i \leqslant t_{当前}$ 成立时其值为 1,否则为 0。

5.2.2 转矩调节

刮板输送机上负载分布即为上方采煤机截割煤量分布,每台电机输出转矩与链条张力之间的关系为:

$$T_i = RF_i \tag{5.12}$$

式中:R 链轮半径;F_i 为电机 i 和电机 $i+1$ 之间的链条张力。

基于刮板输送机的分布负载,可得链条张力分布模型为:

$$T_1(x,t) = \int_x^L q(\xi,t)g\,\mathrm{d}\xi \qquad (5.13)$$

式中:g 为重力加速度;L 为刮板输送机长度;$q(x,t)$ 为某位置 x 处某时间 t 时的煤量分布。

假设系统中有 N 台电机,定义电机 i 和电机 $i+1$ 的作用区域为 $[x_i, x_{i+1}]$,则电机 i 需承担的负载转矩为:

$$T_i = \frac{\int_{x_i}^{x_{i+1}} q(x,t)g\,\mathrm{d}x}{R} \qquad (5.14)$$

5.3　基于负载时空分布预测模型的多电机自适应控制

5.3.1　控制目标

刮板输送机上的负载由链上的煤流分布决定,链条张力由煤流负载累积引起。链条张力大小决定了电机驱动链轮的理论需求转矩。每台电机驱动的实际输出转矩 T_i 必须与对应位置的链条张力相匹配。为了确保系统运行稳定,需要调节各电机的实际输出转矩 T_i,使其动态跟踪理论需求转矩 $T_1(x,t)$。因此优化目标函数为:

$$\min\left[\sum_{i=1}^N (T_i - T_1(x_i,t))^2\right] \qquad (5.15)$$

5.3.2　转矩自适应调节

每台电机根据实际输出转矩与理论需求转矩的反馈偏差进行调整:

$$\frac{\mathrm{d}T_i}{\mathrm{d}t} = -\alpha(T_i - T_1(x_i,t)) \qquad (5.16)$$

式中:α 为调节速率(控制增益)。

当系统达到稳态时输出转矩与理论需求转矩应相等,即满足以下公式:

$$\frac{\mathrm{d}T_i}{\mathrm{d}t} = 0 \qquad (5.17)$$

则

$$T_i = T_1(x_i, t) \tag{5.18}$$

5.3.3　煤流负载预测

通过上述分析可知，链条张力的动态特性取决于煤流的时空分布。可通过实时预测未来 Δt 时间内的煤流负载，预先调整电机输出，避免延迟响应。

动态预测模型需基于以下条件建立：

（1）当前煤流分布 $q(x,t)$；

（2）采煤机的速度 v_1、刮板输送机的链条速度 v_2；

（3）煤层特性、采煤机的工作状态等。

为简化计算过程，我们不考虑条件（3）对煤流分布特性的影响，即假定未来时刻的煤流负载只与当前煤流分布 $q(x,t)$、采煤机速度、刮板输送机速度有关。综合考虑采煤机的割煤输入以及刮板输送机的链条速度，可得未来 Δt 时间内的煤量分布：

$$q_{预}(x, t+\Delta t) = q(x - v_2\Delta t, t) + BHv_1\rho\Delta t \tag{5.19}$$

根据预测负载时空分布，调整电机的输出转矩：

$$T_i(t+\Delta t) = T_i(t) + \Delta t \cdot \frac{\mathrm{d}T_i}{\mathrm{d}t} \tag{5.20}$$

将式（5.16）代入式（5.20），得到转矩更新公式：

$$T_i(t+\Delta t) = T_i(t) - \alpha\Delta t\left[T_i(t) - \int_{x_i}^{L} q_{预}(\xi, t+\Delta t)g\mathrm{d}\xi\right] \tag{5.21}$$

将煤流分布、链条张力以及多电机控制公式相结合，得到基于负载时空分布预测模型的多电机自适应调节系统模型：

$$\begin{cases} q(x,t) = \dfrac{\varrho v_{\mathrm{M}}k(B-\Delta B)(H-\Delta H)}{v_{12}} \\[2mm] q_{预}(x, t+\Delta t) = q(x - v_2\Delta t, t) + BHv_1\rho\Delta t \\[2mm] T_1(x, t+\Delta t) = \displaystyle\int_{x}^{L} q_{预}(\xi, t+\Delta t)g\mathrm{d}\xi \\[2mm] T_i(t+\Delta t) = T_i(t) - \alpha\Delta t\left[T_i(t) - \displaystyle\int_{x_i}^{L} q_{预}(\xi, t+\Delta t)g\mathrm{d}\xi\right] \\[2mm] P_i = T_i \cdot \dfrac{v_2}{R} \end{cases} \tag{5.22}$$

通过建立多电机自适应调节系统模型,实现电机驱动系统根据负载时空分布的自适应控制,最终目标是实现电机转矩与预测的拖动负载的理论需求转矩的实时匹配,使电机输出能够动态适应链条上的负载分布,从而实现系统的稳定运行和负载均衡。最终的控制目标可以用以下公式表示:

$$T_i^{k+1} = T_i^k - \alpha\left[T_i^k - \int_{x_i}^{L} q_{预}(\xi, t) g \mathrm{d}\xi\right] \tag{5.23}$$

通过转矩负反馈调节公式和转矩更新公式,逐步逼近理论需求转矩的稳态解,确保电机输出与链条负载实时匹配,实现负载均衡、系统稳定和高效运行。

第 6 章
故障工况下刮板输送机多永磁电机自适应协同控制方法

6.1 引言

我国煤矿工作面长度已经由最初的 200 m 延伸至 450 m,预计未来会达到 600 m,甚至更长。目前已建成 450 m 超长工作面的有:陕煤集团小保当煤矿[64](见图 6.1)、神东煤炭集团哈拉沟煤矿[65]、山东能源集团济宁二号煤矿[66]。随着煤矿超长工作面建设需求的增长,智能化、长运距成为刮板输送机的发展趋势,但由于其工作环境恶劣、工况条件苛刻,刮板输送机经常面临各种故障,如功率过大引起电机损坏、断链、跳链、电网冲击,链条张力波动大、电机故障率高等问题也逐渐突显,为刮板输送机的研发带来挑战,尤其在多永磁电机串联驱动模式下。虽然多永磁电机串联驱动结构具有高效、能自适应控制、鲁棒性强、功率因数高和能耗低等优势,但多体结构的非线性和不确定性特点,也带来了新的挑战。本章将基于现有的理论研究,深入分析多永磁电机串联驱动刮板输送机的常见故障案例,包括故障原因、故障表现以及解决策略。

通过前几章的介绍可知,我们在永磁直驱-链轮传动结构形式的基础上进一步做改进,开发出了多永磁电机串联驱动结构,如图 6.2 所示,通过串联多个永磁同步电机作为驱动源,实现了刮板链的持续稳定运行。与传统驱动方式相比,多永磁电机串联驱动具有结构紧凑、控制精度高、能耗低等优点。

传统的双驱刮板输送机在出现故障时,往往面临着整体停机的风险,而多驱刮板输送机则可以通过精确的负载重构和多电机间的联动有效规避这一问题,从而提高系统的工作效率与故障容忍度。多驱刮板输送机系统可通过分级

图 6.1　小保当煤矿 450 m 综采成套装备

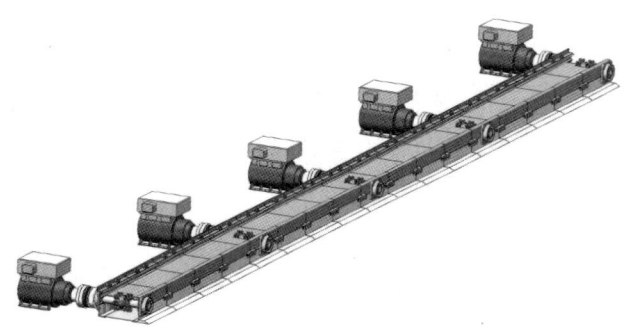

图 6.2　多永磁电机串联驱动刮板输送机

启动机制优化设备启动过程,有效降低瞬态电流峰值,减小对电网的冲击,并且当某个驱动电机发生故障时,系统可通过自适应切换策略自动识别失效电机,并快速将其工作负载分配给其他正常运行的电机,实现系统的无缝补偿,从而保障持续运行的稳定性。

　　本章针对多串联驱动刮板输送机可能出现的故障类型和故障机理进行了分析,并介绍了基于多电机驱动系统和链传动系统的健康状态监测系统的设计;对多电机伺服系统整体结构进行分析并给出了相应的动力学模型,通过为每台电机设计自适应滑模状态观测器来在线估计每台执行器的失效因子;在个别电机发生局部故障的情况下,采用自适应控制方法对控制器进行容错控制,应用 Lyapunov 理论,证明了闭环系统在故障状况下是稳定的,同时证明了观测器是收敛的。

6.2　多永磁电机串联驱动刮板输送机常见故障

据不完全统计,刮板输送机故障事故占工作面"三机"事故总数40％以上[67]。根据某矿工作面2017—2019年刮板输送机故障统计数据(见表6.1)[68],传动系统和驱动系统故障是刮板输送机的主要故障,占整机总故障的81.6％,其中以链条、链轮、电机、减速器故障居多。根据2003—2015年神东煤炭集团矿区刮板输送机故障统计数据(见表6.2)[69],刮板链传动系统故障占整机故障的51％(其中以链条故障率最高),电机驱动系统故障占整机故障的25.7％(其中以电机故障率最高),因电机驱动系统故障造成的停机时间最长达到19 h,严重影响了工作面的生产效率。

表6.1　某矿2017—2019年刮板输送机故障统计数据

故障位置	传动系统	驱动系统	控制系统	其他机构件
频次/次	121	61	33	9
故障占比/％	54.9	26.7	14.5	3.9

表6.2　神东煤炭集团矿区2003—2015年刮板输送机故障统计数据

故障位置	刮板链传动系统			电机驱动系统				结构件	控制系统	过载
	链条	接链环	刮板	链轮	电机	减速箱	耦合器			
频次/次	48	10	20	38	30	21	8	38	7	8
停机时间/h	41	9	8	13	8	19	13	11	7	10
故障占比/％	21.05	4.39	8.77	16.67	13.16	9.21	3.5	16.67	3.07	3.51
合计/％	34.21			42.54				16.67	3.07	3.51

6.2.1　刮板链系统故障原因分析

在多永磁电机串联驱动模式下,刮板输送机的故障表现因电机之间的紧密耦合而复杂化,故障传递和作用机制明显不同于传统驱动模式。

如图6.3所示,刮板链系统由多个中部槽、多节链条和多个刮板构成。中部槽为煤炭物料的装载部件,刮板和链条是重型刮板输送机的运动牵引机构。当煤块物料落在中部槽上时,由链条牵引的刮板推动物料向前移动,到达机头卸载处进行卸载,从而将煤炭运出综采工作面。

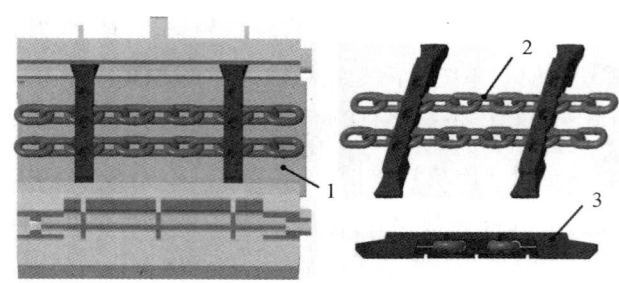

图 6.3　刮板链系统的构成

1—中部槽;2—链条;3—刮板

链条张力失衡是多永磁电机串联驱动刮板输送机面临的关键问题之一,容易引发链传动系统故障,如跳链、卡链等,加重链条、链轮和驱动部件的磨损,不仅会缩短设备寿命,还可能造成链条断裂和系统停机。

如图 6.4 所示,每个链轮承载侧正上方是整个刮板链系统中链条最大张力的所在位置,即每个链轮与链条的啮合点。

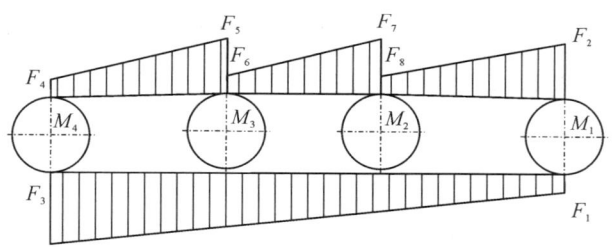

图 6.4　多永磁电机串联驱动刮板输送机张力分布图

而在实际工况中,刮板输送机中部槽上不同位置处的落煤量随着采煤机位置的不断移动而发生变化,这就造成刮板链系统一直都处在一个时变和不确定的负载工况下,它的运行阻力时刻在发生改变,很难预测和计算相关受力情况。因此,需要分析刮板链系统的运行状态,明确刮板链系统发生故障的原因和状态特征变化,为研究刮板链系统的健康监测方法提供理论基础,这也对保障刮板链系统的正常运行具有重要意义。

1. 刮板链系统运行状态分析

刮板链系统是多永磁电机串联驱动刮板输送机中的关键传动与承载部件，其性能直接影响设备的运行效率以及煤矿生产的安全性。在正常工作条件下，刮板链系统主要有两种运输模式:直线段运输模式和弯曲段运输模式。

在直线段运输模式下，输送机的中部槽沿综采工作面呈直线布置，如图6.5所示。在该模式下，采煤机沿刮板输送机提供的轨道来回运动，通过调节截割头的垂直位置完成煤壁截割。链条牵引刮板在中部槽中沿直线轨迹运行，从而表现出刮板链系统的直线段运输特性。

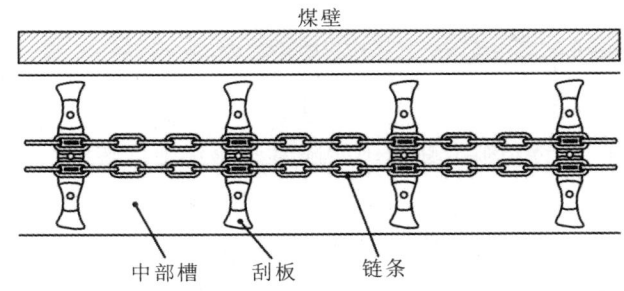

图 6.5　刮板链系统直线段运输工况

多永磁电机串联驱动刮板输送机的中部槽是由多节刚体通过哑铃销连接而成的，刚体之间会存在一定的间隙。采煤机完成一个工作面的循环采煤任务后，中部槽将被液压支架的推移千斤顶依次向着煤壁方向推移一个步距 a，此时刮板输送机机身在工作面上呈现两个直线段和一个类似"S"形的水平弯曲段，如图 6.6 所示。链条牵引刮板会经过中部槽的弯曲段，运行轨迹水平弯曲，此时刮板链系统处于弯曲段运输工况。

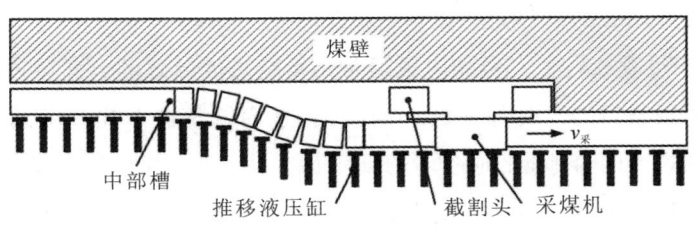

图 6.6　刮板链系统弯曲段运输工况

2.刮板链系统故障原因分析

刮板链系统作为多永磁驱动刮板输送机重要的运转受力部件,工作时沿着中部槽拖运煤炭,不仅要承受运行所需的预紧力,还要承受各种复杂的动载荷和不确定的动载荷。由于链环与链环之间的连接特性,链条可以作为一个良好的缓冲器,减轻一切动载荷和冲击载荷对设备的伤害。但是由各种原因引起的刮板链系统故障是无法避免的,只要其中一个链环、刮板或者中部槽出现故障,就会影响整个刮板输送机设备的正常工作。故障后的找位、清理和维修也特别困难,费时费力,严重影响工作面的采煤工作。

常见的刮板链系统故障可分为链条故障、刮板故障、中部槽故障,以及其他故障。

1)链条故障

链条故障主要是卡链和断链两种故障。卡链是指由于链条本身的原因或者外界因素的干扰,链条被卡住而不能随着链轮正常运转;断链是指链条在链环较脆弱位置处发生断裂,是链条故障中最严重的一种。在刮板输送机事故中,由这两者引发的事故占有很大的比重。链条故障不仅影响综采工作面的正常生产,有时还会对机器设备造成损坏,严重时还有可能弹伤刮板输送机沿线的工作人员,造成伤亡事故。链条故障根据产生的原因可分为内因和外因,具体如下:

(1)链条故障内因包括以下几种。

① 链条加工材料与制造质量不合格。链环的加工材质和制造工艺达不到规定的标准,致使链环等在使用中发生塑性变形或者脆性断裂。

② 链环选配不合理。在安装刮板输送机时,新、旧链环混合使用,由于新、旧链环的物理性质不一致,工作时其受力和变形情况大不相同,变形和受力大的链环先发生断裂。

③ 链条过紧或过松。链条过紧通常是紧链过度导致的。紧链过度,就会在增大链条的预紧力的同时加速链环的磨损,且当链条被卡住或者刮卡时,没有慢慢变紧和缓冲的余地,此时链环的动张力变大,超过强度极限就会发生断链事故。链条过松会导致刮板极易脱离链轮的刮板槽,发生卡链和跳链现象,同时链条也会受到链轮轮齿的不断冲击,进而发生变形和断裂。

（2）链条故障外因包括以下几种。

① 冲击断裂。链环受到瞬间的冲击载荷，会产生相当大的应力和变形，当应力超过链环的最大破断拉力时，链条就会发生断裂。

② 疲劳断裂。链环长时间工作在交变脉动载荷下，虽然在这种情况下链环受力小于静态破断力，但在交变载荷的反复作用下，链环易发生疲劳断裂。

③ 超载或过载断裂。当中部槽内的货载过多、链条或刮板被大块煤矸石卡住时，链环承受的张力过大，导致其内部应力超过强度极限，就容易发生断链事故。

④链环磨损引起的断链。链条在工作过程中难免要与中部槽和物料接触，同时链环与链环、链环与链轮之间也有接触，这些接触都会导致链环发生磨损，降低链环的强度，进而发生断链。图 6.7 为刮板链系统的链环磨损示意图，图中 L_c 为链环节距，d_c 为链环直边直径，a_c 为链环内宽。链环发生磨损的主要部位有以下三处：

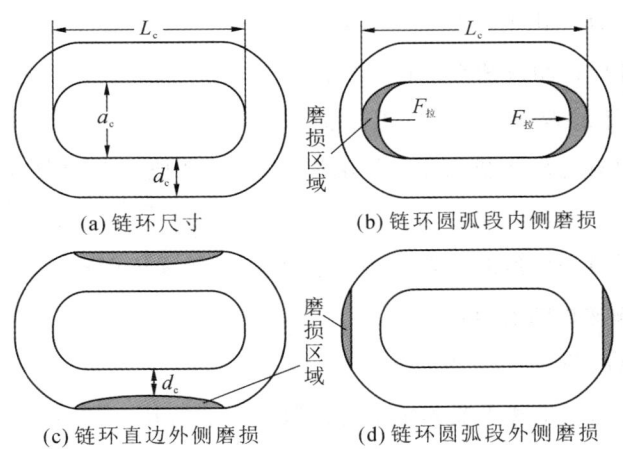

(a) 链环尺寸　　(b) 链环圆弧段内侧磨损

(c) 链环直边外侧磨损　　(d) 链环圆弧段外侧磨损

图 6.7 刮板输送机链环磨损示意图

图 6.7(b)所示为链环圆弧段内侧磨损。它是在刮板链系统运转过程中，由于链环与链环之间不断碰撞和接触、相互挤压而产生的磨损。这种磨损会使链环节距发生变化，不仅影响链环强度，而且影响刮板与刮板的间距，严重时会导致卡链和断链事故的发生。

图 6.7(c)所示为链环直边外侧磨损。这是最严重的一种链环磨损。由于

链环直边外侧与中部槽长时间接触,链环在中部槽中滑动过程中,其直边外侧就会发生磨损。磨损后链环直边直径减小,强度大大降低。一般链条的立环比平环的直边外侧磨损更为严重。

图 6.7(d)所示为链环圆弧段外侧磨损。链环在经过链轮轮齿并与轮齿啮合的过程中,产生相对的滑动,导致了磨损的发生。在这种情况下,平环的磨损比立环更加严重。

⑤ 腐蚀与锈蚀引起的断链。由于采煤工作面空气湿度大,而且煤块物料中存在腐蚀性的水分和气体,链环易受到腐蚀,在腐蚀作用下环体产生锈蚀和脱皮,环体的有效截面面积减小,导致链条的强度大大降低,引起断链。

2)刮板故障

① 刮板磨损严重。刮板的磨损量超过一定的界限,就易造成飘链故障,导致物料运不出去,其他刮板段的运行阻力增大,可能会造成断链。

② 刮板出槽。当发生刮板出槽现象时,一方面其他刮板段的运行阻力会突然增大,另一方面当出槽的刮板运行到链轮处时,极易发生卡链现象。

③ 刮板螺栓松动或断裂。在刮板机运行过程中,若刮板螺栓松动而达不到紧固所需的转矩或者动载荷造成螺栓断裂,会使刮板和底部压板分离。若出现此类故障,当刮板运转到机头或机尾电机处时,易造成卡链现象,进而引发断链事故。

④ 刮板断裂。当刮板受到的载荷大于刮板强度极限时,刮板就会发生断裂,影响刮板输送机的安全运行。

3)中部槽故障

① 刮板输送机推移不当和水平弯曲段超限。液压支架推移不当和水平弯曲段超限会导致两节中部槽的槽体发生错位,对接不齐,使刮板与中部槽之间发生刮卡甚至卡死现象,这样极易造成链条断裂。

② 结构件、铁器等物品掉落到刮板输送机中部槽内。在刮板输送机正常工作期间,若有结构件、铁器等掉落槽内未能被及时捡出,其就会被运送至链轮处,这将极易造成卡链或断链事故的发生。

③ 连接中部槽的哑铃销断裂或脱落。刮板输送机哑铃销因磨损而发生断裂或脱落,导致中部槽对接不齐,容易造成卡链和断链事故。

6.2.2 驱动系统故障原因分析

1. 电机功率输出不均

在多永磁电机串联驱动模式下,刮板输送机通过多个电机协同驱动链条。当某一电机功率输出低于其他电机时,该电机拖动位置的链条将承受更小的驱动力,造成局部张力减小。同时,功率输出高的电机位置张力增大,造成张力失衡。同时,电机本身的功率波动、负载变化、驱动控制响应不及时等原因也会造成电机功率输出不均。

2. 电机速度不同步

多永磁电机串联驱动系统中,各电机速度的一致性将影响张力平衡。若某些电机速度略低于其余电机,低速电机会在链条中引起拖滞效应,导致驱动链条的负载分布不均,链条上受力点的位置也将发生变化,导致张力平衡被破坏。低速电机拖滞会使链条在此处松弛,而高速电机则会拉紧链条,造成局部张力剧增。张力平衡的破坏将进一步导致电机间的相互干扰,形成反馈作用,加剧失衡现象。

3. 链条与电机的反馈耦合

在多永磁电机串联驱动系统中,链条张力与电机输出之间存在紧密的反馈耦合关系。当出现张力失衡时,电机的输出转矩需随时调整,以适应链条张力的变化。电机反馈调整延迟或不足会导致系统无法迅速恢复平衡,从而造成链条张力和电机负载的耦合振荡。若振荡频率接近系统的固有频率,可能产生共振,严重时会引起电机或链条的过载失效。

6.2.3 其他故障

1. 刮板输送机频繁启动

由于井下截割冲击(见图 6.8)、冒顶等落煤冲击现象频发,刮板输送机运输负载常分布不均匀,尤其在输送大块物料或密度不均的煤料时,会出现局部负载集中的现象。由于链条和电机间的耦合作用,局部张力增大或减小会引发其他链段的连锁反应,形成一系列传递性波动。在长距离输送的刮板输送机中,这种波动往往会叠加,导致张力波动的放大。传递性波动不仅会影响链条张力

185

的均匀性,还会导致系统运行时的振动加剧,缩短链条寿命,进而导致刮板输送机不断重启,造成积煤和超载、过载现象,而在这种情况下启动刮板输送机非常容易发生断链事故。

图 6.8　截割冲击

2. 链轮组件磨损严重

链轮与链条的不断反复啮合会造成链轮组件的磨损。当链轮组件磨损严重而不能及时维修或更换时,链轮轮齿与链条节距将不配套,从而引起滑链、跳链等现象,严重时甚至会造成链条断裂。

3. 环境因素

恶劣的工作环境(如粉尘多、环境湿度和温度状况不佳,见图 6.9)会影响链条的润滑效果和摩擦状况,导致局部阻力增大。例如,潮湿环境可能导致链条生锈,加剧链条磨损,使某些链段阻力增加,导致张力集中。

(a)粉尘环境　　　　　　　　　(b)潮湿环境

图 6.9　煤矿环境

4. 控制系统故障

在多永磁电机串联驱动刮板输送机系统中,控制系统的可靠性至关重要。控制系统故障不仅会影响电机的同步性,还可能造成链条张力失衡、振动增强等问题,直接威胁设备的安全稳定运行。

(1) 信号失准导致反馈不一致。在煤矿或重工业场景中,环境中往往存在大量电磁干扰(EMI),如高频设备、变频电机、开关操作等带来的电磁干扰。当电磁干扰或传感器失灵等因素引发信号偏差时,控制系统接收到的反馈信息不准确,这将导致控制指令与实际需求不一致。例如,速度反馈信号偏差会造成电机输出转矩不平衡,导致链条张力瞬时失衡。

(2) 控制算法不稳定。多永磁电机串联驱动系统需要复杂的控制算法来协调各电机的速度、转矩输出。控制算法如果设计不当,可能无法处理电机间的耦合动态,最后导致系统不稳定,产生过度响应或滞后响应。此外,复杂的实时运算可能导致控制器负载过大,控制精度降低。例如,温度变化导致电机阻抗波动,会影响电机间的功率分配,如果控制系统未能及时补偿这种波动,则可能在链条上引发振动,进一步加剧张力失衡。

6.3　多永磁电机串联驱动刮板输送机健康状态监测技术

通过故障诊断与状态识别能够有效实现对刮板输送机运行状态的监测、诊断和预测,准确的故障诊断与识别能够降低设备维修成本,延长使用寿命,进而提高生产效率。随着传感监测技术与通信传输技术的发展,刮板输送机故障诊断与状态识别已由早期的人工识别与经验判断发展为机器识别[70-71],机器识别技术借助于振动、电流、温度、应变、图像、磁探伤信号等特征信号[72-74],极大地提高了刮板输送机运行状态和故障识别精度,同时还降低了人力成本,提高了检测精度和装备自动化水平。

近年来,人工智能、深度学习技术的应用使刮板输送机故障诊断技术得到了前所未有的发展。诸多学者针对刮板输送机工作过程中出现的各类故障,运用信息技术和传感器技术,逐步建立了刮板输送机健康状态监测和故障诊断体系[75-78]。一些新型的监测方法(如支持向量机分类算法[79]、D-S(Dempster-Shafer)证据理论方法[80]、小波变换[81]等方法）和诊断模型（如故障树与贝叶斯网络结合的不确定性模型[82]、反向传播（BP）神经网络[83]）逐渐被应用到煤矿中，并且传感器也逐渐朝着高精度、小型化、集成化、数字化和智能化的方向发展。

图 6.10 所示为基于神经网络的多源信息故障诊断模型。

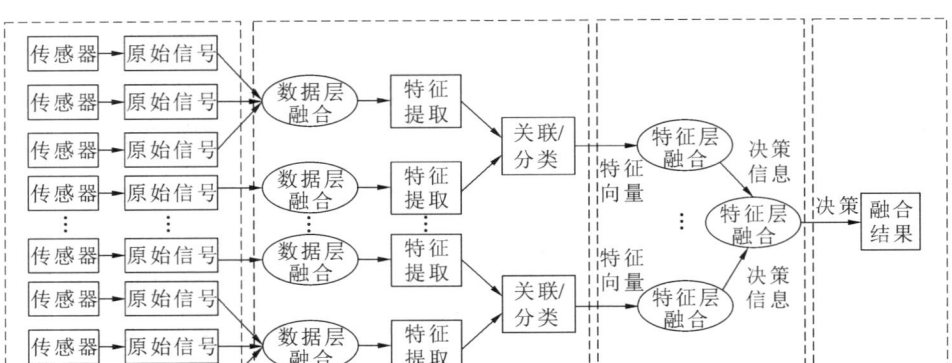

图 6.10　基于神经网络的多源信息故障诊断模型

多永磁电机串联驱动刮板输送机组成结构复杂，部件之间存在强耦合性，而传统故障诊断方法无法充分捕捉刮板输送机多部件之间的耦合关系；同时，刮板输送机工作环境恶劣，监测数据异常值较多，而传统的机械设备健康指标构建方法易受异常值影响，且对人工经验依赖较多。因此，对于多永磁电机串联驱动刮板输送机，采用传统故障诊断方法可能并不合适。

6.3.1　多永磁电机串联驱动刮板输送机健康状态监测系统设计

为了确保多永磁电机串联驱动刮板输送机在煤矿等复杂环境中的稳定运行，提升其故障预警和容错能力，需要建立基于健康状态监测与多传感器融合技术的多永磁电机串联驱动刮板输送机故障诊断与健康管理体系，通过精准的实时数据采集与多源信息融合，实现对输送机运行状态的全面感知、快速诊断和智能化调控，保障设备的长期稳定高效运行。

我们基于团队所开发的相关测试系统，针对多永磁电机串联驱动刮板输送机建立了一套完善的健康状态监测与多传感器融合技术，以实现设备运行状态的实时评估、潜在故障的早期预警以及系统性能的优化。

1. 数据采集

1）动态张力测试系统

动态张力测试系统（见图6.11）用于实时监测刮板输送机运行过程中链条的张力分布，捕获动态负载下链条的张力变化，从而评估载荷分布状态，识别异常工况。应变传感器沿输送链条均匀分布于关键位置（转弯点、驱动链轮处及重载区域）。基于压电效应，利用材料在受力时产生的电荷变化测量链环的应变。

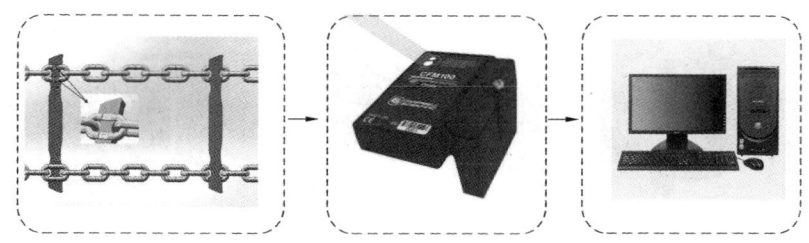

图6.11 动态张力测试系统

将测得的应变信号通过力学模型转换为张力值：

$$T = \frac{\Delta L}{L_0} \cdot E \cdot A \tag{6.1}$$

式中：T为链条张力；$\Delta L/L_0$为应变值；E为链条材料的弹性模量；A为链环横截面面积。

动态张力测试系统在刮板输送机处于启动、稳态运行、负载波动等工况时采集链条各监测点的应变数据，形成张力分布的时间序列数据。传感器输出的信号通过有线（如工业以太网）或无线（如Zigbee或LoRa网关）方式传输至中央数据处理单元。

对采集的应变信号进行滤波和归一化处理，得到高精度的动态张力数据。根据张力数据绘制链条的动态张力分布图，分析链条各节点的受力情况。应用时间序列分析技术（如长短期神经记忆网络（LSTM）技术）和深度学习技术（如门控循环单元（GRU）技术）实现异常检测和故障预测，判断链条是否存在松弛、过载或其他现象。

2）转矩测试与分析系统

转矩测试与分析系统（见图 6.12）旨在实时监测和分析驱动电机的转矩输出特性，评估电机与机械负载之间的动力耦合状态，系统通过高精度磁弹性转矩传感器直接获取电机输出轴（链轮轴）的转矩值，这些传感器安装在各电机轴端，基于磁弹效应，检测轴在扭转过程中的磁特性变化，以测量转矩。通过电机模型计算预期转矩值并与测量值进行对比，来完成以下任务：

（1）检测过载、机械卡滞或链条松弛等异常现象；

（2）评估电机与链条间的动力耦合状态，识别不均匀载荷分布情况，判断多电机功率是否平衡。

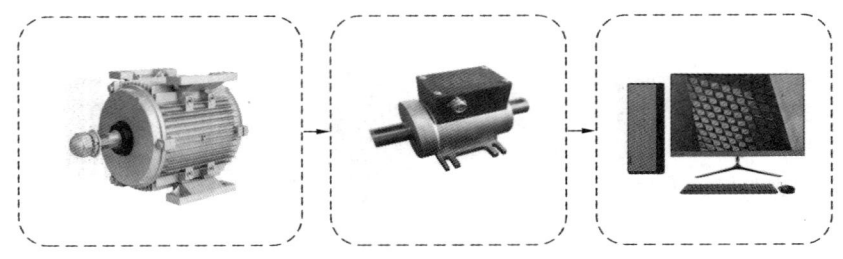

图 6.12　转矩测试与分析系统

3）驱动单元速度测试系统

驱动单元速度测试系统（见图 6.13）采用多速度传感器形成多点监测系统，可以获得全方位的速度监测数据，形成多电机协调分析和链条-电机之间的动力耦合监测网络，实现电机转速和链速实时监测。

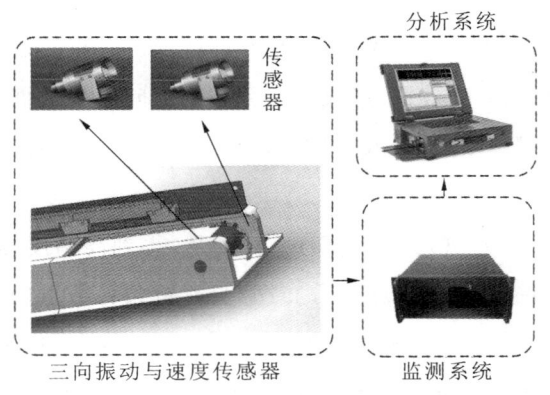

图 6.13　驱动单元速度测试系统

将霍尔传感器直接安装在电机输出轴上,实时获取电机转速信号,根据工况调整采样频率,无中间部件影响测量结果,测量精度高。

霍尔传感器通过检测磁场变化的频率来估算旋转速度:

$$\omega = \frac{f}{p} \tag{6.2}$$

式中:f 为霍尔信号频率;p 为电机转子极对数。

在链条运动路径的关键点(如张紧轮附近)安装非接触式测速传感器——激光测速仪,直接监测链条的线速度,反映链条运行的动态特性,评估链条在运行过程中的速度波动和动态张力变化。

激光测速仪利用激光多普勒效应,通过测量反射光的频移量计算物体的线速度:

$$v = \frac{\Delta f \cdot \lambda}{2} \tag{6.3}$$

式中:v 为物体线速度;Δf 为反射光的频移量;λ 为激光波长。

此外,驱动单元速度测试系统还需完成以下两项任务:

(1)速度分布分析:计算各电机驱动单元的速度差异,分析多电机运行的同步性;绘制速度分布曲线,评估动态负载分布状态。

(2)异常检测与反馈控制:检测速度失配、过速或异常波动现象,若出现这些现象则触发报警或调整控制策略;动态协调多电机速度输出,优化负载分布,提高输送系统的运行效率和安全性。

4)电机振温参数采集系统

电机振温参数采集系统(见图 6.14)用于实时监测电机在运行过程中的振动与温度变化,提供关键运行状态信息,以支持健康评估和故障诊断。

轴承是振动传递的关键节点,能够灵敏地反映电机内部的机械故障(如轴承损坏、不平衡、松动或对中不良)。振温传感器安装在电机前后轴承座外壳上,用于监测电机内部机械运行状态,以及监测轴承温升,监测润滑不足或轴承磨损等现象。

(1)振动测试:采用加速度计,基于压电效应,通过压电材料的机械变形产生电荷信号,测量振动加速度:

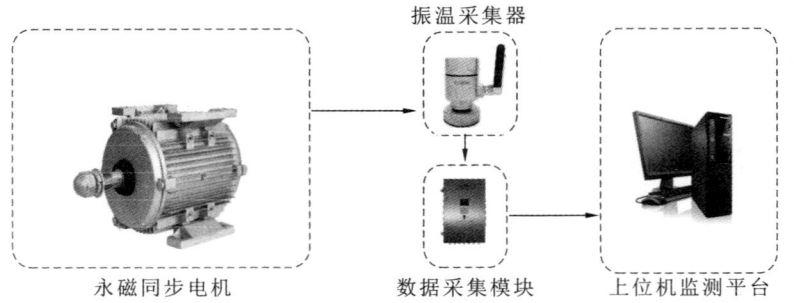

图 6.14　电机振温参数采集系统

$$a = \frac{Q}{k} \tag{6.4}$$

式中:a 为加速度;Q 为电荷量;k 为传感器灵敏度。

（2）振动特性分析:包括频域分析、时域分析、时频联合分析。

① 频域分析:通过快速傅里叶变换（FFT）,将振动信号分解为不同频率成分,用于识别轴承损坏、不平衡或松动等现象。高频信号通常与轴承滚动体故障相关;低频信号通常反映轴承不平衡或松动问题。

② 时域分析:提取加速度信号的均值、均方根值、峰值等,评估振动强度和冲击特性。

③ 时频联合分析:利用小波变换分析非平稳信号,识别瞬态振动特性。

（3）温度测试:通过温度传感器（热电偶或热电阻）记录定子绕组、轴承或外壳的温升数据,评估电机热性能;根据温度变化速率识别过载、散热不良或润滑不足等问题。

热电偶基于温差电效应工作:两个不同金属接点之间产生与温差成正比的电动势,即

$$E = S \cdot \Delta T \tag{6.5}$$

式中:E 为热电动势;S 为热电偶的塞贝克系数;ΔT 为温差。

热电阻基于金属电阻值随温度变化的特性工作,其最常用的材料为铂（Pt100）。电阻值与温度之间的关系如下:

$$R_T = R_0(1 + \alpha \cdot T) \tag{6.6}$$

式中:R_T 为温度 T 下的电阻值;R_0 为参考温度下的电阻值;α 为电阻温度系数。

动态张力测试系统、转矩测试与分析系统、驱动单元速度测试系统及电机振温参数采集系统通过多传感器融合技术,共同组成刮板输送机的实时健康评估网络。

2. 数据预处理

为了提高数据质量,在数据融合之前,需要对采集到的数据进行预处理,以提高数据质量和可用性。自适应卡尔曼滤波(adaptive Kalman filter,AKF)是一种用于信号去噪和状态估计的有效方法。它基于经典的卡尔曼滤波器(Kalman filter,KF),能够根据系统状态和测量噪声的变化动态调整滤波增益。自适应卡尔曼滤波广泛应用于处理噪声较大的传感器信号,尤其在动态系统中具有很好的去噪效果。

卡尔曼滤波器通过递归的方式,根据预测值和观测值之间的差异来更新系统状态的估计。卡尔曼滤波通过递归计算的两个关键步骤来估计系统的状态:预测步骤和更新步骤。

(1)预测步骤:

$$\hat{x}_k^- = F_k \hat{x}_{k-1} + B_k u_k \tag{6.7}$$

$$P_k^- = F_k P_{k-1} F_k^{\mathrm{T}} + Q_k \tag{6.8}$$

式中:$\hat{x}_k^-$ 为时刻 k 的状态估计向量;F_k 为状态转移矩阵;B_k 为控制输入矩阵;u_k 为控制输入向量;P_k^- 为状态估计误差的协方差矩阵;P_{k-1} 为前一次状态估计误差的协方差矩阵;Q_k 为过程噪声的协方差矩阵。

(2)更新步骤:

利用最新的观测数据对状态估计值进行修正,更新后的状态估计向量和协方差矩阵由以下公式给出:

$$\hat{x}_k = \hat{x}_k^- + K_k(z_k - H_k \hat{x}_k^-) \tag{6.9}$$

$$P_k = (I - K_k H_k) P_k^- \tag{6.10}$$

$$K_k = P_k H_k^{\mathrm{T}} (H_k P_k^- H_k^{\mathrm{T}} + R_k)^{-1} \tag{6.11}$$

式中:K_k 为卡尔曼增益矩阵;H_k 为观测矩阵;P_k 为更新后的状态估计误差协方差矩阵;R_k 为观测噪声协方差;z_k 为 k 时刻的观测向量。动态调整 Q_k 和 R_k 以响应实际测量的变化,构建自适应卡尔曼滤波器,使用创新协方差调整参数值。

构建创新序列 v_k:

$$v_k = z_k - H_k \hat{x}_k^-$$ (6.12)

R_k 按式(6.13)进行调整：

$$R_k = \alpha R_{k-1} + (1 - \alpha)(v_k v_k^\mathsf{T})$$ (6.13)

式中：α 为平滑因子。Q_k 的调整基于预测误差的长期表现进行，与 R_k 基本类似。

自适应卡尔曼滤波的核心思想是动态调整观测噪声的协方差 R_k。在实际应用中，观测噪声和过程噪声往往并不稳定，自适应卡尔曼滤波器能够根据系统和观测数据的统计特性自适应地调整滤波参数，使得滤波过程更为精确。

3. 特征提取

特征提取是将原始信号数据转化为具有代表性的、可用于分析和建模的数值特征的过程。在多电机伺服系统健康监测和故障诊断中，特征提取是非常关键的一步。从原始数据中提取出描述系统状态或行为的关键信息，可为后续的分析和决策提供支持。

1）时域特征提取

时域特征是从原始信号中直接计算得出的，描述数学函数或物理信号与时间的关系，反映了信号的基本统计特性。时域特征主要包括：

（1）均值（mean）：反映信号的平均水平。例如，张力的均值可以表示链条的平均受力。

（2）均方根值（RMS）：表示信号的能量强度，适用于衡量波动性的特征，如电机转矩、转速的波动。

（3）最大值（Max）和最小值（Min）：用于识别信号中的极端变化。

（4）峰值（peak）和峰峰值（peak-to-peak）：表示信号的最大波动幅度，适用于检测短期的异常事件，如突发的设备冲击。

（5）标准差（standard deviation）：反映信号波动的幅度，适用于分析信号的稳定性。

（6）偏度（skewness）：描述信号分布的对称性，偏度过高或过低可能提示系统出现偏心或不平衡故障。

（7）峰度（kurtosis）：衡量信号尖锐程度，能够反映系统的冲击或瞬间变化。

2）频域特征提取

频域特征是通过将时域信号转换为频域信号来提取的，通常采用快速傅里叶变换方法。通过快速傅里叶变换计算频谱,可以识别信号的频率成分。频域特征能够揭示信号中隐藏的周期性信息。对于振动信号,频域特征有助于识别与轴承故障或齿轮损坏相关的特定频率。主要的频域特征包括:

(1)功率谱密度(PSD):反映信号在不同频率上的能量分布,适用于分析周期性故障。

(2)主要频率成分:通过分析频谱,可以识别出系统工作中的主要频率成分,如电机转速和链条张力波动。

4. 数据融合

多传感器数据融合与人脑综合处理信息的情况类似。人的感官在感受到外部信息时,会将其转化为生物电信号,通过中枢神经传送至人脑,由人脑对这些信息予以综合处理。因为人类感官所具有的度量特点存在差异,在不同空间范围内,所感知到的物理现象也有所不同。在多传感器系统中也是如此,不同的传感器具有不同的性能。在工程实际中,应充分发挥出各个传感器的作用,合理利用多传感器及其取得的观测信息。对于刮板输送机多永磁电机串联驱动系统中多传感器的可互补或冗余的数据信息,应按照某一准则要求对其进行有效组合,从而得出一致性解释与描述,采取与之相对应的估计与决策方法。

数据融合可分为以下四个步骤:

(1)数据采集,通过多种传感器(如振动传感器、加速度传感器、张力传感器等)对观测目标进行多源数据采集;

(2)特征提取,对传感器输出的原始数据进行特征提取处理,获得能够表征目标属性的特征矢量;

(3)目标识别,基于提取的特征矢量进行模式识别分析,判定各传感器检测到的具体目标对象;

(4)数据关联,将不同传感器识别的目标信息按照空间、时间等维度的一致性进行分组匹配,建立同一目标的关联数据集合。

多传感器数据融合的体系特征可归纳如下:

(1)多源数据异构性。不同类型传感器(如光学、雷达、声呐等)的观测数据具有显著特征差异,具体表现为数据属性差异(模糊性数据与确定性数据共存)和时序特性差异(实时流数据与非实时批处理数据并存)。

（2）资源互补优势。通过多传感器系统的协同观测，可突破单一传感器在分辨率、覆盖范围、抗干扰能力等方面的局限，实现观测效能的显著提升。

（3）体系架构特性。与传统的单传感器信号处理相比，多传感器数据融合系统具有更高的处理复杂度，需构建多维时空配准、特征关联、置信度评估等复合算法架构。同时，其采用了层次化处理方式，系统运行机制在数据层、特征层、决策层三个层级递进呈现。

在人工智能与信息论等新兴技术的推动下，多传感器数据融合理论已形成完备的数学描述体系，并在智能驾驶环境感知、工业设备状态监测、战场态势评估等领域实现工程化应用。

多传感器数据融合算法的分类如图 6.15 所示。

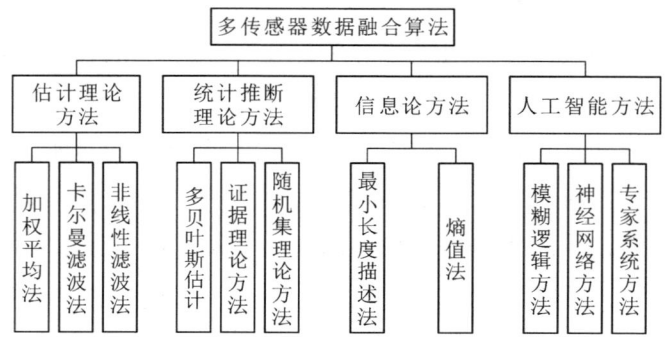

图 6.15　多传感器数据融合算法的分类

任何一种计算方法均会具备相应的优势与劣势，在许多情况下，利用一种算法所具有的优势，可以使其他算法的劣势得到弥补。所以将不同算法相结合来应用，通常会得出更为准确的结果。

以下介绍多传感器数据融合中应用的几种主要算法。

1）加权平均信息融合算法

在刮板输送机多永磁电机串联驱动系统中，每个传感器的测量值分别为 $x_1, x_2, \cdots, x_n$，每个传感器对真实值的贡献权值为 $w_1, w_2, \cdots, w_n$，则加权平均融合值为：

$$X = \sum_{i=1}^{n} w_i x_i \qquad (6.14)$$

由式(6.14)可以得出,对真实值的贡献权值 w 是至关重要的,但由于井下环境干扰,在实践操作中很难明确这一权值,因此,实现该算法是非常困难的。

2)D-S 证据理论方法

D-S 证据理论方法是一种有效处理不确定性和冲突性信息的方法,非常适合用于多传感器数据融合。在多永磁电机串联驱动刮板输送机系统的健康监测中,D-S 证据理论方法可以融合来自多个传感器的数据,以提高状态评估的可靠性和鲁棒性。推理层次与系统实现步骤大致如下:

(1)目标合成:对多传感器(如多电机的监测传感器、链条张力传感器)的原始观测数据进行初步融合,生成综合状态指标。例如:将振动传感器的频谱特征与温度传感器的温升趋势融合,生成机械负载异常的初步证据。

(2)关联决策:基于算法(如 D-S 证据理论方法)分析多传感器证据的关联性,生成决策报告。例如:若振动数据与电流波动证据均指向"链条磨损",则触发"建议停机检查"的决策指令。

(3)动态修正:通过更新传感器数据的随机误差模型(如卡尔曼滤波器),优化证据的可靠性。例如:在长期监测中,若某温度传感器频繁漂移,则降低其权重,提升融合结果的稳定性。

3)模糊逻辑推理

基于多传感器系统,在进行逻辑推理与系统建模操作时,由于井下谐波、通信不稳定等因素的影响,传感器采集的信息也会具有不确定性。虽然在进行变换与推理时,所生成的模糊性推理结果也是一致的,但在特定条件下,采用概率统计的方式无法使这些问题得到解决,而在进行模糊逻辑推理时,能够更明确地表达出不确定信息,因此,可采用模糊逻辑推理的方式,使这类问题得到有效解决。模糊逻辑推理的过程如图 6.16 所示。

模糊逻辑推理方法在识别以及处理信息时,可以对人类大脑的逻辑思维进行模仿,也可更具体地表达不确定性信息。基于此,可将模糊集的计算规则与刮板输送机监测系统相结合,达到数据融合的目的。与此同时,模糊逻辑虽然适当拓展了模糊集理论的内容,但由于其本身并不具有完善的理论体系,也产生了许多的主观性因素。

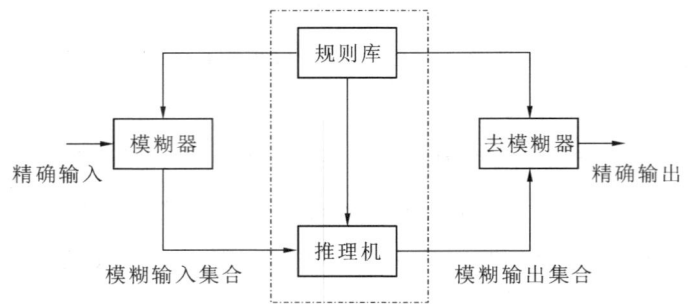

图 6.16　模糊逻辑推理的过程

4）BP 神经网络算法

BP 神经网络作为前馈型网络，包括输入层、输出层以及隐层。隐层可细分为多层或单层的形式。BP 神经网络的学习过程包括信号正向传播过程和误差反向传播过程。使这两个过程循环进行，对各个单元的权值做适当调整，直到输出的结果符合要求，这就是 BP 神经网络的学习过程。BP 神经网络算法基于隐层非线性激活函数，具备逼近任意复杂非线性映射的能力，如式（6.15）所示：

$$y_k = \sum_{j=1}^{N_2} w_{kj}^2 f\left(\sum_{i=1}^{N_1} w_{ji}^1 x_i + b_i\right) \tag{6.15}$$

式中：y_k 表示第 k 个输出层；w_{kj}^2 表示第 2 层中节点 j 与输出层节点 k 之间所产生的权值；$f(\ )$ 为传递函数，一般应用 sigmoid 函数；w_{ji}^1 指的是输入层中节点 i 与隐层中节点 j 之间所产生的权值；b_i 为隐层中节点 j 所具有的偏置值。

6.3.2　链条张力脉动实时监测与控制

传统链条张力监测方法侧重于使用机械调节装置或简单的控制系统来监测链条张力，但这些方法往往不能精准地响应实时的数据变化，难以有效地适应快速变化的工作条件或预测未来的脉动趋势，因此，急需开发一种先进的智能化系统，实时监测并精准预测张力脉动，从而支持更高效的控制策略，实现更有效的控制。

机器学习和人工智能技术的发展，尤其是时间序列分析和神经网络（如递归神经网络（RNN））在数据分析和预测领域应用的成熟，为开发高度精确的监测和控制系统提供了契机。这些技术可以用于处理和分析大量的历史和实时数据,识别复杂的模式和趋势,并预测未来的变化,从而为多永磁电机串联驱动刮板输送机的张力脉动管理提供新的解决方案。

1. 系统组成

刮板输送机链条张力脉动实时监测与控制系统包括以下模块:

(1) 张力传感模块:使用力传感器连续监测链条张力脉动。

(2) 数据处理中心:接收张力传感模块的数据,利用混合模型来区分引发张力脉动的来源(包括各电机输出转矩和输送负载变化),并确定脉动特性。

(3) 张力调节模块:当脉动源于电机输出转矩时,调节每个电机的运行参数,以稳定张力;当脉动源于输送负载变化时,调整链条张紧程度,以适应负载变化。

(4) 状态反馈模块:持续监控调节后的链条状态,将结果反馈给数据处理中心,以优化张力调节策略。

在刮板链沿线布置一组压电式力传感器,用于实时捕捉链条在工作状态下的张力变化。每个压电式力传感器均能检测链条在运行过程中的实时张力,并将数据转换为电信号输出;利用收集的数据来连续追踪张力脉动的幅度、频率和模式,以便进行实时分析和处理。同时,张力传感模块还能够检测链条运行中的瞬时张力峰值和谷值,从而准确识别出链条张力的不稳定区间。

数据处理中心的混合模型为时间序列分析-RNN 模型(见图 6.17),利用混合模型来识别引发张力脉动的原因,具体工作包括:

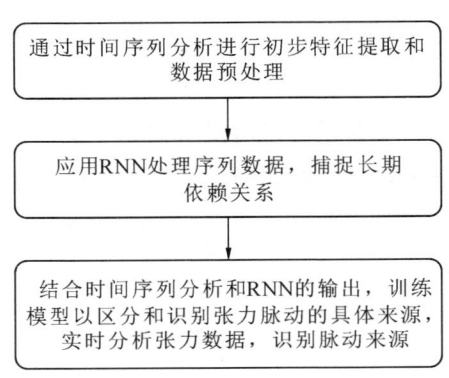

图 6.17 混合模型示意图

① 通过时间序列分析进行初步特征提取和数据预处理；

② 应用 RNN 处理序列数据,捕捉长期依赖关系；

③ 结合时间序列分析和 RNN 的输出,训练模型以区分和识别张力脉动的具体来源,实时分析张力数据,识别脉动来源(电机输出转矩变化或输送负载变化)。

2. 构建时间序列分析-RNN 模型

接下来利用时间序列分析和 LSTM 模型对张力脉动进行预测和来源识别。通过移动平均(SMA)法平滑数据、提取时间序列特征(趋势和周期性),并结合 LSTM 模型处理时间序列数据的长期依赖性,最终通过融合分析提高预测的准确性和稳定性,以优化张力脉动监测和控制。具体步骤如下:

① 获取张力传感模块的张力数据,并收集电机输出转矩和输送负载相关数据,应用移动平均模型对收集的数据进行初步处理,得到关于张力脉动的时间序列特征,基于时间序列特征,识别出数据趋势、周期性特征。

② 构建 LSTM 模型,处理时间序列数据的长期依赖问题,将时间序列特征以及原始数据集作为输入数据,训练 LSTM 模型。LSTM 模型通过学习历史数据和当前的特征来预测张力脉动的发展趋势和来源。

③ 结合时间序列分析结果和 LSTM 模型的输出进行融合分析,使用时间序列分析结果对 LSTM 模型的输出进行校正或加权,增强模型对张力脉动来源的识别能力;通过反馈机制持续优化融合模型,确保模型输出的准确性和实用性,根据实际应用反馈调整时间序列分析和 RNN 模型的参数,优化数据流和处理逻辑。

通过数据平滑处理,减少移动平均模型数据中的随机波动,使用移动平均法来平滑数据,通过计算时间序列中每个点的平均值,涵盖该点及其前后点。对于给定的时间序列数据 $X_t(t=1,2,\cdots,n)$,计算一个移动平均值,作为平滑后的平均值,即有

$$S_t = \frac{1}{m}\sum_{i=0}^{m-1} X_{t-i} \qquad (6.16)$$

式中:m 是移动平均窗口大小,表示在计算平均值时使用的连续时间点的数量;X_{t-i} 是在时间点 t 之前的时间点 i 的观测值;S_t 是时间点 t 的移动平均值,它是

最近 m 个时间点的平均值。窗口大小 m 决定了平滑的程度,采用较大的窗口会得到更平滑的时间序列。

通过观察移动平均线的方向,识别时间序列的整体趋势。若移动平均线呈上升趋势,则表明整体趋势是上升的;若呈下降趋势,则表明整体趋势是下降的。

通过分析平滑后的时间序列来识别周期性特征。观察移动平均线的规律性波动,若移动平均线每隔一段固定时间即出现波峰或波谷,则数据存在周期性。此外,通过自相关函数(ACF)识别数据中的重复模式或周期长度,测量时间序列与其自身在不同时间滞后下的相关性。在自相关函数曲线图中,周期性特征表现为每隔一定周期长度(滞后期)出现峰值。自相关函数的表达式为:

$$\text{ACF}(k) = \frac{\sum_{t=1}^{n-k}(X_t - \overline{X})(X_{t+k} - \overline{X})}{\sum_{t=1}^{n}(X_t - \overline{X})^2} \tag{6.17}$$

式中:k 是滞后期;X_t 是时间序列中的观测值;$\overline{X}$ 是观测值的平均值。

3. 构建 LSTM 模型

结合通过时间序列分析得到的特征与原始张力数据集(其中包括趋势数据、周期性模式,以及原始电机输出转矩和输送负载相关数据),将时间序列数据按照一定的时间间隔划分成多个子序列。每个子序列可以看作是一个时间窗口,即时间步,时间步包含过去的数据点,用于预测下一个时间点的值。

LSTM 模型的网络结构包括多个 LSTM 层,LSTM 层后连接有全连接层。每个 LSTM 层由多个 LSTM 单元组成,每个单元负责处理数据的部分时间依赖关系。在 LSTM 单元中,数据通过遗忘门、输入门和输出门进行处理,遗忘门、输入门和输出门分别控制信息的存储、更新和输出:遗忘门确定应该从单元状态中丢弃的信息;输入门确定应该被添加到单元状态中的新信息;输出门确定下一个隐藏状态,即 LSTM 单元的输出。

在训练过程中,LSTM 模型通过调整其权重和偏置来最小化预测输出和实际输出之间的误差,通过反向传播和优化算法计算梯度和更新参数,最终实现动态控制信息流,准确预测未来状态(如张力脉动值)以及识别关键影响因素(如导致张力异常的时序特征或外部原因)。LSTM 模型需要学习如何根据历史数据和当前特征来预测下一个时间点的张力脉动值及引发张力脉动的原因。

LSTM 模型中需要用到的计算公式如下：

遗忘门：

$$f_t = \sigma(W_f \cdot [h_{t-1}, x_t] + b_f) \tag{6.18}$$

输入门：

$$i_t = \sigma(W_i \cdot [h_{t-1}, x_t] + b_i) \tag{6.19}$$

单元状态更新：

$$\widetilde{C}_t = \tanh(W_C \cdot [h_{t-1}, x_t] + b_C) \tag{6.20}$$

最终单元状态：

$$C_t = f_t * C_{t-1} + i_t * \widetilde{C}_t \tag{6.21}$$

输出门：

$$o_t = \sigma(W_o \cdot [h_{t-1}, x_t] + b_o) \tag{6.22}$$

输出值：

$$h_t = o_t * \tanh(C_t) \tag{6.23}$$

以上公式中：

$\sigma(\ )$ 表示 sigmoid 激活函数。

$\tanh(\ )$ 是双曲正切激活函数。

W_f、W_i、W_C、W_o 是 LSTM 模型的权重参数，分别对应遗忘门、输入门、单元状态更新和输出门。权重通过训练过程学习，用于确定不同输入信息对模型的重要程度，以适应张力脉动的预测和控制。

b_f、b_i、b_C、b_o 是偏置项，与权重参数类似，用于调整 LSTM 单元中各个门的激活水平。偏置项在训练过程中同样被优化，以改进模型预测的准确性。

f_t 是遗忘门的激活值，决定了有多少过去的单元状态信息将被保留或遗忘。在张力脉动中，模型利用该值来确定保留哪些历史张力信息对预测未来张力状态最为重要。

i_t 是输入门的激活值，决定了多少新的输入信息应被加入单元状态，以及新的张力数据如何影响模型的状态和预测结果。

$\widetilde{C}_t$ 是单元状态的候选值，包含当前输入和前一状态的信息，用于更新单元状态。

C_t 是最终的单元状态,由遗忘门和输入门共同决定,是模型当前时间步的内部状态,综合历史信息和新输入,用于生成当前时刻的模型输出。

o_t 是输出门的激活值,决定了最终单元状态中有多少信息将输出为当前时间步的隐藏状态。

h_t 是当前时间步的隐藏状态,是模型对当前时刻系统状态的表示,用于预测未来的张力脉动。

h_{t-1} 是上一时间步的隐藏状态,代表模型在前一时刻的输出,包含之前时间步的信息,即历史张力数据和脉动趋势信息。

x_t 是当前时间步的输入,即当前的张力测量值、电机输出转矩数据、输送负载情况等相关特征。

在训练阶段,LSTM 模型接收的输入数据包括历史张力脉动数据和相关特征,例如通过时间序列分析得到的趋势、周期性模式等,这些数据被整理成序列(例如,过去的 n 个时间点的数据),使模型能够识别和学习数据随时间变化的模式。LSTM 模型通过其内部门控机制和单元状态来处理输入序列,从而捕捉长期依赖关系和复杂的时间动态。在训练过程中,LSTM 模型通过调整权重来最小化预测输出(即未来某一时间点的张力脉动)和实际输出之间的误差。训练完成后,模型可以根据给定的历史数据和当前特征预测未来的张力脉动趋势,比如,模型可以预测接下来的时间段内张力脉动的增减趋势,是否会出现异常峰值等。

4. 确定张力脉动的来源

除了张力脉动数据,LSTM 模型还会接收与电机输出转矩变化和输送负载变化相关的特征数据。这些特征数据与张力脉动数据一起输入模型,有助于模型理解不同来源变化是如何影响张力脉动的。在学习过程中,LSTM 模型通过分析不同时间点的数据关系,学会判断哪些模式或特征变化与电机输出转矩变化相关,哪些与输送负载变化相关。通过训练,模型建立从输入特征到张力脉动的映射关系,从而能够基于当前和历史数据判断张力脉动的可能来源。

在实际应用中,当模型接收到新的数据时,可以分析并判断当前张力脉动是由电机输出转矩的变化引起的,还是由输送负载的变化引起的。在本系统中,LSTM 模型利用历史和实时数据,不仅能预测张力脉动的未来趋势,还能识别引起脉动的具体原因。这种预测和识别能力使得 LSTM 模型成为控制系统中重要的组成部分，可以为刮板输送机的操作提供更精确的指导，从而有效减少不必要的脉动，保证设备稳定运行。通过不断收集新数据并更新模型可以进一步提高预测的准确性和识别能力。

通过融合时间序列分析，利用 LSTM 模型，能够高效且精准地预测多永磁电机串联驱动刮板输送机链条的张力脉动，并识别其潜在来源。时间序列分析提供了张力数据的基本发展趋势和周期性变化特征，而 LSTM 模型则利用这些信息来处理具有时间依赖性的数据，并捕获序列中的长期依赖关系。通过时间序列分析，获得结构化和信息丰富的输入，这样不仅可提高预测的准确性，而且能使模型在长时间范围内进行有效预测。

LSTM 模型利用时间序列分析得到的特征，处理具有时间依赖性的数据，能够动态预测张力脉动的未来趋势，这种预测同时考虑了过去的数据模式和实时的数据变化，使预测更为准确和及时。将时间序列分析方法和 LSTM 模型相结合，不仅能预测张力脉动，还能识别脉动的来源，并允许系统做出有针对性的调整，从而更有效地控制和减少张力脉动。上述有针对性的调整是指：

（1）当脉动源于各电机转矩不平衡时，调整电机的运行参数。

实时监测各电机转矩和各区间链条张力，使用快速傅里叶变换来确定脉动的频率和幅度，基于脉动的特性，确定需要调整的电机输出转矩误差和转速误差。如果脉动频率高于预设阈值或脉动幅度超过正常运行范围，将电机输出转矩误差和转速误差控制在合理阈值区间以抵消这种脉动，通过变频器或电机控制器逐步调整电机的运行参数，以改变输出转矩，达到预期的张力水平。

（2）当脉动源于输送负载变化时，调整链条张紧程度。

实时监测输送系统的负载情况，如物料时空分布特征、输送速度等，分析负载变化对链条张力的影响，确定是需要增加还是减少张力来适应变化。根据负载变化的评估结果，增大或减小电机输出转矩以抵消这种脉动，调整链条的张紧程度。

6.4 多永磁电机自适应协同控制方法

与单电机系统相比，多电机系统影响控制性能的因素较多，如电机之间的同步问题、多轴电机功率分配问题以及非线性摩擦问题。执行器经过长期使用,尤其是在使用过程中存在频繁的启动/停止和正转/反转操作时,必然会面临磨损、效果不佳等问题,降低系统可靠性,导致跟踪性能下降。执行器的这种问题在多电机系统中同样存在,但由于多电机系统的硬件冗余,当一个电机出现故障时,系统的跟踪性能可以通过其他电机之间的协同控制得以维持。

6.4.1　系统描述

仍以四电机系统为例,系统的具体结构如图 6.18 所示。四个电机通过联轴器与链轮连接,链轮与链条啮合传动完成运输过程。四个电机在刮板输送机同一侧均匀分布。

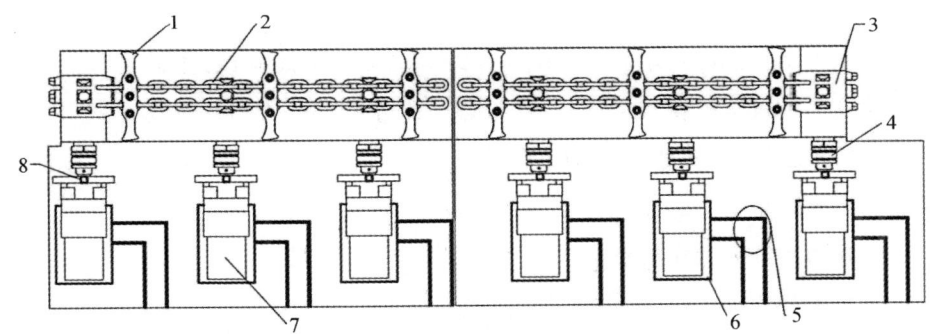

图 6.18　多电机刮板输送机结构示意图

1—刮板;2—刮板链;3—链轮;4—转矩限制器;5—脱离轨道;6—电机安装托盘;

7—驱动电机;8—信号收发装置

在三相静止坐标系下,永磁同步电机的动力学模型表现出强耦合特性及多变量的复杂性,导致分析和控制较为困难。为克服这一限制,利用矢量控制策略对永磁同步电机进行调节,通过坐标变换将模型转换到两相旋转坐标系中,从而实现直轴与交轴的解耦控制(该内容已在第 3 章做了详细分析,此处不再赘述)。驱动系统通过链传动系统实现多个电机输出功率的整合与传递,从而驱动负载完成运动任务。

本系统采用四台三相交流永磁同步电机直接驱动链传动装置,无须使用减速器,整体结构由上位机、控制模块、电机组、链传动系统组成。该设计简化了传动链路,减少了机械损耗,同时提高了系统的动态响应性能。

控制模块包括位置控制器、速度控制器和电流控制器。位置控制器主要用于高精度跟踪控制,确保系统能够快速响应目标位置变化。速度控制器通过闭环控制调节电机转速,保证转速跟踪精度,并通过差速负反馈实现四台电机的同步协调运行。电流控制器则通过电流闭环调节,抵消母线电压波动和外部扰动带来的影响,从而提高系统的稳定性和抗干扰能力。

在电机端配置单通道旋转变压器,用于检测转子位置,并通过轴角编码器将模拟信号转换为数字信号,输出至控制系统。刮板输送机负载侧配备霍尔传感器,用于测量负载位移和速度,实现负载位置的精确监测和反馈调节。

6.4.2 多永磁电机串联驱传伺服系统数学模型

在探讨多永磁电机串联驱传伺服系统动力学模型之前,首先需对每个独立的永磁同步电机进行机械特性分析与建模,即分析多电机串联驱动系统与链传动系统的相互作用,构建系统动力学模型。在此过程中,不考虑多边形效应对系统性能的影响。

1. 驱动系统动力学模型

由 3.1 节分析可得,电机 j 的 q 轴电压动态方程为:

$$u_{qj}(t) = R_{sj}i_{qj}(t) + L_{qj}\frac{\mathrm{d}i_{qj}(t)}{\mathrm{d}t} + C_{ej}\omega_j(t) \tag{6.24}$$

式中:$u_{qj}(t)$ 表示施加于电机 j 上的 q 轴等效电压;$i_{qj}(t)$ 表示电机 j 的 q 轴等效电流;R_{sj}、L_{qj} 分别表示电机 j 的 q 轴等效电阻和电感;C_{ej} 表示电机 j 的 q 轴等效反电动势系数;$\omega_j(t)$ 表示电机 j 的角速度。

电机 j 的输出转矩为:

$$T_j(t) = C_{Tj}i_{qj}(t) \tag{6.25}$$

式中:电机 j 的等效转矩系数。

结合电机的特性和工作原理,可以根据牛顿第二定律进行进一步的推导和变形,得到更具体的电机运动方程:

$$J_j\dot{w}_j(t) = C_{Tj}i_{qj}(t) - T_{fj}(t) - T_{vj}(t) - T_{ej}(t) \tag{6.26}$$

式中:$\dot{w}_j(t)$ 为电机 j 的角加速度;J_j 为电机 j 的转动惯量;$T_{fj}(t)$ 为电机 j 与电

机 $j+1$ 之间的摩擦力矩；$T_{vj}(t)$ 为电机 j 与电机 $j+1$ 之间的弹性力矩；$T_{ej}(t)$ 为电机 j 与电机 $j+1$ 之间的阻尼力矩。

2. 链传动系统动力学模型

为了对刮板输送机的链传动系统进行合理简化，在四电机驱动系统理想模型（式（6.24）至式（6.26））中添加摩擦非线性的数学描述，可得到四电机驱动链传动系统模型：

$$
\begin{cases}
T_{cj} = T_{vj}(t) + T_{ej}(t) \\
T_{vj}(t) = k_j(\theta_j(t) - \theta_{j+1}(t)) \\
T_{ej}(t) = c_j(\dot{\theta}_j(t) - \dot{\theta}_{j+1}(t)) \\
T_{fj}(t) = \mu_{dj} \cdot F_{load}(t) \cdot \text{sgn}(w_j(t))
\end{cases}
\tag{6.27}
$$

式中：T_{cj} 为电机 j 与电机 $j+1$ 之间的张紧力；θ_j、θ_{j+1} 分别为电机 j、$j+1$ 的转角；k_j、c_j 分别为刮板链的接触刚度和阻尼系数；$T_{fj}(t)$ 为刮板链与煤料运动过程中的阻力；μ_{dj} 为摩擦系数；F_{load} 为刮板链与煤料重力。

综合上述分析，可得到四电机串联驱传伺服系统模型：

$$
\begin{cases}
u_{qj}(t) = R_{sj}i_{qj}(t) + L_{qj}\dfrac{di_{qj}(t)}{dt} + C_{ej}w_j(t) \\
J_j\dot{w}_j(t) = C_{Tj}i_{qj}(t) - T_{fj}(t) - T_{vj}(t) - T_{ej}(t) \\
T_{vj}(t) = k_j(\theta_j(t) - \theta_{j+1}(t)) \\
T_{ej}(t) = c_j(\dot{\theta}_j(t) - \dot{\theta}_{j+1}(t)) \\
\theta_{cj}(t) = \theta_j(t) - \theta_{j+1}(t) \\
\dot{\theta}_j(t) = w_j(t) \\
T_{fj}(t) = \mu_{dj} \cdot F_{load}(t) \cdot \text{sgn}(w_j(t)) \\
j = 1,2,3,4
\end{cases}
\tag{6.28}
$$

由式（6.28）可知，考虑弹性变形和摩擦的四电机串联驱传伺服系统模型属于复杂、高阶、多变量模型，控制器设计难度大。在实际系统中，参数不确定性和未知扰动等因素大大增强了控制的复杂性。因此，需要探索新的建模方法，以简化系统模型。这些方法应能在保持系统高阶特性的基础上，降低控制器设计的难度，从而促进控制系统的实现，并提高四电机串联驱传伺服系统的控制性能。

6.4.3 自适应滑模故障观测器设计

考虑到系统模型与实际系统有误差,基于前文中给出的模型(式(6.24)和式(6.26))引入动力学模型误差 $\alpha_{1j}(j=1,2,3,4)$,引入执行器效能因子 β_j,代表电机 j 的工作效能。可得电机动力学模型为:

$$\begin{cases} L_{qj}\dfrac{\mathrm{d}i_{qj}(t)}{\mathrm{d}t} = \beta_j u_{qj}^*(t) - R_{sj}i_{qj}(t) - C_{ej}w_j(t) + \alpha_{1j} \\ J_j^* \dot{w}_j(t) + T_{cj}^*(t) = T_j(t) - T_{fj}(t) \end{cases} \quad (6.29)$$

式中: $\beta_j u_{qj}^*(t)$ 取代了原模型中的 $u_{qj}(t)$, $\beta_j \in [0,1]$; $u_{qj}^*(t)$ 为电机期望电压; J_j^* 为等效到电机 j 轴上的总转动惯量; T_{cj}^* 为等效到电机 j 轴上的摩擦转矩。

考虑实际工作状况和测量误差,当 $\beta_j \leqslant 0.8$ 时,认为电机发生完全故障,无法正常运行。设计自适应滑模故障观测器,以实时反馈效能因子 β_j 的数值。

依据实际系统工作数据,可做如下假设。

假设 6.1: 电机动力学模型中误差项 α_{1j} 有界且上确界可知,即存在确定值 r_{1j} 满足 $|\alpha_{1j}| < r_{1j}(j=1,2,3,4)$[84]。

基于假设 6.1,选取电机参量 $i_{qj}(t)(j=1,2,3,4)$ 为观测对象,设计自适应滑模观测器如下:

$$\dot{\hat{i}}_{qj}(t) = \frac{1}{L_{qj}}[\hat{\beta}_j u_{qj}^*(t) - R_{sj}\hat{i}_{qj}(t) - C_{ej}w_j(t) + r_{1j}] + l_{1j}S_{1j} + \frac{r_{1j}}{L_{qj}}\mathrm{sgn}(S_{1j})$$

$$(6.30)$$

式中: $\dot{\hat{i}}_{qj}(t)$ 是 $i_{qj}(t)$ 的观测值; $\hat{\beta}_j$ 是 β_j 的预估值, $\hat{\beta}_j \in [0,1]$; l_{1j} 为观测器增益系数; S_{1j} 为滑模面,定义如下:

$$S_{1j} = i_{qj}(t) - \hat{i}_{qj}(t) \quad (j=1,2,3,4) \quad (6.31)$$

设计效能因子自适应更新律如下:

$$\begin{cases} \dot{\hat{\beta}}_j = -\kappa_j \dfrac{u_{qj}^*(t)}{\hat{\beta}_j L_{qj}} |S_{1j}| \\ \kappa_j > 0 \end{cases} \quad (6.32)$$

式中: κ_j 为增益系数, $j=1,2,3,4$。基于上述观测器设计,有如下定理:

定理6.1：考虑式（6.28）所示动力学系统，设计自适应滑模观测器（见式（6.30））和效能因子自适应更新律（见式（6.32））。若观测器增益系数满足 $l_{1j} > 0$ 且系统动力学模型误差 α_{1j} 满足假设6.1，则所设计的自适应滑模观测器收敛。

证明：

对于每一个单独的电机 $j(j = 1,2,3,4)$，结合式（6.30）和式（6.31）可得：

$$\dot{S}_{1j} = \dot{i}_{qj}(t) - \dot{\hat{i}}_{qj}(t)$$

$$= -l_{1j}S_{1j} + \frac{u_{qj}^*(t)}{L_{qj}}\Delta\beta_j - \frac{R_{sj}}{L_{qj}}S_{1j} + \frac{\alpha_{1j} - r_{1j}}{L_{qj}} - \frac{r_{1j}}{L_{qj}}\text{sgn}(S_{1j}) \tag{6.33}$$

式中：$\Delta\beta_j$ 为观测误差，$\Delta\beta_j = \beta_j - \hat{\beta}_j$。

选取 Lyapunov 函数如下：

$$V_{1j} = \frac{S_{1j}^2}{2} + \frac{\hat{\beta}_j^2}{2\kappa_j} \tag{6.34}$$

可得其一阶微分为：

$$\dot{V}_{1j} = S_{1j}\dot{S}_{1j} + \frac{\hat{\beta}_j \dot{\hat{\beta}}_j}{\kappa_j}$$

$$= S_{1j}\left[-l_{1j}S_{1j} + \frac{u_{qj}^*(t)}{L_{qj}}\Delta\beta_j - \frac{R_{sj}}{L_{qj}}S_{1j} + \frac{\alpha_{1j} - r_{1j}}{L_{qj}} - \frac{r_{1j}}{L_{qj}}\text{sgn}(S_{1j})\right] - \frac{u_{qj}^*(t)}{L_{qj}}|S_{1j}|$$

$$= -l_{1j}S_{1j}^2 - \frac{R_{sj}}{L_{qj}}S_{1j}^2 + \frac{\alpha_{1j} - r_{1j}}{L_{qj}}S_{1j} - \frac{r_{1j}}{L_{qj}}|S_{1j}| + \frac{u_{qj}^*(t)}{L_{qj}}\Delta\beta_j S_{1j} - \frac{u_{qj}^*(t)}{L_{qj}}|S_{1j}|$$

$$< -l_{1j}S_{1j}^2 - \frac{R_{sj}}{L_{qj}}S_{1j}^2 + (\Delta\beta_j - 1)\frac{u_{qj}^*(t)}{L_{qj}}|S_{1j}|$$

$$\tag{6.35}$$

式中 $u_{qj}^*(t) > 0$，$\beta_j \in [0,1]$。于是可得：

$$\dot{V}_{1j} < 0 \tag{6.36}$$

因此，观测器收敛。证明完毕。

注意：在实际系统中，需要对此观测器进行离散化，以满足实际采样需求。

通过数值仿真方法验证所设计自适应故障观测器的动态性能与收敛特性。在实验设计中，分别设定在 $t = 3$ s 时刻驱动电机处于正常工况（$\beta_j = 1$）、局部故障工况（$\beta_j = 0.9$）及完全故障工况（$\beta_j = 0$）下，通过对比观测器输出信号与系统实际状态量之间的误差，验证观测器输出 $\hat{\beta}_j$ 与理论预测值的一致性。基于统一观测器参数配置,三种工况下的仿真响应曲线如图 6.19 所示。实验数据表明:在系统工况突变条件下,所构建的自适应故障观测器可实现电机运行状态的实时精确重构,当系统发生局部或完全故障而导致效能因子 β_j 发生阶跃变化时,观测器能够快速跟踪并准确估计故障后的效能因子。

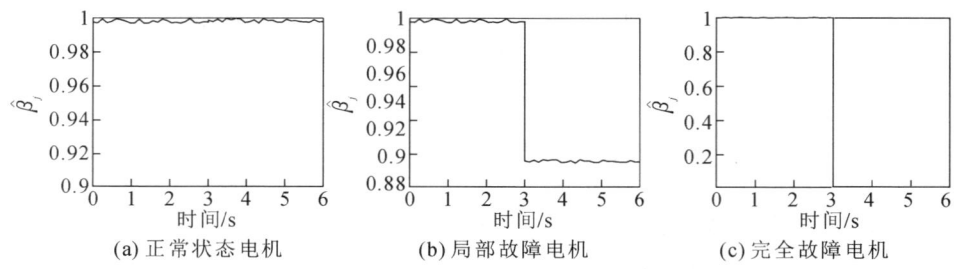

(a) 正常状态电机   (b) 局部故障电机   (c) 完全故障电机

图 6.19　故障观测器结果

6.4.4　故障电机自动切断机制

针对系统执行器故障实时快速检测问题,我们基于多永磁电机串联驱动伺服系统动力学模型设计了基于自适应滑模观测器的故障诊断与隔离策略,实时监测多电机驱动系统的动态特性,利用自适应滑模观测器对驱动电机的状态信息进行高精度估计,进而实现对故障电机的快速识别。一旦检测到某电机异常,系统会即时通过自适应容错控制器对负载进行重新分配,将故障电机对应的负载分配至其余电机,避免局部故障影响整体的传动性能。该容错控制策略增强了系统的鲁棒性与可靠性,即使在单个电机失效情况下,仍可确保刮板输送机的高效运行。

但是,当电机出现过热或冒烟、机械卡死、绕组短路等故障时,若不及时切断故障电机,可能引发链条过载、其他电机过载运行,以及传动系统卡链、断链,甚至导致整个输送系统的严重损坏。因此,系统除了需要配备故障检测和容错控制器之外,还需要紧急停机和切断故障电机的硬件容错电路,以在故障发生时快速隔离问题电机,及时切断故障电机的传动链路,从而有效降低故障对刮板输送机整体性能的影响,保障系统的安全运行。

1. 转矩限制器

转矩限制器是一种机械式过载保护装置,常安装在动力传动装置的驱动侧和负载侧之间,一旦发生过载,传递转矩超过设定值,转矩限制器与电机便会产生脱开或打滑,从而使动力传动装置的主、被动侧分离,避免机械设备因过载而损坏。转矩限制器常见的类型有滚珠式转矩限制器、摩擦式转矩限制器、气动转矩限制器、推/拉力限制器,图 6.20 所示为其中的前三种。

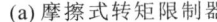

| (a) 摩擦式转矩限制器 | (b) 滚珠式转矩限制器 | (c) 气动转矩限制器 |

图 6.20　转矩限制器

为了实现永磁同步电机和链轮轴之间的连接,以及保证多台电机中的某一台出现故障或损坏时,可以单独脱离而不影响其他电机和链轮轴之间的正常连接,采用南京工诺科技有限公司生产的 VM23 系列的转矩限制器进行设计。图 6.21 所示为 VM23-2900 转矩限制器实物图,表 6.3 所示为 VM23-2900 转矩限制器的主要参数。

图 6.21　VM23-2900 转矩限制器实物图

表 6.3　VM23-2900 主要技术参数

参数	数值	单位	参数	数值	单位
动摩擦转矩	29000	N·m	电磁铁功率	250	W
静摩擦转矩	32000	N·m	允许最大转速	500	r/min
摩擦片吸合反应时间	500	s	质量	2000	kg

2. 故障诊断与识别机制

6.3 节所提到的多永磁电机串联驱动刮板输送机健康状态监测系统可实时获取刮板输送机的各项工作参数。在正常运行状态下，多传感器网络将转速信号、振动信号、温度信号等模拟量信号转换为电流或电压信号，反馈至信号收发装置并上传至上位机；当机械或电气故障导致电机运行状态异常时，传感信号的电流强度及频谱特征会显著偏离正常值。中央计算单元依据预设的特征阈值或智能算法，对比电机实时数据与历史数据，对故障电机进行识别并精准定位，工作流程如图 6.22 所示。

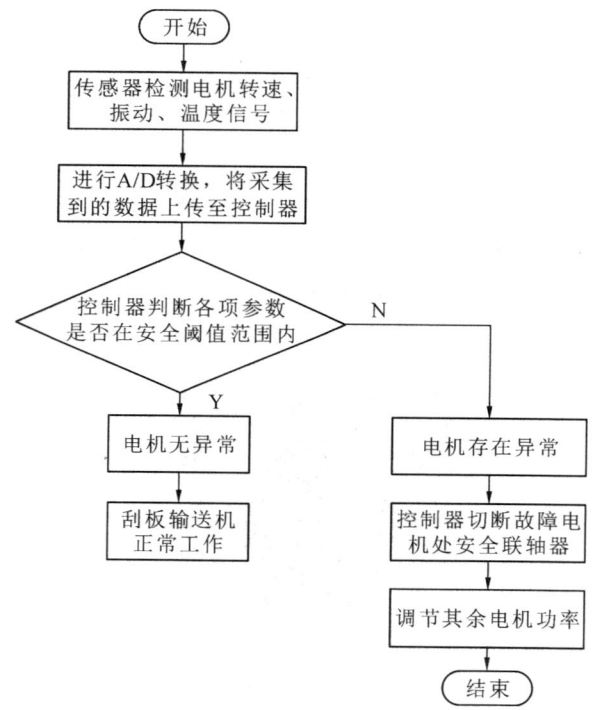

图 6.22　工作流程图

3. 故障响应与容错控制策略

故障响应与容错控制策略包括以下三个方面的内容：

（1）电机自动脱离：通过预设的电机自动脱离装置，使故障电机从驱动系统中脱离。脱离动作通过与各电机固定的重载伸缩滑轨结构（见图 6.23）完成。

采用转矩限制器有效隔离故障电机对输送系统的干扰,同时方便维修操作。

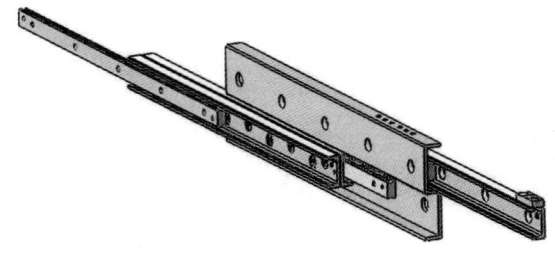

图 6.23　伸缩滑轨结构

（2）负载重分配:在故障电机脱离后,控制器通过调整剩余驱动电机的输出功率和转速,重新分配负载,确保刮板链的整体张力平衡。系统根据刮板链的实际张力分布,实时动态控制电机转矩电流,避免负载变化导致的链条振动或应力集中现象。

（3）转矩协调补偿:驱动模块基于多电机协调控制算法,在剩余驱动电机之间实现输出转矩与转速的实时动态匹配,降低链条非均匀驱动引起的冲击载荷。

切断后的故障电机可被迅速移交至维修区域进行诊断和修复,同时,系统中剩余的驱动电机可通过上述容错控制算法重新调整驱动力,确保刮板输送机在故障期间依然能够保持连续稳定的运行状态。通过故障响应与容错控制,不仅可提高刮板输送机的故障容错能力和运行可靠性,还可为井下复杂工况条件下的多电机驱动系统提供高效、实用的技术解决方案。

参考文献

［1］张强,张润鑫,刘峻铭,等. 煤矿智能化开采煤岩识别技术综述［J］. 煤炭科学技术,2022,50(2):1-26.

［2］王国法,杜毅博,徐亚军,等. 中国煤炭开采技术及装备50年发展与创新实践:纪念《煤炭科学技术》创刊50周年［J］. 煤炭科学技术,2023,51(1):1-18.

［3］ZHANG Q,ZHANG R X,TIAN Y. Scraper conveyor structure improvement and performance comparative analysis［J］. Strength of Materials,2020,52(4):683-690.

［4］REN W J,WANG L,MAO Q H,et al. Coupling properties of chain drive system under various and eccentric loads［J］. International Journal of Simulation Modelling,2020,19(4):643-654.

［5］张强,王海舰,毛君,等. 基于压电振动俘能的自供电刮板输送机张力检测系统［J］. 传感技术学报,2015,28(9):1335-1340.

［6］JIANG S B,ZHANG X,GAO K D,et al. Multi-body dynamics and vibration analysis of chain assembly in armoured face conveyor［J］. International Journal of Simulation Modelling,2017,16(3):458-470.

［7］ZHANG X,MA Y s,LI Y T,et al. Tension prediction for the scraper chain through multi-sensor information fusion based on improved Dempster-Shafer evidence theory［J］. Alexandria Engineering Journal,2023,64:41-54.

［8］毛君,师建国,张东升,等. 重型刮板输送机动力建模与仿真［J］. 煤炭学报,

2008,33(1):103-106.

[9] LI J F,ZHU Z C,PENG Y X,et al. Microstructure and wear characteristics of novel Fe-Ni matrix wear-resistant composites on the middle chute of the scraper conveyor[J]. Journal of Materials Research and Technology,2020,9(1):935-947.

[10] 冯山. 浅析工作面刮板输送机技术现状与发展趋势[J]. 能源与节能, 2017(8):171-172.

[11] 赵磊,王义亮,张文龙,等. 刮板输送机驱动方式分析[J]. 机械工程与自动化,2017(06):201-203.

[12] 索智文. 综采工作面刮板输送机驱动方式的发展[J]. 煤矿机械,2016,37 (7):1-4.

[13] 周密林. 煤矿机械设备软启动技术探讨[J]. 机械管理开发,2016,31(5): 101-103.

[14] 步永伟. 刮板输送机变频驱动优化研究[J]. 机械管理开发,2023,38 (12):146-148.

[15] GINART A,ESTELLER R,MADURO A,et al. High starting torque for AC SCR controller[J]. IEEE transactions on energy conversion,1999,14 (3):553-559.

[16] 王波,刘邹县,刘小哲,等. 刮板输送机智能变频调速控制系统研究与应用 [J]. 煤矿机械,2019,40(12):140-143.

[17] 葛世荣. 刮板输送机技术发展历程(三)——驱动与智能控制技术[J]. 中国煤炭,2024,50(4):1-12.

[18] 赵俊杰. 永磁同步电动机在短壁大采高采煤机的应用[J]. 煤矿机电, 2017(2):75-77.

[19] 赵国平,吴红星,张立华,等. 永磁同步直线电机直接驱动控制技术[J]. 微电机,2013,46(8):72-78.

[20] 王春民,嵇艳鞠,栾卉,等. MATLAB/SIMULINK 永磁同步电机矢量控制系统仿真[J]. 吉林大学学报(信息科学版),2009,27(1):17-22.

[21] 张庚云.永磁驱动技术应用在刮板输送机上的可行性分析[J].煤矿机电, 2017,218(1):55-56,59.

[22] 何志辉.永磁变频驱动在矿井刮板输送机中的应用[J].机械管理开发, 2023,38(1):255-256,259.

[23] 张俊飞.智能永磁直驱系统在煤矿井下带式输送机上的应用[J].电子技术 与软件工程,2019,158(12):227.

[24] LU E,LI W,YANG X F,et al. Simulation study on speed control of permanent magnet direct-driven system for mining scraper conveyor[J]. International Journal of Engineering Systems Modelling and Simulation, 2018,10(1):1-11.

[25] 韩蔚东.永磁驱动技术在选煤厂异步电机中的降耗性能研究[J].自动化应用,2024,65(5):130-132.

[26] LI S,ZHU Z C,LU H,et al. Time-dependent reliability and optimal design of scraper chains based on fretting wear process[J]. Engineering Computations:International Journal for Computer-aided Engineering and Software,2021,38(10):3673-3693.

[27] REN W J,WANG L,MAO Q H,et al. Coupling properties of chain drive system under various and eccentric loads[J]. International Journal of Simulation Modelling,2020,19(4):643-654.

[28] JU J Y, LI W, WANG Y Q,et al. Dynamics and nonlinear feedback control for torsional vibration bifurcation in main transmission system of scraper conveyor direct-driven by high-power PMSM[J]. Nonlinear Dynamics,2018, 93(2):307-321.

[29] WANG X W,LI B,WANG S W,et al. The transporting efficiency and mechanical behavior analysis of scraper conveyor[J]. Proceedings of the institution of mechanical engineers,Part C:Journal of mechanical engineering science,2018,232(18):3315-3324.

[30] DOLIPSKI M,REMIORZ E,SOBOTA P. Dynamics of non-uniformity

loads of AFC drives[J]. Archives of Mining Sciences, 2014, 59 (1):
155-168.

[31] 毛君. 刮板输送机动力学行为分析与控制理论研究[D]. 阜新:辽宁工程技术大学,2006.

[32] 郭洁,段金红,郭传军,等. 基于 Adams 的刮板输送机卡链及断链工况动力学特性分析[J]. 煤炭技术,2023,42(12):236-240.

[33] 张瑞峰,卢进南. 基于 MATLAB 的异常载荷工况下刮板输送机力学特性仿真分析[J]. 煤矿机械,2022,43(6):67-70.

[34] 张春芝,孟国营. 刮板输送机链环传动系统刚-柔耦合动力学建模与仿真分析[J]. 中国煤炭,2012,38(6):64-66.

[35] 刘广鹏. 重型刮板输送机动力学仿真及链传动系统接触分析[D]. 太原:太原理工大学,2014.

[36] LIKINS P W. Finite element appendage equations for hybrid coordinate dynamic analysis[J]. International Journal of Solids and Structures, 1972,8(5): 709-731.

[37] 洪嘉振,蒋丽忠. 柔性多体系统刚-柔耦合动力学[J]. 力学进展,2000,30(1):15-20.

[38] 李树仁,刘洋. 基于 ANSYS 的重载刮板输送机有限元分析[J]. 煤炭技术,2021,40(9):148-151.

[39] 姚文莉,陈滨,徐鉴. 基于能量恢复系数的多刚体系统的摩擦碰撞[J]. 北京大学学报(自然科学版),2007(5):585-591.

[40] 张强,王海舰,付云飞,等. 刮板输送机链轮力学特性及疲劳寿命预测[J]. 机械强度,2015,37(2):328-336.

[41] 唐广洲. 采煤机与刮板输送机协同控制技术研究[J]. 机械管理开发,2024,39(4):323-324.

[42] 张康,王丽梅. 基于位置偏差解耦的直驱 H 型平台滑模同步控制[J]. 中国电机工程学报,2021,41(21):7486-7496.

[43] 张霖,廖文和,张志英,等. 同步双主轴精密加工系统[J]. 南京航空航天大

学学报,2012,44(S1):142-145.

[44] LI X,ZHOU W L,JIA D,et al. A decoupling synchronous control method of two motors for large optical telescope[J]. IEEE Transactions on Industrial Electronics,2022,69(12):13405-13416.

[45] BOGIATZIDIS I X,SAFACAS A N,MITRONIKAS E D,et al. A novel control strategy applicable for a dual AC drive with common mechanical load[J]. IEEE transactions on industry applications,2012,48(6):2022-2036.

[46] 肖雄,白秉堃,张勇军,等. 一种减小双电机转矩差的主从结构模型预测直接转矩控制优化控制策略[J]. 中国电机工程学报,2023,43(15):6086-6099.

[47] WEN L,LIANG B,LI B,et al. Power balance control strategy of permanent magnet synchronous motor of belt conveyor[J]. IEEE Access,2022,10:117045-117052.

[48] ŚWIDER J,HERBUŚ K,SZEWERDA K. Control of selected operational parameters of the scraper conveyor to improve its working conditions [C]// ŚWIDER J, KCIUK S, TROJNACKI M. Mechatronics 2017-Ideas for Industrial Applications. Berlin:Springer,2019:395-405.

[49] 郅富标. 基于功率平衡的刮板输送机控制系统仿真分析[J]. 煤矿机械,2020,41(9):80-82.

[50] 呼成林. 刮板输送机功率平衡控制方案研究[J]. 山西焦煤科技,2020,44(1):24-26.

[51] 王超. 基于可控启动的刮板输送机首尾功率平衡研究[J]. 自动化应用,2020(1):75-77.

[52] 樊辉. 基于模糊 PID 刮板输送机双机驱动的功率平衡控制[J]. 中国石油和化工标准与质量,2020,40(6):133-134.

[53] 贺虎成,王成,师磊,等. 刮板输送机双电机驱动变频控制策略研究[J]. 煤炭工程,2021,53(9):89-94.

[54] 王俊涛,穆润青,郁海滨.刮板输送机发展现状及智能化技术创新方向探讨[J].煤炭技术,2020,39(8):156-158.

[55] 徐士龙,崔高强,杜文虎.刮板输送机的现状与发展趋势[J].内蒙古煤炭经济,2018,268(23):7,27.

[56] 刘庆华,马柯峰.刮板输送机智能控制技术现状与展望[J].智能矿山,2022,3(3):10-16.

[57] 郑伟卫.煤炭智能化开采关键技术的研究[J].煤矿机械,2022,43(12):67-69.

[58] 王洋洋,鲍久圣,葛世荣,等.刮板输送机永磁直驱系统机-电耦合模型仿真与试验[J].煤炭学报,2020,45(6):2127-2139.

[59] 王其铭.低速大转矩永磁同步电机控制方法研究[D].长春:长春工业大学,2022.

[60] 龙明贵.永磁同步电机矢量控制分析[D].成都:西南交通大学,2012.

[61] 叶宇豪,彭飞,黄允凯.多电机同步运动控制技术综述[J].电工技术学报,2021,36(14):2922-2935.

[62] 莫理莉.基于滑模变结构的表面式永磁同步电机速度与位置控制[D].广州:华南理工大学,2020.

[63] 李政,胡广大,崔家瑞,等.永磁同步电机调速系统的积分型滑模变结构控制[J].中国电机工程学报,2014,34(3):431-437.

[64] 杨征,丁彦雄,薛晨晓.小保当煤矿450 m智能超长工作面关键技术及装备研发与应用[J].智能矿山,2023,4(7):9-15.

[65] 王宏建,袁小春.哈拉沟煤矿千万吨矿井先进生产技术实践[J].中国煤炭,2022,48(S1):328-333.

[66] 崔卫秀,穆润青,解鸿章,等.500 m超长工作面刮板智能输送技术研究[J/OL].煤炭科学技术,2024(4):326-325.

[67] 谢春雪.综采工作面输送机刮板链条体系扭摆振动特性研究[D].阜新:辽宁工程技术大学,2019.

[68] HAO J,SONG Y C,ZHANG P,et al. Failure analysis of scraper convey-

or based on fault tree and optimal design of new scraper with polyure-thane material[J]. Journal of Materials Research and Technology,2022,18:4533-4548.

[69] 白晶,谢明军.神东矿区刮板输送机故障统计分析[J].煤矿机械,2016,37(11):141-143.

[70] 张永强.矿用重型刮板输送机传动部故障诊断关键技术研究[D].西安:西安科技大学,2017.

[71] 胡珂.基于振动频谱分析的刮板输送机减速器故障诊断.能源与节能,2023(1):125-128.

[72] 丁华,吕彦宝,崔红伟,等.基于分布式深度神经网络的刮板输送机启停工况故障诊断方法[J].振动与冲击,2023,42(18):112-122,249.

[73] 王海军,王洪磊.带式输送机智能化关键技术现状与展望[J].煤炭科学技术,2022,50(12):225-239.

[74] 于林.矿用重型刮板输送机断链故障监测传感器研究[J].煤炭学报,2011,36(11):1934-1937.

[75] 张强,吴泽光,祁秀,等.刮板输送机远程动态监测及故障诊断系统研究[J].仪表技术与传感器,2016(5):51-53,60.

[76] 张强,王禹,王海舰,等.双端驱动刮板输送机机电耦合模型及动力学仿真分析[J].煤炭科学技术,2019,47(1):159-165.

[77] 张强,郭桐,王海舰,等.基于微应变的刮板输送机张力测试系统及特性分析[J].仪表技术与传感器,2016(6):72-74.

[78] 张强,王海舰,毛君,等.刮板输送机系统机电耦合模型及仿真分析[J].中国机械工程,2015,26(23):3134-3139.

[79] 张艳妮,马宪民,张永强.基于GSCV-SVM的输送机多故障在线诊断[J].煤炭技术,2014,33(12):285-287.

[80] 于国英,张小丽,张涛.基于模糊神经网络的刮板输送机故障诊断[J].煤矿机械,2020,41(1):174-176.

[81] HE H T,ZHAO S F,GUO W,et al. Multi-fault recognition of gear based

on wavelet image fusion and deep neural network[J]. AIP Advances, 2021,11(12):125025(1-12).

[82] 董刚,马宏伟,南源桐,等.刮板输送机飘链故障诊断技术研究[J].煤炭科学技术,2017,45(5):41-46.

[83] 薛涛平.基于BP神经网络的刮板输送机传动部智能故障诊断系统的设计与实现[J].机械管理开发,2020,35(1):127-129.

[84] 高阳.基于特征模型的四电机同步伺服系统自适应容错控制技术研究[D].南京:南京理工大学,2021.